CRT 基础教程

The Nuts and Bolts of Cardiac Resynchronization Therapy

编 著　〔美〕 Tom Kenny

主 译　郭继鸿　王　龙　李学斌

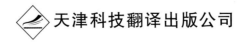

天津科技翻译出版公司

著作权合同登记号：图字 02-2007-73

图书在版编目（CIP）数据

CRT 基础教程/（美）肯尼（Kenny, T.）编著；郭继鸿等译.—天津：天津科技翻译出版公司, 2009.3

书名原文：The Nuts and Bolts of Cardiac Resynchronization Therapy

ISBN 978-7-5433-2412-1

Ⅰ. C⋯　Ⅱ. ①肯⋯　②郭⋯　Ⅲ. 心脏病–治疗–教材　Ⅳ. R540.5

中国版本图书馆CIP数据核字（2009）第014242号

授权单位：Blackwell Publishing Ltd.
出　　版：天津科技翻译出版公司
出 版 人：蔡　颢
地　　址：天津市南开区白堤路 244 号
邮政编码：300192
电　　话：022-87894896
传　　真：022-87893482
网　　址：www.tsttpc.com
印　　刷：高等教育出版社印刷厂
发　　行：全国新华书店
版本记录：787×1092　　16 开本　　14.25 印张　　228 千字　　配图 101 幅
　　　　　2009 年 3 月第 1 版　　2009 年 3 月第 1 次印刷
　　　　　定价：48.00 元

（如发现印装问题，可与出版社调换）

译者名单

主　译　郭继鸿　王　龙　李学斌

译　者（按姓氏笔画排序）

王　龙　　王云龙　　王立群　尹军祥　刘　刚

刘元生　刘元伟　孙雅逊　李　萍　李学斌

佘　飞　张　萍　张　楠　陈　琪　赵兰婷

赵志宏　赵运涛　赵战勇　秦小奎　夏　益

郭　飞　郭继鸿

中文版前言

充血性心力衰竭的发生率逐年升高并已成为本世纪最严重的医学难题之一。心衰发生率的升高与多种因素有关,包括社会人口的老化、心脏舒张功能生理性减退与衰竭的人数剧增、各种心血管病的有效防治使心脏病患者长期生存,最终使心力衰竭的发生概率增高等,这些因素使心衰人群有逐年递增的趋势。世界最著名的心脏病专家 Eugene Braunwald 多年前就已预言:心力衰竭将是 21 世纪人类征服心脏病的最大战场。

临床医学治疗心力衰竭的历史源远流长,洋地黄的发明与临床应用已超过200 年的历史,而心衰治疗真正的腾飞发生在近 50 年,其标志性的进展包括上一世纪 50 年代初期强心剂与利尿剂的应用,60 年代血管扩张剂的应用。而引发这一腾飞的转机是揭示心力衰竭最重要的病理生理机制是神经体液的过度激活,即交感神经的过度激活和 RAAS 系统的过度激活。相应之下,80 年代后期针对心衰发生机制的全新认识启动了 β 受体阻滞剂及 ACEI 的治疗,以及 90 年代后 ARB及醛固酮拮抗剂的应用。心力衰竭这一基础理论及治疗的革命,使心力衰竭的治疗进入了一个崭新时代。

近 20 年来,心力衰竭药物治疗飞速发展的同时,非药物治疗的进展同样令人刮目相看,其中包括全人工心脏、心脏移植、左室辅助装置、心肌背阔肌成形术、心室减容术、心室复形装置、干细胞移植术和 CRT 等。当今,CRT(心脏再同步化治疗)已成为心力衰竭患者的常规治疗和基础治疗,已成为心力衰竭患者治疗的 I 类应用指征。

目前认为 CRT 治疗心力衰竭的有效率已达 60%~70%,其在三个方面均能获得长期有效的疗效。首先是使心衰患者的临床症状得到明显改善并提高运动耐力,这一改善的程度与药物的疗效相似或更优,两者的联合应用将使有效率得到累加。除此以外,其可显著降低心衰患者的死亡率(36%)和病死率。再者,CRT 还能使心衰患者的心室发生逆重构,使左室舒张末径的绝对值明显下降,这种心室良性逆重构的作用能长期持续存在,而且随 CRT治疗时间的延续,这一作用还能增加。

我国 CRT 治疗心衰起始于 1995 年,最初应用普通的 DDD 起搏器治疗扩张型心肌病患者的心衰。从 1998 年开始应用CRT 起搏器治疗心衰,黄德嘉教授在四川植入了国内第一台,两天以后北京大学人民医院植入了第二台、第三台,随后很多医院陆续开展了这一工作。截止到 2006年初,北京大学人民医院已为 3 例植入CRT 的患者更换了"抗心衰"的 CRT 起搏器,并在 2006 年翻译出版了《心力衰竭再同步化和电除颤治疗》的专著,为我国

CRT 治疗心衰技术的腾飞与快速发展起到推动作用。

近几年来,我国 CRT 治疗技术的普及与提高有了显著的加快,CRT 的植入数量明显递增,能够独立进行 CRT 植入手术的中心不断增加,对 CRT 的认知水平也在迅速提高。但与国外相比,我国落伍与滞后的差距仍然很大,这需要中国心血管界的有志之士迅猛地奋起与拼搏才能有更大的希望。真诚希望《CRT 基础教程》一书的翻译与出版能为我国 CRT 事业再增加一抔土、一根薪、一份力。

本书清样二校之时,正值再赴朝鲜红十字医院协助工作。为通读和校对全书译稿,在下塌的高丽饭店挑灯伏案常达深夜,悉心地推敲又纠正了译稿中很多欠妥之处,虽然辛苦,但颇感欣慰,记叙于此,以资纪念。

郭继鸿

2008 年 12 月 1 日

前　言

我初次接触的植入性起搏器是功能最简单的 VVI 单腔起搏器，当时频率的程控、抑制起搏脉冲的输出等还属于十分先进、复杂的功能。随后数十年，植入性心脏节律管理装置（心脏起搏器）领域发生了令人难以置信的进展。我曾对第一台双腔起搏器的复杂功能感到异常的新奇和兴奋，至今仍能回忆起了解 AV 间期以及其他计时间期时的心情。

与起搏器的发展历程相似，最初的 ICD 只有除颤功能，只是一种简单的除颤器。当时如果患者需要起搏兼除颤治疗时则需植入起搏器和 ICD 两台装置！现今，市场上已经没有不具起搏功能的 ICD 了，而且其起搏功能十分先进。

心脏再同步化治疗（简称 CRT）是在我成为医生之初未曾想象过的。将最初的单腔起搏器与现今的 CRT 相比，就如同四轮马车与航天飞机。

受《心脏起搏基础教程》、《ICD 基础教程》两本书的鼓励，我决定撰写《CRT 基础教程》这本书。这是迄今为止我写的篇幅最长、最复杂的一本书。当今，CRT 属于最新、最有效、最复杂和最具广阔应用前景的植入装置，其正在全世界范围内迅速应用于临床。

本书写作的时间正处于 CRT 技术的"新生"阶段，而不像其他两本书写在各自的装置已成功应用于临床数十年后。因而，撰写 CRT 这本基础教程就像在描绘和憧憬其未来。

关于 CRT 我们仍有很多不解之处。CRT 装置的一些算法和特点还在不断改进。实际上，再过几年，这本书可能已经过时。制造 CRT 装置的厂商一直坚持为医生提供最先进和最有效的工具。这意味着新产品和新功能还要不断涌现！

本书的初衷是希望临床各科室的医生都能了解 CRT 的基础知识。他们迟早都会遇到植入 CRT 的患者。CRT 的功能可能新颖而复杂，但其最基本的工作原理容易掌握。我将尽可能用最简洁的方法将这些概念和仪器的功能阐述清楚。

我及周围同道们的共同努力是成就本书的基石。首先，向意大利 Parma 大学的 Angelo Carboni 教授表示敬意，他开辟了 CRT 培训的前沿工作，我从中汲取了很多经验。还要感谢 Mark Kroll 教授，他关于除颤机制的深刻理解对我有着重要的启发。在我领导的工作小组中，还要感谢 David Andreasen 协助我查找文献。还有其他一些"幕后英雄":Jo Ann LeQuang 协助整理原稿、Belinda Kinkade 进行艺术设计以及和蔼可亲的总编 Fiona Pattison。

当然，还应该感谢我的家人，是他们的包容给了我充足的时间完成本书。他们是本书最严厉的批评者和最积极的参与者。

衷心希望本书能对每位读者的实际工作有所帮助,并欢迎各位同道给予直率的批评和指正。衷心感谢本书所有的读者给予我的极大信任和支持。

Tom Kenny

于得克萨斯州,奥斯汀

目 录

第一章

心力衰竭概述

1*

远在古代,人们就观察到心衰发生时的症状(古代医生称之为"水肿")。但心衰的病理生理机制是复杂的,人类与其抗争过程的进展相对缓慢。与其他心脏病不同,心衰并非是一种完全独立的疾病,而是多种症状组成的临床综合征。现今仍然没有明确而直观的诊断标准,心衰的分类往往依据医生的主观判断而缺乏客观依据,直到最近人们才开始真正了解心功能出现衰竭时的情况。

首先,"心力衰竭"这一名称本身就是一种误称。心衰是一个逐步进展、恶化的过程。数年前,医生面对患者逐步恶化的心功能几乎束手无策,只能应用药物减轻患者的症状而难以遏制其逐步恶化的进程。即使现今,心衰患者的预后也不乐观。然而,新的治疗方法正在改变我们的观念,心衰的治疗不只是阻止心功能的恶化,而是从根本上使心功能障碍逐渐得到逆转。在征服心衰的过程中,医生并不是节节取胜的将军,但他们不断地创造出更有效的治疗方法和更先进的仪器。John G. F. Cleland博士在最近的一次访谈中说到:"医学史上,在现今的这一时刻,应该说使心衰进程得到遏制已成为现实[1]。"

多数医生都熟悉"充血性心力衰竭"这一名称。尽管现在偶尔还可听到,但事实上其早已被淘汰。充血是心衰后期的一个明显症状,对医生来说十分棘手。现在,我们已知道心衰过程中也可以不出现充血。事实上,在患者出现体液潴留症状之前,心衰早已持续存在,当出现肉眼可见的体液潴留时,心脏的损伤已相当严重。然而,在体液出现潴留之前心衰的诊断和治疗比较困难,心衰的早期治疗是一个极为重要的课题。Jonathan Sackner-Bernstern教授在书中写道:"绝不能等到症状出现时才开始心衰的治疗,如同不能等到肿瘤已经转移才寻找原发病灶[2]。"

美国心脏病学会和美国心脏协会(ACC/AHA)提出的心衰定义是:"心脏结构或功能失调使心室充盈或射血功能减弱而引起复杂的临床综合征[3]。"由于没有判断心脏功能异常公认的客观标准,如流速、压力或容积等标准值,目前尚无法制定心衰的客观定义。心衰的主要症状是气短和乏力,而其经常表现为运动耐量的降低。患者可能出现液体潴留,但并不是心衰的主要临床表现。诊断心衰尚无十分直观的方法,而一旦诊断成立,心衰则不会单独存在,而是伴有各种器质性心脏病。

心衰损伤了心脏的泵血功能,造成机体主要器官的供血不足。大脑、肝和肾因缺氧出现功能异常并产生相应的症状,组成心衰的部分症状。由于心脏泵血功能的降低,血液在心脏淤滞,这将使静脉回流

受阻,甚至形成血栓,增加患者卒中的危险性。机体缺氧的症状包括:

- 呼吸困难(气短);
- 乏力、劳累;
- 水肿或体液潴留。

心衰的类型

由于心衰定义的覆盖面很广,临床医生很难描述心衰,以及更进一步描述心衰的分类和所处的阶段。描述心衰时常用的形容词包括慢性、急性、充血性、失代偿性、收缩性、舒张性、右心和左心等。

急性心力衰竭用来描述两种不同的情况。有时描述新发生的心衰,但更常用于描述慢性心衰症状的突然加重,特别是出现肺淤血或周围血管的充血。慢性心衰患者可多次发生急性心衰,有时需要紧急住院治疗。

失代偿是指"代偿失败",常用来描述心衰的恶化。心衰的早期,心脏对自身功能的降低进行积极的代偿,并能维持机体足够的氧供。随着心衰的进展,心脏失去代偿能力,泵血功能开始下降。失代偿是心衰病情恶化的表现。

慢性心衰 (chronic heart failure,CHF)的英文缩写常与充血性心力衰竭(congestive heart failure,CHF)的缩写相混淆,慢性心衰是指医生熟知的心衰 (heart failure,HF)。以往,人们常说患者"有心衰"或"没有心衰",仿佛心衰有时可以被彻底清除一样。然而目前我们认识到,心衰是持续存在的慢性疾病,只是一段时期内患者的症状可以得到缓解,但并非"没有心衰"。

在后面的章节我们将详细讨论收缩性心衰和舒张性心衰,二者都是指心脏不能有效地泵血。收缩性心衰是指心脏在心动周期中(与收缩期对应)不能有效地射血,而舒张性心衰是指心脏的充盈能力下降(与舒张期对应)。了解这些概念和病理状态十分重要,收缩性心衰和舒张性心衰的定义并不互相排斥。许多患者在心衰出现一段时间后两种情况均会发生,很难想象收缩性心衰患者没有舒张功能的降低,反之亦然。因此,"收缩性"或"舒张性"心衰往往用来表达这个时间段内患者以哪一种心衰的表现为主。

"左心衰"和"右心衰"的描述方式并不是指哪个心室受损更严重。左心衰是指左室泵血功能下降并表现为肺静脉淤血。右心衰是指右心室泵血功能降低而导致体循环淤血。尽管"单纯性右心室衰竭"已有报道,但左心衰却是临床相对常见的类型。经过一段时间,患者可出现上述两种心衰的共存,即左心衰最终将进展为右心衰和全心衰。

心衰的分类

最常用的心衰分类方法并不完美。目前,纽约心脏协会(NYHA)的心功能4级分类标准仍然在世界范围内广泛应用[4]。虽然这一分级的方法主要根据患者的症状,依靠医生的主观判断进行分类,但临床长期应用的事实说明其对不易确切定义心衰的量化描述有重要意义。NYHA心衰分级依据引起心衰症状的体力活动的轻重程度对心衰进行分级(表1.1)。

美国心脏病学会和美国心脏协会(ACC/AHA)曾提出心衰的分级建议,该建议虽然有重要的临床价值,但未得到广泛应用。这一分级系统将无症状心衰患者、轻微症状的心衰患者同静息状态下出现严重心衰症状的患者一起列入分级系统

表1.1 纽约心脏病协会的心功能分级

NYHA分级	出现症状时体力活动的程度
I	日常体力活动不引起症状
II	日常体力活动引起症状
III	轻微活动引起症状
IV	静息状态下出现症状

表1.2 ACC/AHA的心功能分级法

ACC/AHA分级	定义
A	易进展为左心功能不全的高危患者
B	有左心功能不全但无症状的患者
C	有左心室功能不全,现在或以前就有症状的患者
D	有难治性终末期心衰的患者

中。应用这一新分类系统的原因之一是我们还未能真正理解体力活动引起心衰症状的机制。例如,左心功能明显降低的患者在运动过程中可能无症状,而另一些患者由于二尖瓣反流、肺部疾病或机体状况较差等,在运动时出现症状。因此,根据运动时出现呼吸困难对心衰进行分类并不十分可靠。

ACC/AHA还提出过另一个分级系统[3](表1.2),该分级系统将无症状患者(更准确地说是在症状出现前)列入其中,避免忽视心衰的进程。

现已明确左心功能不全是心衰患者常见的类型,并且也是ACC/AHA分类标准的基础,不能单凭左心功能不全诊断心衰,也不能因没有左心功能不全而排除心衰的诊断。

发病率、患病率和患病人口

发病率是一个公共健康术语,是指每年在特定人口中某种疾病的新发病例数。心衰的发病率从1970年的每年250 000稳步增长到1990年的每年400 000[5]。AHA的数据表明,2000年心衰的发病人数为550 000[6]。心衰是少数发病率逐渐增高的心脏病。美国75岁以下的人口中,男性比女性更易发生心衰。而在75岁以上的人口中,男女发病率相等。出院(无论出院时存活或死亡)的数据显示,从1980年到2003年,心衰的发病率增长了1倍多(图1.1)。

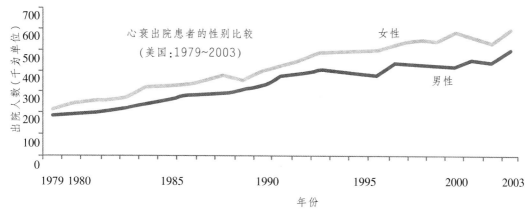

图1.1 **心衰出院患者的性别比较** 1979年开始,美国心衰的出院人数稳步增长,男、女患者的差距随年龄增长而增加

患病率是另一个公共健康术语,是指任意一段时间内某种疾病患者的数量。总体来说,心衰的患病率逐渐增长,主要是社会人口老龄化以及心衰的病程是一个长期过程。65岁以上的人口中,约6%~10%患有不同程度的心衰(图1.2)[7]。医疗条件的改善延长了人们的寿命,而且临床医学也涌现了越来越多的方法使心衰症状得到缓解,心衰的患病率还会继续增长。男性的患病率高于女性(至少75岁以前),但美国的统计数字显示,女性的患病率高于男性。其原因是女性的寿命更长,而且很多女性患舒张性心衰,心衰的程度较轻。

心衰的年死亡人数超过287 000。心衰造成的社会经济消费很高。全世界每年花费600亿美元用于心衰治疗,包括1200~1500万次的门诊就诊,6500万个住院日的花费[8]。在美国,用于心衰治疗的费用比其他任何疾病都高[9]。

心衰是逐渐进展及恶化的疾病,它不仅影响心脏,经常同时受累的器官包括肺、肝及肾脏。当患者病情恶化时,其生存概率减小。心衰早期,心源性猝死的发生率高,而晚期,心功能的恶化是引起死亡的主要原因。心衰治疗的主要目标是改善症状、减少死亡的危险以及延缓疾病的进程,并提高患者的生活质量。

心室再同步化治疗以植入心脏起搏同步装置为基础,是心衰治疗的最新方法,是心衰治疗领域取得的新进展。然而,心衰的治疗需要综合多种方法,单凭某一种药物或某一种治疗不可能取得很好的疗效。这种复杂的综合征需要仔细处理。

参考文献

1. Stiles S.CARE -HF:CRT improves survival,symptoms and remodeling-and sometimes achieves HF "remission".Available at http://theheart.org/printArticle.do?primaryKey = 399895.Accessed March 22, 2005.

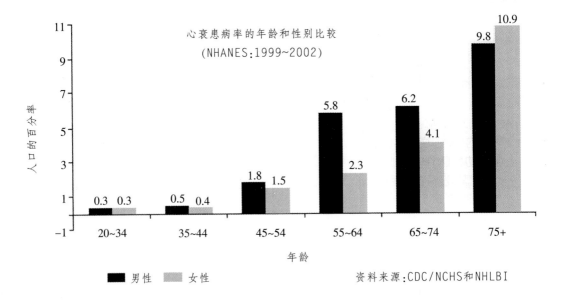

图1.2 心衰患病率的年龄和性别比较 随着年龄增长,心衰的患病率迅速增加。74岁以下人群中男性多于女性。75岁以上者情况相反,女性略多于男性。女性的寿命比男性长,而且倾向于高龄时期发生心衰

2. Sackner‐Bernstein J.Heart failure treatment options.In:Resynchronization and Defibrillation for Heart Failure: A Practical Approach.Hayes DL, Wang PJ,Sackner‐Bernstein J,Asirvatham SJ,eds. Oxford,UK:Blackwell Futura (Blackwell Publishing) 2004:2.

3. Hunt SJ ,Baker DW,Chin MH *et al*.ACC/AHA Guidelines for the evaluation and management of chronic heart failure in the adult: executive summary.*Circulation* 2001;**104**:2996–3007.

4. The Criteria Committee of the New York Heart Association.Diseases of the Heart and Blood Vessels:Nomenclature and Criteria for Diagnosis, 6th edn.Boston,MA:Little brown 1964.

5. Jaski BE.Basics of Heart Failure:A Problem‐Solving Approach.Norwell,MA:Kluwer Academic Publishers 2000.

6. American Heart Association. 2002 Heart and Stroke Statistical Update.Dallas, TX:American Heart Association 2001.

7. ACC/AHA Guidelines for the Evaluation and Management of Heart Failure ,October 24,2002.

8. Zevitz ME. Heart Failure. Available at http://www. emedicine. com/med/topic3552. htm. Accessed April 23, 2003.

9. Weintraub NL, Chaitman BR. Newer concepts in the medical management of patients with congestive heart failure. *Clin Cardiol* 1993; **16**:380–390.

本章要点

- 通过特定的诊断方案不能对心衰做出确定的诊断。心衰并不是一种独立的疾病,而是多种症状组成的临床综合征。
- 心衰的发病率和患病率正在增加。在美国,用于心衰的医疗费用超过了其他所有疾病。在世界范围内,每年用于心衰的费用约600亿美元。
- 有多种类型的心衰,以心脏起搏装置为基础的治疗适用于慢性心衰。患者伴有或不伴明显的充血症状。
- 心衰影响心脏的有效泵血功能。可以是收缩性(泵血能力降低)或舒张性(心脏充盈能力降低)。二者并不排斥,可以共存。有些患者既有收缩性心衰又有舒张性心衰。
- 最常用的评价心衰患者心功能的标准是纽约心脏病协会(NYHA)的心功能分级法,心功能Ⅰ级者基本没有临床症状,而心功能Ⅳ级者有明显的临床症状。这些分级标准具有主观性,不是一成不变的。
- 美国心脏病学会(ACC)及美国心脏协会(AHA)提出了另一个可供选择的分级系统,其包括A~D4个阶段,A阶段是易发展成心衰的高危患者,D阶段是难治性终末阶段的心衰患者。ACC/AHA的标准基于左心功能不全的程度来划分。虽然这一分级系统十分重要,却不如NYHA分级系统应用广泛。
- 75岁以下的人群中,男性发病率高于女性;76岁以上的人群中,男性与女性的发病率基本相等。然而,心衰患病率女性多于男性,其部分原因是女性寿命比男性长,而且女性更多患的是不很严重的舒张性心衰。
- 心衰的症状包括气短、乏力和体液潴留。运动耐量下降是心衰分级的依据(NYHA分级的依据)。左心功能不全和充血是心衰患者常见的临床表现,但不能用来给心衰定义。事实上,许多心衰患者既没有左心功能不全也没有充血症状。
- 另一方面,左心功能不全可出现在心衰的初始阶段,患者无症状。
- 最好的办法是把心衰看做是心脏有效泵血功能的逐渐降低。
- 除心脏外,肺、肝和肾等许多器官也受心衰的影响,而出现功能降低。
- 心衰可与糖尿病、高血压和心房颤动等多种临床疾病共存。

(陈琪 郭飞译)

正常心脏的解剖

6　　讨论心脏起搏器或除颤器时,很多问题将与心脏的结构(心房和心室)相关。正常心脏有四个腔:位于上面的心腔称为心房,位于下面的心腔不仅容积大,而且拥有更多的心肌,称为心室。传统起搏器和ICD的起搏电极导线或除颤电极导线放置在右侧心腔(右房和右室)。当涉及再同步化治疗时,我们更会关注左室(图2.1)。

当涉及心衰时,自然让人想到心脏分为左侧和右侧。两侧心脏都包括一个心房和一个心室,两侧的心脏都是完整的泵血单位。右心接收来自静脉系统低氧的血液。右侧心脏的功能就是将这些血液泵入

肺脏,在肺内血液被重新氧化。左侧心腔接收来自肺循环的含氧丰富的血液,并将这些血液泵入动脉系统。在健康人体中,右心和左心都在高效地工作(图2.2)。

血液从上腔和下腔静脉回流到右心。上腔和下腔静脉实际只存在位置的"高低"不同,而不是指"大小"不同。回流至右心的血被泵入肺脏,然后又回流到左心,最后被泵到外周动脉。

如果没有心脏的瓣膜,人体就不能运用两侧的泵有效地运输血液。心脏内有四组瓣膜,瓣膜能防止血液的反流。外周静脉含氧量低的血液通过静脉回流到右房后经过有三片小叶的三尖瓣流至右室。三尖瓣将右心分为右房和右室。右室收缩时,血液跨过肺动脉瓣进入肺动脉,再进入肺组织。

肺内的血液回流至肺静脉后进入左房。左房内的血液跨过二尖瓣被动地进入左室。二尖瓣连接着左房和左室。左室的收缩使血液跨过主动脉瓣进入主动脉,主动脉瓣位于左心室和人体主要血管主动脉之间。经过动脉系统,含氧量很高的血液被输送到身体各个部位,甚至是末梢(图2.3)。

四组瓣膜开放和关闭时产生心脏的　7心音,医生将听诊器放置胸壁时可清晰地听到这些心音。对于正常的心脏,瓣膜的关闭能有效地封闭这些心腔。而瓣膜的结构和功能受损时则不能有效地封闭心腔。

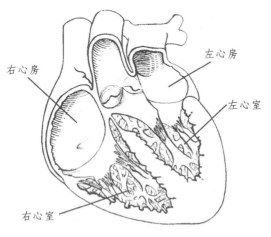

图2.1　心脏的四腔图　心脏共有四个腔:上面2个为右心房和左心房,下面2个为右心室和左心室。传统起搏器的电极导线传来的脉冲只刺激右心。心脏再同步化治疗时才同步起搏右心室和左心室

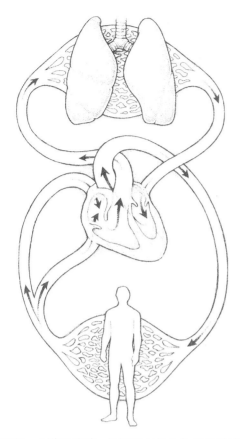

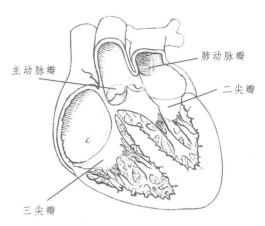

图2.3　心脏与瓣膜　正常心脏有4组瓣膜：二尖瓣和三尖瓣分隔心房和心室(二尖瓣位于左侧，三尖瓣位于右侧)。右心系统的血液经肺动脉瓣泵至肺内；左心系统的血液经主动脉瓣被泵至外周组织。瓣膜的损坏或功能不良将严重影响心脏的功能

图2.2　心脏和肺脏　从图下方的人体开始讲述血液在人体内的流动途径。含氧量低的血液从外周回流到右心。右心将其泵入肺内并被氧化。从肺脏，含氧量高的血液回流至心脏，但这次是回流到左心。通过左室强大的泵血功能，这些血液被泵入大动脉中，进而营养整个机体。机体利用血液中的氧分后，再回流到右心并经肺重新氧化

瓣膜主要有两种类型的病变：狭窄(瓣膜僵硬，血液很难通过狭窄的瓣膜)和关闭不全(瓣膜不能有效地关闭，血液发生反流)。二尖瓣反流时血液会在收缩期从左室反流至左房。这将限制和减少血流的前向运动。二尖瓣反流在心衰患者中很常见。

　　心脏像其他肌肉组织一样需要充足的氧供。供应心肌的主要血管是冠状动脉(命名来源于其围绕着心脏形成的皇冠

状)。正常人体，有4支主要的冠状动脉围绕在心脏的外膜：左主干，左前降支，左回旋支，右冠状动脉(图2.4)。冠状动脉内的血液最终回流到冠状静脉，最后回流至冠状窦。冠状窦是位于心房和心室之间的一

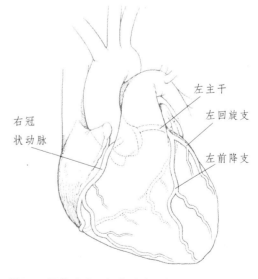

图2.4　冠状动脉　冠状动脉环绕于心脏的外膜，其引导从心脏流出的血液。冠状动脉主要有左主干、右冠状动脉、左前降支和左回旋支

个静脉样结构。冠状窦的血液最终回流到右心房。

心脏的静脉系统有心大静脉、左侧静脉和心前静脉。心脏后方主要有心中静脉和左后静脉(图2.5)。

心脏也有神经支配,并且心脏的神经支配正受到越来越多的关注,因为它与心律失常密切相关。副交感神经系统通过迷走神经支配心脏,对心脏有负性肌力和负性频率作用。交感神经系统主要通过分泌肾上腺素和去甲肾上腺素而作用于心脏。这些激素有正性肌力、正性频率的作用,还能收缩血管,导致血压升高。

心脏独一无二的结构是其精细的电传导系统。正常心脏能自发地产生电活动,这些电活动经过其高效的传导系统精确而恰当地控制着心脏的节律活动。心脏的电活动起源于高右房部位被称为窦房结的一小团细胞。对于正常心脏,窦房结因其自律性高的特点而成为人体天然的起搏器。根据代谢的需要,窦房结可以在最适当的时间产生电活动刺激心脏而引起心脏机械性跳动。心肌细胞自主产生电活动的能力称为自律性。窦房结细胞的自律性最高,而事实上其他所有的心肌细胞都有一定程度的自律性。

心肌细胞特别适合于传递电活动,通过心脏传播系统能将产生于心脏上部的电信号迅速传播出去。典型的传导路径是从心房向外和向下,电激动能使心房和心室在一个心动周期内除极和收缩。

心脏传导系统将这些电冲动传导到被称为房室结的一簇特殊的细胞,房室结位于心脏的中心(在心房下方和心室上方)。房室结的电传导特点不同于心脏的其他组织,它能使电冲动到达心室之前稍稍减慢。结果使心房在心室开始除极之前完全地收缩。房室结的这种减慢电冲动的

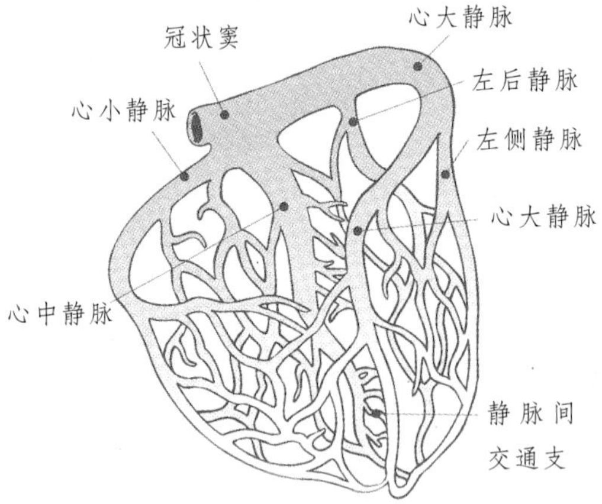

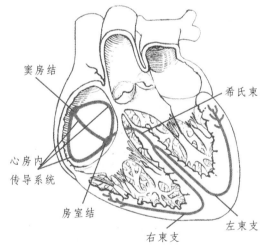

图2.5 冠状静脉 冠状静脉收集低氧的血液,位于心脏前面的冠状静脉主要是心大静脉、左侧静脉和左前静脉。位于心脏后面的冠状静脉主要有心中静脉、左后静脉和主静脉。还有一些小的、弯曲的分支血管

图2.6 心脏的传导系统 黑线显示正常心脏的特殊传导系统。心脏自主的电冲动起源于右房上部的窦房结,经过房内传导通路的传导,向下至间隔后再回到左、右心室。正常心脏的传导通路是由上(右心房上部)向下的传导。人工心脏起搏器可以干扰这种自主电活动的模式

能力类似一个闸门。

一旦电冲动通过了房室结，就将经过希氏束和浦肯野氏网到达心室，希氏束向下分为左束支和右束支。浦肯野氏纤维可使电冲动快速向外侧、横向和下方传导，使心室能同步有效地除极，进而使心室均

一协调地收缩（图2.6）。

经心电图可清晰观察到电冲动的传导顺序：P波的形成（心房的除极）、PR段（电冲动经过房室结发生传导的延缓）、QRS波（心室的除极）、T波（心室复极）和心脏电激动微弱时的等电位线（图2.7）。

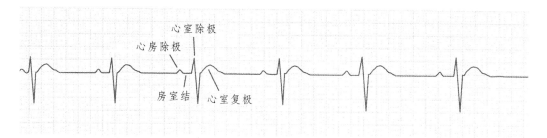

图2.7　正常心电图　这是典型的单导联记录的心电图，显示P波（心房除极波）、QRS波（心室除极波）和T波（心室复极波）。P波和QRS波之间的等电位线代表心脏电活动在房室结传导时的延迟

本章要点

10

- 心脏上方有两个腔（心房），下方有两个腔（心室），但对心衰而言，最好将其分为左侧和右侧。右心将含氧量低的血泵入肺内，而左心将肺内含氧量高的血泵到主动脉内并送到人体各处。
- 血液通过心脏复杂的瓣膜系统（三尖瓣，二尖瓣，肺动脉瓣，主动脉瓣）、心腔和血管网进行运输。从这种意义上看，心脏可以看成一个管道系统。当然，这种管道系统的正常工作依赖于心脏精细的电传导系统。因此，也能把心脏看作一个电学系统。正是上述两种系统协调有效地工作产生了正常的心脏功能。
- 医师应用听诊器可闻及心脏各瓣膜的活动。常见的瓣膜异常有狭窄（瓣膜僵硬）、关闭不全（瓣膜未能关闭好）和反流（血液反流）。二尖瓣反流造成左室的血液回流至左房，这是心衰的常见原因之一。
- 心脏是肌肉组织，这些肌肉也需要含氧量高的血液营养。心肌的供氧需要专有的血管系

统，我们称之为冠状动脉和冠状静脉（其环绕在心脏的表面，形状像一个皇冠）。
- 冠状动脉内的血液回流至冠状静脉，最终汇总到冠状窦。冠状窦位于心房和心室间的一个小窦腔。血液自冠状窦进入右房，然后经右室泵入肺脏。
- 心脏传导系统的电活动起源于右房上部的窦房结。窦房结是人体的"天然起搏器"，它能自发地产生节律性电冲动，电冲动向下、向外传导引起心房除极和收缩。电冲动重新聚集到达房室结，房室结位于心房和心室之间，它能将电冲动在此发生传导延迟以利于心房完全收缩。电活动从房室结向外、向下传导，经过希氏束和浦肯野氏纤维。浦肯野纤维系统包括右束支和左束支。
- 自律性是心肌细胞自发产生电活动的一种特殊功能。心脏自律性最好的例子是窦房结细胞，但心脏其他部位的细胞也具有一定程度的自律性。

（王云龙　译）

心脏的生理学和心力衰竭

时,激动在房室结的传导缓慢,进而下传至心室,引起心室的除极和收缩。

心动周期的这些时相——收缩和舒张,常被称为收缩期(收缩或泵血)和舒张期(舒张或休息)。每次心动周期都包括一次心房的收缩、舒张和心室的收缩、舒张(图3.1)。心脏进行正常的泵血功能需要一系列精确的协调活动,心脏疾患的发生概率可想而知。

心脏的主要功能是泵血,心脏每次收缩时泵出的血量是衡量心脏有效泵功能的重要指标。心脏每分钟泵血量(mL/min)称为心输出量(CO)。通常,心输出量约为5000mL/min(或5L/min)。

心脏需要尽可能泵出更多的血液,换

心脏是一个配备电激动系统的泵

众所周知,心动周期是指一次心搏。实际上,心搏是个误解,因为心脏不能整体收缩,而是上位心腔先收缩,下位心腔后收缩。一个完整的心动周期是从心房收缩开始,以心室收缩结束。当心室以较高强度收缩时,患者会感觉到心脏跳动。但每一次心搏都包括心房和心室的收缩和舒张两个独立的过程。

在健康心脏,窦房结发放的电激动沿右心房和左心房向外、向下传导。这种电活动将引起细胞的除极。细胞水平的除极将使单个细胞膜的极性发生逆转。细胞除极的逆转即复极,两者都是通过各种离子通道的开放和关闭实现的,这是一套复杂而精确的协调系统。当一次起搏电脉冲达到足够幅度(通常≤1V或2V)时,则能引起心脏的除极。虽然除极发生在细胞水平,但能引起生理反应:细胞收缩。若心脏出现连续一致的去极化,所有的心肌细胞会一起收缩,就能有效完成心脏的泵血功能。电活动在极短的时间内引起细胞去极化,紧跟着细胞复极化而恢复静息膜电位。复极时,心肌细胞也将舒张,心肌恢复原形。

在健康心脏,窦房结产生的电激动能引起心房的除极和随之发生的复极化。同

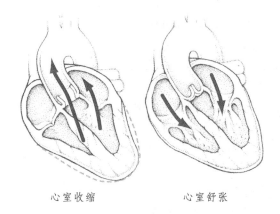

心室收缩　　　　　　心室舒张

图3.1　心室的收缩和舒张　心室收缩时,通过肺动脉瓣将血泵至肺循环(右心室);或通过主动脉瓣将血泵至身体各部位(左心室)。心室舒张时静脉血液回流到心脏

言之，心脏不停地泵出最大容量的血液。在一定程度上，上位和下位心腔工作的协调性决定着心脏的泵血量。在心动周期的舒张期，血液回流至心腔，称为心室被动充盈相。在此时相，血液回流，上位和下位心腔均充盈。继而房室瓣关闭，心房接受更多的血液达到最大充盈量。在健康心脏中，此时房室瓣开放，心房除极并收缩。结果心房挤压出的血液流至下位心腔。这种心房辅助心室充盈的现象称为"心房驱逐"。此时，由于心室壁受到牵张，下位心腔膨出以容纳更多的血液。肌纤维受到牵张时，其有收缩的特性，即牵张程度越大，恢复原形的力量越大（橡胶条也有收缩性；受牵张的程度越大，恢复原形的力量也越大）。心动周期中有一个短暂的停顿（约千分之一秒），继而心室收缩。

心脏收缩及心房"驱逐"回流的血液使尽可能多的血液泵入循环系统。

在运动或紧张时，机体需要更多氧合的血供。由于心脏每时每刻都以最大的能力泵出血液，因此增加循环血量的唯一途径就是提高心率。人体运动时，其心率加快，机体的循环血量也随之增加。心脏收缩能力的加强和心率增快均使心输出量增加。在休息或睡眠时，因机体所需的氧量及血供减少，使心率也减慢。心率（HR）是指一分钟内的心动周期数量。健康人的心率变化范围很大，睡眠时心率较慢，跑步或高强度运动时心率很快。其他因素也能影响心率，如药物、发热或情绪紧张等也能引起心率的显著变化。每人都有过这样的体会，有时并没有大量的体力活动，但感觉心脏怦怦直跳。

一个心动周期泵出的血量称为每搏量（SV）。健康人的每搏量大约70mL。心脏有力地收缩能使每搏量增加，例如体力活

动时。

医生常用下面的公式评估心脏的泵血功能：

心输出量＝心率×每搏量

一个健康个体，若其心率72次/分，每搏量70mL，则每分钟泵出的血量为5040mL（约5L）。治疗心衰患者时，我们要注意一定要有足够量的血液处于常规的循环中，以维持正常人体的功能。

当然，心输出量依患者体积大小而变。例如，5L/min的氧饱和血量对一名小个子的人来说足以满足需要，但远不能满足一名大个子的需求。氧合血量满足机体组织和器官的程度称为灌注。临床医生建立了心脏指数系统，即根据患者体积的大小调节心输出量，以满足其血液灌注的需

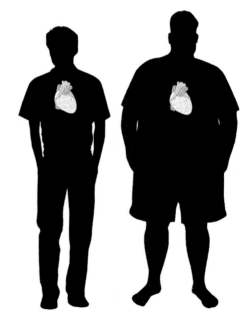

图3.2　心脏指数　虽然两个人心脏的大小一样，但他们的心脏指数未必相同。心脏指数等于心输出量（mL/min）除以体表面积。正常的心脏指数范围为2.5~4.0L/min

要。心脏指数是用心输出量(mL/min)除以个体的体表面积值(图3.2)。心脏指数的正常范围是2.5~4.0L/min。根据常规的标准，心脏指数小于2.5L/min时提示灌注不足。

虽然心脏总是通过心室被动充盈集聚尽可能多的血液，但每搏量受以下三个因素的影响：前负荷、后负荷和收缩力。

心肌细胞总是处于一定程度的自然牵张状态。前负荷决定了心室充盈末期心肌细胞的牵张程度(心室舒张期)。心室在舒张期被动地充盈，流入心室的实际血量决定了前负荷。而流入心室的实际血量又受机体总血量和静脉储备(指静脉对血液回流到心脏的作用)的影响。临床医生通过测量舒张末期指数（EDI）来定义前负荷，即每平方毫米心室能容纳多少血液。正常成人静息状态下的舒张末期指数约为60~110mL/mm²。

对一个健康人体，舒张末期指数越大(即前负荷越大)心肌收缩力越强。当然收缩力也有限度，不可能进行无限制地收缩。若某位患者由于低血容量或脱水等引起前负荷减小时，其心输出量将受影响。同样，前负荷太大也会抑制心输出量，因为对心肌的过度牵张会导致其不能复原，最后失去收缩能力。许多心衰患者有前负荷过大的问题。液体潴留能增加血容量，导致心衰患者心肌受到过度的牵张，不能恢复原状，引起收缩障碍。

后负荷决定了左心室泵血时必须克服的阻力。实际上，后负荷决定了机体实际能得到的动脉血。后负荷增大时，心脏需要加大做功量向机体供血。其中，影响后负荷的因素之一就是血压和动脉血管状态，即动脉血管呈收缩还是扩张状态。如果某高血压患者的血管常处于收缩状态，其后负荷必然很高，心脏需要加大做

功力度才能充分给机体供血。

虽然多数医生对高血压有明确的认识，但事实上当血液从高压区流向低压区时，机体对血压的调节机制十分精细。这种调节系统相互联系而且十分敏感，对轻微的变化也有反应。在心衰患者治疗时，有几种非常重要的血压类型应引起关注。

当临床医生用袖带血压计测量血压时，实际测量的是收缩压值和舒张压值(即我们熟知的表格中的80~120的数字)。收缩压测量的是心脏收缩期的血压。它表示血液对动脉血管壁的最高压力。舒张压则代表血流对动脉壁的最低压力。两值分别是血流对动脉管壁的最大与最小压力，提示从心脏泵出的血量。

脉压差是收缩压与舒张压的差值，常随年龄的增长而增大，但心衰患者的脉压差会减小。例如，一个年轻的健康人，其脉压差可能是40mmHg（血压120/80mmHg），而一个没有心衰的老年人其脉压差可能是70mmHg(血压160/90mmHg)。但另一个心衰患者的脉压差可能仅30mmHg（血压90/60mmHg)。脉压差是评估心衰程度的有效指标。

对心衰患者，测量左房压也非常重要。进行血流动力学监测时，要用球囊导管做介入性检查，电生理专家将一个小的球囊导管嵌入肺动脉的分支，用来测量左房压（图3.3)。该压力代表了肺毛细血管压。当患者的二尖瓣正常时，肺毛细血管楔嵌压(PCWP)等于左室的舒张末压。但许多心衰患者的二尖瓣受损，肺毛细血管的楔嵌压偏高。

血流通过血管时的阻力提示身体大量血管网的状态。从静脉和动脉到小的毛细血管，心脏通过这些血管把含氧丰富的血液泵至器官和组织，并在消耗氧合血液

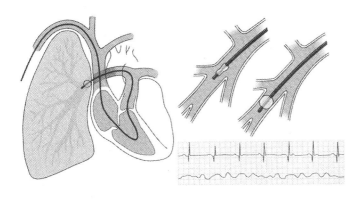

图 3.3 肺毛细血管楔嵌压 (PCWP) 的测量 测量肺毛细血管楔嵌压时，通过介入技术将一根带有小球囊的导管插入肺动脉。将导管嵌到肺毛细血管后，然后测量该部位的血压。心力衰竭时，肺毛细血管楔嵌压将升高

后最终回流到肺循环。神经系统对血管管径的调节起着重要作用，其随环境的变化而扩张或缩小管径。当血管收缩或血管直径变小时能明显增加血流泵出时的阻力。但一定程度的血管收缩有助于血流有效地通过机体。扩张的血管虽然阻力小，但常不能有效地运输血液。血管收缩与血压密切相关。事实上，机体调节血压的途径之一就是调节血管的收缩状态。

影响后负荷的另一个因素是血液自身的黏稠度。黏稠的血液比稀薄的血液更难通过体内的血管。血液黏稠度由血液中血细胞数量或血细胞比容和血浆蛋白所决定。血液黏稠度对充血性心力衰竭的患者尤其重要，因为利尿剂对其有微弱的调节作用。利尿剂用来去除体内多余的水分，但过多去除血液中的水分能增加黏稠度，使血液变得太黏稠以至于流动困难。因此，进行利尿治疗时需要注意监测血液的黏稠度。

除血液黏稠度外，总血容量是又一个重要的影响因素。当血容量大幅度增加或减少时，机体能进行调节进而维持自身的平衡状态。血容量增加时，心肌舒张伴血管扩张。血容量减少时，血管收缩以维持足够的血压（一种代偿机制）。血容量过多或过少都能增加心脏的负荷。

心肌收缩力是影响每搏量的最常见因素，它能反映心肌能够收缩和舒张的程度。前负荷能影响心肌的收缩功能，有时即使某个患者的前负荷在正常范围内，其收缩功能也可能受损。

心室通过单次收缩不能泵出腔内所有的血液。事实上，心室仅泵出腔内的部分血液。心室单次泵出的血量所占的百分比称为射血分数。一般来讲，左室射血分数 (LVEF) 是一个重要指标。每搏量除以左室舒张末容量（也就是前负荷）即得到左室射血分数。

LVEF 的正常范围是 55%~70%。LVEF ≤ 40% 提示一定程度的左室功能障碍。许多临床研究将降低的 LVEF 作为入选标准 (MADIT Ⅱ ≤30% [1]，SCD-HeFT ≤35% [2])。LVEF 的降低提示左室收缩功能障碍。

心脏是一个伴有电活动且有泵血功能的复杂系统，机体需要通过血管运输血氧以满足自身需求。血液在体内的正常运动称为血流动力学，血压、血液黏滞度及血管自身的状态都会影响血流动力学。

参考文献

1. Moss AJ, Wojciech Z, Hall WJ *et al.* Prophylactic implantation of a defibrillator in patients with

myocardial infarction and reduced ejection fraction.*N Engl Med* 2002；**346**：877-83.

2. Bardy GH，Lee KL，Mark DB *et al* .Sudden Cardiac Death in Heart Failure trial (SCD-HeFT)Investigators.Amiodarone or an implantable cardioverter-defibrillator for congestive heart failure.*N Engl J Med* 2005；**352**：225-37.

本章要点

- 心动周期由四个不同的环节组成：心房收缩和舒张及其后的心室收缩和舒张。心脏有一套精细的电活动系统，能引起心脏去极化（导致收缩）和心脏复极化（引起舒张）。

- 在健康心脏，心房能辅助心室充盈（心房驱逐）以增加血液回流到心室，从而提高心室收缩及有效的泵血功能。

- 心输出量是指心脏每分钟泵出的血量。常用每搏量×心率来计算心输出量（每搏量是指每次心搏泵出的血量）。

- 心输出量用L/min表示，但实际应用时常与个体的体表面积相关联。例如，5L/min的心输出量足以满足普通个体的所需，但若某个体表面积过大时，则需更大的心输出量。心脏指数等于心输出量除以体表面积。

- 每搏量受前负荷、后负荷以及心肌收缩力的影响。前负荷是指回流至心室的血量；后负荷是指心脏泵血时遇到的阻力；收缩性是指心肌细胞（及其他许多细胞）对牵张的反应以及复原的特性。

- 前负荷过高或过低均能影响心肌细胞的收缩。前负荷过低时不足以牵张心肌细胞进行强有力的收缩。而前负荷过高时对心肌细胞牵张过度，也会影响心肌细胞的有效收缩。许多心衰患者前负荷过大（由于液体潴留）。

- 前负荷可通过测量左室舒张末容量（LVED）计算。

- 后负荷受血压及血管自身状态的影响（收缩或舒张）。高血压及血管收缩能增加后负荷。

- 肌肉的收缩性是指机体许多肌细胞（包括心肌细胞）能够被牵张随后有力收缩的特性。事实上，在一定条件下，牵张程度越大，心肌细胞的收缩越强。心肌细胞的收缩性就如一根橡胶条。对其进行轻微牵张时，则恢复力小；增加牵张幅度时，恢复力也增大。若牵张过度，则可能折断或不能复原。

- 射血分数(EF)是指一次心动周期中心脏泵出血量的百分比。最常用的左室射血分数（LVEF）可用每搏量除以左室舒张末期的容量进行计算。

- LVEF的正常范围是55%～70%，LVEF≤40%提示一定程度的左室功能障碍。心力衰竭和LVEF偏低明显相关，但不是绝对不变的。换言之，心衰患者的LVEF可能正常。

- 血压是影响血流动力学的重要因素。常规的血压测量是测量收缩压和舒张压，可认为是测量一次心动周期中的最大与最小血压。收缩压和舒张压间的差值为脉压差。心衰患者的脉压差常偏低，而无心衰的老年人脉压差常增大。

- 左房压的测量是一项介入性的检查，被称为肺毛细血管楔嵌压(PCWP)。测量时将球囊导管置入肺动脉并嵌于肺毛细血管以测量压力。若二尖瓣正常，肺毛细血管楔嵌压等同于左室舒张末压。其可用于计算前负荷或LVEF。

- 血液黏滞度的测量可通过计数血流中的红细胞或血浆蛋白的含量来确定。黏稠的血液需要心脏加大做功才能泵血。

- 机体血管的扩张（直径增加）或收缩（直径减小）受神经系统的调控。血管收缩是机体对血压进行自身调节的一个途径。

- 血容量也能影响心脏的有效泵血。过多或过少的血容量都会增加心脏有效泵血的难度。

（尹军祥 译）

第四章

心力衰竭的病因学

17 　　心力衰竭是临床病程可以预见的一种综合征。了解心衰的病程有助于做出治疗的决断，常可凭经验先给予治疗，以减轻症状，改善生活质量。为理解心衰如何随时间而进展，有必要了解心衰是如何开始的。

　　既然心衰是一个临床综合征，而非一种疾病，因此其病因也不是单一的。它既不能用客观标准来定义，也不能仅限于症状。事实上，心衰包括了能影响心脏有效射血的一系列情况。当心脏不能满足患者的代谢需要而充分泵血时，患者即表现出心衰症状。心衰常与左室功能不全、射血分数降低、液体潴留和气短相关联，但这些症状中没有一项能定义心衰。心衰时也可能不出现上述症状，这些症状也并不常见。

　　心衰最初表现为心脏的损害。人体有强大的代偿机制来应对自体的局限性。即使不在最优化条件下工作时，心脏也能利用代偿机制来调节人体复杂的循环系统。受损的心脏可以借助心率、心肌收缩力、血压甚至机体化学平衡的改变来保持足够或接近足够的心输出量。这些代偿机制在短时间内十分有效，但长期的效果并不好。实际上，很多有效的代偿机制却能逐渐损害心脏功能而引发心衰症状。

　　对于特定的患者来说，指出心衰的确切原因似乎不太可能。然而，下面列出了几种主要病因，这些病因在临床有心衰危险

或已有一定程度的心衰患者（尽管可能没有症状）中经常能见到，包括心肌病、冠心病、心肌梗死、收缩功能不全、舒张功能不全或合并房颤、糖尿病等情况。

　　这些情况都可以引起心肌的损害，减少有功能的心肌细胞的数量，进而引起心脏进行性代偿。这些代偿机制在短期内可能十分有效，但最终会引起心脏肌肉和功能的显著改变。最终，心脏丧失有效泵血的能力。这就是心衰为什么是一种进展性综合征的原因。心力衰竭开始由心肌的轻微损伤引起，并逐渐进展为泵衰竭。

心肌病

　　顾名思义，心肌病就是心肌发生了病变。当心肌受到损害时，心肌病变出现并开始了心衰的病程。心肌病分为几型，取决于心肌受损的特征。

　　扩张型心肌病发生时，心脏扩大，心肌变得薄弱而松弛。心脏形状由正常的椭圆形变为球形。松弛的心肌不能有效地泵血。许多患者患有扩张型心肌病常合并心衰。男性比女性更容易出现扩张型心肌病，其原因不清。

　　扩张型心肌病的具体病因不清。多数为原发性扩张型心肌病，其意味着目前尚不知为什么出现心肌的扩张。某些病毒感染或心肌炎可能导致扩张型心肌病，但由

18

病毒感染造成的扩张型心肌病并不多见。

肌病的表现。

肥厚型梗阻性心肌病是心肌病的另一种形式,其表现与扩张型心肌病完全不同。肥厚型梗阻性心肌病的患者心肌过度僵硬,左室心肌变得肥厚,有时甚至会限制心腔的容量,这种僵硬肥厚的心室壁不能有效地泵血。

肥厚型梗阻性心肌病与肌纤维的异常有关,而肌纤维的异常可使心室肌比正常时肥厚。最显著的肥厚部位常发生于左室或左右室之间的室间隔。肥厚型梗阻性心肌病可能是特发性(即原因不明),但50%的患者与基因的异常有关。尽管肥厚型梗阻性心肌病可累及各年龄组的患者,但更常见于心脏有问题的年轻运动员。

心力衰竭分为收缩性心力衰竭和舒张性心力衰竭。收缩性心力衰竭的心脏不能有效地将血液泵出。而舒张性心力衰竭是指心脏不能有效地使血液回流。一般来讲,扩张型心肌病常导致收缩性心力衰竭,而肥厚型梗阻性心肌病则导致舒张性心力衰竭。但心衰并非如此简单,患者可能同时表现出两种类型的心衰及两种心

收缩功能不全和舒张功能不全

当心脏不能有效泵血时,即出现一定程度的左心室收缩功能不全(也称左室功能不全或收缩功能不全)。收缩功能不全的标志是左室射血分数(LVEF)降低(一般≤40%),但收缩功能不全的早期不一定产生明显的LVEF降低。由于收缩功能不全和心衰密切相关(大多数心衰患者有一定程度的左室损害),因此心衰患者经常出现射血分数的降低(表4.1)。

应当强调,患者有可能出现心衰但没有收缩功能的异常。当心室不能接受足够的血液进而无法有效射血时,则出现舒张性心功能不全。舒张性心功能不全的患者可能同时存在射血分数的降低,但并不是因为泵血功能下降,而是由于心脏舒张期接受血液的能力下降。实际上,舒张功能不全的患者可能有正常甚至较强的收缩力。

即使在无心衰的人群,心脏的舒张功能也会随年龄的增长而减退。老年人的高

19

表4.1 收缩性心衰和舒张性心衰

特点	收缩性心衰	舒张性心衰
左室大小	扩张	正常
左室心肌状态	松弛	僵硬
左室壁厚度	正常	增厚
左室壁运动	减弱	正常
左室充盈能力	有效	下降
左室泵血能力	下降	有效
存在心衰的主要证据	LVEF低(<40%)	心室充盈能力下降
性别	男性多见	女性多见
冠心病	可能性大	可能性小
非缺血性心肌病	可能性小	可能性大
占心衰患者的百分比	60%~80%	20%~40%
特定人群中随机临床试验数量	较多	较少

血压很常见，这时舒张功能不全也会加重。因此，舒张性心衰并不像临床医生所想象的那样少见。另外，心衰患者可能同时存在收缩性功能不全和舒张性功能不全。事实上，晚期心衰患者几乎都存在着收缩性功能不全和舒张性功能不全。

冠心病

冠心病是心衰最常见的病因，患者冠脉内出现脂质沉积和斑块形成。斑块由胆固醇、脂质沉积和其他废物等组成。斑块在动脉内形成时称为动脉粥样硬化。以前人们称之为"动脉硬化"。斑块形成后使血管腔变窄或阻塞。阻塞程度常以阻断血管腔截面积的百分比来衡量。对于大多数患者，只有当血管腔狭窄超过70%时才出现冠心病心肌缺血的症状。

缺血是指一个器官或组织的氧气供应受限，从而引起该区域心肌的损伤、功能不全甚至坏死。缺血性冠心病患者，冠状动脉不能将含氧丰富的血液供应到心肌组织进而造成心肌缺血性损伤。遗憾的是，心肌组织不能进行自我修复。

当冠心病患者发生冠脉血管阻塞时，临床将发生胸痛（心绞痛）。如果一个斑块发生破裂，即可形成血栓，血栓将阻塞血管和血流。如果血栓完全阻塞了心脏某支冠脉则能发生心梗。心梗可能较轻，也可能很严重甚至致死，病情程度取决于心梗发生的部位、严重性和治疗是否及时。

如果血栓脱落并随血流进入人体其他部位，则称为血栓栓塞。血栓栓塞是指血栓从阻塞的原血管脱落并随血流在体内循环。如果栓子进入心脏的冠脉就将发生冠脉栓塞，也能引发心肌梗死。如果进入其他部位，则发生相关组织或器官的血栓栓塞。最严重的栓塞（且常见）后果之一是脑栓塞，当血栓阻断了脑血流时，将发生脑卒中，脑卒中属于一种脑血管意外。卒中症状可能较轻（一些小的卒中可能不出现症状），但也可能致死。大多数卒中能引起一定程度的慢性残废。

心肌梗死

心肌梗死常由冠状动脉闭塞引起，归属为冠心病的一种临床类型。当阻塞的冠脉供血不能满足心肌对氧的需求时，一部分心肌组织即发生坏死。心梗可能较轻，也可能较重或致死，其取决于心梗时因缺血、缺氧而坏死的心肌组织数量。

心梗幸存者存在心衰的危险，心梗的存在增加了发生心衰的危险。心梗能导致组织缺血区域的形成，表现为缺血性损伤或瘢痕区。如果心脏的正常传导系统恰好通过该区域，则可能使传导受到影响。实际上，传导系统可能需要"绕过"梗死的损伤区域。而紧邻损伤区域的心肌能够形成"基质"或异常传导的通路。这种基质可导致折返或其他引发心动过速的机制形成。实际上，MADIT II试验已经指出，心梗幸存者发生恶性室性心动过速的危险增加[1]。

对于心梗的幸存者，心脏功能将减弱。冠状动脉疾病能引起心脏功能不全和心肌损伤，从而增加致命性室性心律失常发生的危险性。

缺血和非缺血性心脏病

心衰患者中，区分缺血性还是非缺血性心脏病十分重要。缺血性冠状动脉疾病是心衰的最常见原因，无论是否存在心梗。实际上，缺血性心脏病在临床十分常见,临床研究时经常排除了非缺血性心脏病。现在我们已认识到,在心肌病患者中,心脏的冠脉血液供应不受限时,非缺血性心衰也可能发生。缺血性心脏病更常见于男性,具体原因不清。

缺血是指任何能减少心肌氧供而引起组织损伤的疾病。在心脏,冠心病或心梗使心肌某些部分受损,这些部分即发生了缺血。

非缺血性心脏病患者中,心肌的血液供应并不减少,因此不存在缺血性损伤的心肌组织。而非缺血性心衰最常见的形式是扩张型心肌病。

血压

高血压是心衰的另一个常见相关疾病。高血压有时被称为"沉默的杀手",因其发展到很严重阶段时也常不出现任何症状。高血压的发病率随年龄的增加而升高,经常伴有主动脉近端的僵硬度增加。主动脉是全身血液分配系统的主要通路。它行走于人体中央部位,是人体最大的血管。当年龄增长和存在冠脉病变时可引起主动脉管壁增厚变硬。当血压升高时,心脏需要做更多的功来完成同样的泵血量,从而引起心肌的僵硬或肥厚。最终导致心室肌僵硬而不能充分舒张松弛,即舒张性心衰(心脏不能充分充盈而完成泵血)。

代谢性疾病

人体代谢性疾病也能引发心衰。体内复杂的激素系统和其他化学物质可直接影响心脏的功能。当疾病侵入内分泌系统时,心脏会出现血管的异常分布。糖尿病及甲状腺功能减低时虽不直接引起心衰,但可能与心衰有关。

甲状腺功能减低可引起心肌功能的降低,甲状腺功能亢进时可引起收缩功能的增强,从而掩盖某些潜在的心脏疾病。甲亢患者经常出现房颤等心律失常。同样,当存在器质性心脏病时,甲亢和房颤可以导致心衰。

心律失常

同样,心律失常也与心衰相关,不过其不一定都引起心衰。而与心衰相关的最常见的心律失常是房颤。房颤是一种进行性的心律失常,最终能发展成永久性房颤且治疗的效果不佳。房颤时心房节律紊乱,丧失了充盈心室的辅助泵功能,并引起心室节律过快,无法进行有效泵血。房颤时快速的心室率可引起房颤患者的明显症状,而且由于心房不能有效泵血而引起血液在心房的滞留,从而引起附壁血栓的形成。如果血栓脱落并进入动脉,可引起动脉栓塞及脑卒中。实际上,房颤患者发生脑卒中的危险升高与此直接有关。

患者存在房颤时,其可逐渐进展并导致心脏不能有效射血,进而逐渐引发心衰。对于已有一定程度的心衰患者而言,房颤通过破坏心脏特殊传导系统进而使心房丧失"驱逐"能力,使心脏的整体泵血功能更趋降低。许多心衰患者合并存在房颤。实际上,房颤是心衰最常见的并发症。

瓣膜病

心脏的四组瓣膜只能单向开放,使血流由右房经右室流向肺动脉,经过肺脏后流入左房,再流入左室,然后经主动脉流到全身各器官。当瓣膜出现关闭异常或变

21 得僵硬时,一部分血液将通过关闭不全的瓣膜逆向反流回心脏,并使心脏射血功能受到影响,结果引发了瓣膜性心脏病。

　　另一种与心衰相关的瓣膜性心脏病是主动脉瓣狭窄。主动脉瓣将左心室与主动脉分开,当主动脉瓣出现狭窄时,左室压力增高,因此左室心肌需要更强的收缩来克服动脉压力,将血液输送到全身。

　　心衰患者最常见的瓣膜性心脏病是二尖瓣反流。二尖瓣位于左房和左室之间。当先天性缺陷或后天性疾病（如瓣叶钙化）引起关闭不全时,血液可从左室反流入左房。这种反流将减少心脏的输出量,心脏射血所做的功不变,但射血量减少。二尖瓣反流的长期存在将使心脏收缩力和心率增加以代偿血液反流引起的射血

分数下降。这种代偿机制短期内能有效地维持射血分数,但长期的代偿性工作,将使心肌受到损害。

其他原因

　　心衰可由毒素（如急性酒精中毒）或病毒感染引起。但相对少见。

参考文献

1. Moss AJ, Zareba W, Hall WH *et al* .Prophylactic implantation of a defibrillator in patients with myocardial infarction and reduced ejection fraction. *N Engl J Med* 2002;**346**:877–83.

本章要点

- 心衰是一种综合征,并非由单一病因引起,其病程可以预见。
- 心衰病因包含了各种影响心脏有效泵血功能的疾病。常表现为左室功能不全、射血分数降低、体液潴留和气急。
- 心衰起始于心脏受损,心肌受损时机体尽量进行代偿,长时间的代偿将损害心脏的泵功能。
- 其他能引起心衰的病因包括心肌病、冠心病、心梗、收缩或舒张功能不全。伴发的情况包括代谢异常（如甲亢或糖尿病）和房颤等。
- 心肌病是心肌本身的病变,可以是扩张型或肥厚性梗阻型心肌病。心衰患者中扩张型心肌病很常见且多见于男性,具体原因不清。肥厚性梗阻型心肌病相对少见,可能与遗传相关,往往是年轻运动员的潜在疾病。
- 收缩功能不全是指心脏不能有效泵血,而舒张功能不全是指心脏不能有效地充盈进而使心脏不能有效地泵血。患者可能同时存在收缩功能不全和舒张功能不全,也可能同时出

现收缩性心衰和舒张性心衰,但单纯的舒张性心衰很少见。
- 冠心病是指供应心脏血液的冠状动脉内出现脂质沉积和斑块形成。冠脉病变可阻塞这些血管。斑块破裂后可形成血栓,阻断心脏的血液供应引起心梗或栓塞于脑部引起中风。
- 心梗后可在心肌中产生瘢痕,这种瘢痕作为基质可引起折返性心动过速。
- 缺血性心脏病是指心脏的血液供应短时间受限而引起心脏受损。典型的缺血性心脏病是冠心病或心梗。非缺血性心脏病是指未引起心肌血流减少的疾病却引起心肌的病变。例如,扩张型心肌病是一种非缺血性心脏病。应注意,心衰患者可同时存在缺血性和非缺血性心脏病。
- 心衰可为缺血性（冠心病或心梗）或非缺血性（扩张型心肌病）。现有许多临床试验更加关注缺血性心衰患者而对非缺血性心衰关注较少。
- 高血压与年龄的增长相关,能够使主动脉壁

22

增厚并导致舒张性心衰。

- 甲亢和糖尿病与心衰相关，但并非直接引起心衰。
- 心衰最常见的伴发疾病是房颤。房颤可引起心衰或加重已经存在的心衰。同样，心衰能使房颤加重。
- 二尖瓣反流可损害心脏的泵血功能，从而与心衰密切相关。
- 心衰也可因毒素和病毒引起（如急性酒精中毒），但相对少见。

（孙雅逊 译）

第五章

心力衰竭时神经内分泌模式

很长一段时间,医生一直认为心衰是泵衰竭,只有出现体液潴留时才能诊断并需要治疗。随着对心衰机制的深入理解,目前认为心衰是一个复杂、渐进的临床综合征,医生能通过有效的治疗阻止其不断进展的病程。其中神经内分泌机制在心衰发生中的重要作用是对心衰病理生理学认识上的突破。

任何引起心脏泵血能力损害的因素都能导致心脏受损,进而引起心衰。体内有多种代偿机制能暂时阻止心衰的进展,其中最重要的是神经内分泌机制。对心衰时神经内分泌机制的新认识为心衰的治疗(主要是药物治疗)提供了新方向。

为了更好地理解心衰的神经内分泌机制,需要回顾机体神经系统的基本概念。神经系统并不仅仅是分布于全身各处的神经纤维,而是一个信息传输系统,在细胞与细胞之间传递信息,产生各种不同的反应。信息传输主要通过机体产生并转运不同的特殊化学物质而实现,这些化学物质包括神经内分泌激素和其他物质。因此,神经系统的信息传递是通过体内相互作用的化学物质协调平衡而发挥作用。这也是药物治疗成为心衰主要治疗方法的理论基础,目前许多心衰的治疗都依靠化学药物,药物开发也在不断进展。

神经系统可以分为两个主要分支:交感神经系统(SNS)和副交感神经系统(PSNS)。健康的个体二者有着协调的相互作用。

交感神经系统能调节人体很多不受意识控制的功能,如呼吸、消化、体温甚至心脏活动(如心率和收缩)。这些功能发挥作用时不受意识支配,神经系统这些"非意识控制"的功能也称为自主神经功能。对于健康的个体,交感神经系统能持续发挥作用。应急状态下,交感神经系统通过分泌一系列激素,使机体迅速启动"战斗或逃避"反应,从而出现高度的应激反应。

副交感神经系统是作用平和的系统。对于健康的个体,副交感神经系统比交感神经系统起到更重要的平衡作用,以保持整个神经系统的平衡。健康人体的副交感神经系统在神经系统中占主导支配地位,而交感神经系统不占支配地位,只是在应激状态时偶尔启动"战斗或逃避"反应。

心衰发生时,代偿机制导致副交感神经系统的作用减弱,而交感神经系统作用紊乱,并超过了机体的"红色警戒线"(过度激活)。这是心衰一系列瀑布反应的必然结果。心衰使心输出量降低,导致动脉内的血流量降低,结果动脉系统内的血流量减少,血压下降。实际上机体通过分布在主动脉弓、颈动脉窦和心腔内的压力感受器精确测量着血管壁的张力来监测血容量的变化。血压下降,刺激压力感受器,使血管壁的张力下降,调节血管收缩的神

24 经中枢(脊髓)兴奋,引起交感神经的兴奋。

交感神经能释放两种递质(通过神经纤维传递的特殊信息物质)。这些物质称为去甲肾上腺素和肾上腺素,前者又称为正肾。去甲肾上腺素和肾上腺素可引起心率增快和心肌收缩力增加,血管收缩。血管收缩将增加血压(后负荷),促使血液流回心脏(前负荷),前负荷的增加能进一步增加心脏的射血,进而增加心输出量。

前负荷和后负荷的增加在短时期内能升高血压,达到预期的效果,但也将显著增加心脏做功的负荷。时间过长时,反过来又会降低心输出量。

交感神经的活性涉及人体的肾上腺素系统,后者分为α肾上腺素系统和β肾上腺素系统。在健康的个体,肾上腺素系统的活性常与身体的应激反应有关,导致机体在应对危险时出现"战斗或逃避"反应。而心衰患者的体内常表现为持续的高肾上腺素活性。

肾上腺素活性升高的结果使心脏跳动加快,以保持足够的心输出量。心率的增加和心输出量的增加也将增加心肌的氧消耗。衰竭的心脏无法得到需要的氧气,主要因为心率的增加缩短了舒张期,减少了氧供,降低了射血量,也降低了下次收缩期可利用的血量。因此,心衰患者将面临心脏对氧耗的增加与氧供减少的双重作用。心肌缺少足够的氧供相当于心肌灌注的减少。心肌灌注的减少可导致心肌缺血,甚至会诱发致命性心律失常。

心衰患者在静息状态下也会出现心率增快,因而患者不能通过增加心率来满足机体的需要,导致心衰患者的运动耐量下降,并出现活动后气短等症状。健康个体的心率变异性能力较强,心脏在不同的时间跳动不同的次数,以适应不同状态下的代谢需要。例如,健康人的心脏在静息状态下可以跳动50次/分,办公室工作时70次/分,在办公室周围运动时90次/分,而打网球时心率可达到120次/分。心衰患者的心率变异性降低,心脏一直跳动得较快,以保持合适的心输出量。

然而,交感神经系统除产生以上反应外,它还调节肾素-血管紧张素-醛固酮系统。心衰时,心输出量的下降能导致肾脏灌注血量的减少,进而激活肾素-血管紧张素-醛固酮系统。可感受细胞膜上压力变化的压力感受器能感知肾脏血流的减少,进而激活机体释放出一种称为肾素的酶。

肾素能把血管紧张素原的血浆蛋白转化为血管紧张素I(A-I),血管紧张素转换酶可将血管紧张素I转变为血管紧张素酶Ⅱ(A-Ⅱ)。血管紧张素酶Ⅱ本身是一种强力的收缩血管剂,会使血压立即升高。血管紧张素酶Ⅱ进一步刺激醛固酮释放,醛固酮作用于肾脏,促进水钠潴留。水钠潴留在短期内能增加血容量,提高血压,提高心肌纤维的张力,从而增加心输出量。

水钠潴留的短期结果是增加心输出量,而持续的肾素-血管紧张素-醛固酮系统的激活将使衰竭的心脏负荷加重。血管紧张素Ⅱ能增加前负荷和后负荷,二者均增加心脏做功。血管紧张素Ⅱ还与血钠水平低(低钠血症)有关。醛固酮引起体液潴留,导致充血等相关症状。对于严重的心衰患者,过多的体液离开循环系统,开始在体内蓄积,并出现肿胀和水肿。

对于健康人,交感神经系统兴奋时有助于调节血压和心脏功能,在短期内出现应对机体的各种应激反应。交感神经应急系统的持续激活和体内交感神经系统分

25 泌激素的持续升高,能增加心衰患者的心脏负荷,进而损害心脏功能。

为了应对持续增加的心脏负荷、心输出量和心率,心室肌纤维逐渐拉长以减少室壁张力,保持心输出量。左室(机体主要的血泵)泵血能力逐渐降低,导致舒张压增高。舒张期压力的增加可导致左室扩张,即心室重构。心室重构包括离心性肥厚和向心性肥厚两种。

离心性肥厚常伴随左室腔的逐渐扩大,收缩力的下降以及射血分数的下降。导致左室收缩功能不全。"离心性"肥厚指的是"远离中心"或非对称性肥厚。

然而,有时过重的心脏负荷可导致室壁变厚。心脏后负荷的增加降低了心脏射血量,左室舒张末期压力的增加导致心输出量降低。为弥补心输出量的减少,心脏则通过心室肌的变厚而达到负荷与输出量的平衡,特别是左心室内部。而心肌壁肥厚的增加将导致心室壁更加僵硬,左室容积降低,过度僵硬的室壁无法有效地射血。而且,心室无法充分地舒张(导致舒张功能不全)。这种心室重构将使心脏变成球形,称为向心性肥厚(此时向心是指同心)。

心脏的神经内分泌过度激活的机制可以解释许多过去悬而未决的问题。诸如心衰为何逐渐进展,患者为何在心功能衰竭或猝死之前相当长的时间内表现为代偿完好。该理论也能帮助我们理解心衰的复杂性,单一治疗并不能解决所有的问题等。此外,还使我们了解到,在临床淤血症状出现之前的很长时间内,心衰就已经发生,并在不断进展。对心衰机制的理解有助于我们发现更多的治疗方法,进而尽早、有效地治疗心衰。

本章要点

- 神经内分泌过度激活机制是心衰发生和发展的重要机制。当今多数心衰药物治疗也是基于神经内分泌过度激活机制。
- 人体有副交感神经系统(PSNS)和交感神经系统(SNS)。健康人体的副交感神经系统的作用占支配地位,而交感神经系统(作用于意识不能控制的功能,如呼吸、消化、心率等)主要应对应激反应。这种交感神经的"应激反应"常被称为"战斗或逃避"反应。心衰患者的上述平衡遭到损害后,交感神经系统的作用将占支配地位。因此,心衰患者体内神经内分泌激素保持异常升高的水平。
- 心衰患者体内交感神经系统激活的一个原因是心衰时心输出量降低,循环血容量下降。压力感受器(监测血管壁的张力)检测到低于正常的血液容量,刺激产生肾上腺素和去甲肾上腺素。这些神经内分泌递质的释放,能调节人体使心率增快,血管收缩以及心肌收缩性增强。

- 交感神经系统改变的另一方面涉及α和β肾上腺素系统。心输出量的下降(尤其在心衰患者中)可引起肾上腺系统的激活,增快心率。同时也将导致心脏耗氧量的增加,而供氧量减少。进而导致心肌灌注减少,而诱发心律失常。
- 交感神经系统使心率增快,因此心衰患者心率变异性(HRV)常下降。心衰患者在多数情况下已处于最大心率,在运动或应激的情况下不能通过增加心率以满足机体的需要。
- 肾脏血流减少时,肾素−血管紧张素−醛固酮系统(RAA)也被激活。肾素−血管紧张素−醛固酮系统发生瀑布式激活:首先肾素释放,使血管紧张素原的血浆蛋白转变为血管紧张素Ⅰ。血管紧张素转换酶将血管紧张素I转化为血管紧张素Ⅱ。血管紧张素Ⅱ本身是强力的缩血管剂,可立即使血压升高,还能刺激肾素

26

-血管紧张素-醛固酮系统释放醛固酮,醛固酮作用于肾脏,造成水钠潴留,表现为水肿。

- 短期内,交感神经系统激活的作用可以帮助机体代偿已出现的心脏输出量和血容量的下降,但从长远观点看,将对心脏产生显著的不利影响。这些影响中最明显的是心肌的形态和功能发生重构。

- 心衰发展过程中,心室形态的变化称为心室重构,包括离心性心室肥厚和向心性心室肥厚两种。

- 离心性(即非对称性)心肌肥厚患者的左室进行性扩张,心脏收缩力下降,射血分数下降。心脏变薄而且扩张。

- 向心性(或同心性)心肌肥厚患者表现为心室壁变厚,泵血能力下降。心脏变为球形,室壁僵硬,失去舒张能力。

- 神经内分泌过度激活机制并不能解释心衰的所有情况,但能解释心衰逐步进展的过程,也有助于临床医生确定合适的药物治疗方法。既然心衰很大程度上发生在分子水平机制上,因此除其他治疗方法外,分子水平上的治疗也有重要意义。

(赵战勇 译)

第六章

心力衰竭药物治疗总述

药物治疗是心衰患者的基础治疗,因此要理解CRT治疗心衰的机制必然要涉及心衰的药物治疗。心衰患者的治疗不能单用药物或辅助装置,而需要联合应用。首先以药物治疗为基础,植入装置作为某些患者的辅助治疗。而植入装置的辅助治疗作用不影响药物的药理学。

因此,CRT治疗疗效显著的患者不能停服治疗心衰的药物。

我们对心衰药物治疗的理解主要建立在心衰神经内分泌过度激活机制的基础上。换言之,我们通过在系统治疗中加入某一药物,观察其引起的反应来推测其作用。因而心衰的药物治疗有着扎实的理论依据。

事实上,典型心衰患者的药物治疗相当精细。绝大多数心衰患者需要联合应用药物,即服用多种药物。药物之间存在着相互作用。随着患者症状的恶化或改善,可能需要调整药物的剂量。不是所有的药物都能取得良好的疗效,一些患者可能会出现副作用,有时副作用非常严重以至于不得不停药或换药。甚至有证据表明不同种族及性别的人群对药物有不同的反应。因此,选择合适药物、应用合适剂量治疗心衰并非是件易事。

治疗心衰的主要药物包括[1]:

- 袢利尿剂;
- 血管紧张素转换酶抑制剂(ACEI),

不能耐受ACEI时,可应用血管紧张素受体拮抗剂(ARB);

- β受体阻滞剂;
- 螺内酯;
- 地高辛;
- 某些情况时,应用胺碘酮。

心衰患者可能同时服用多种药物,一些新的药物也不断涌现,本章重点讨论心衰的"一线"治疗药物。

利尿剂是最常用的药物之一,也是缓解症状最快的药物。利尿药物通常能在数小时内减轻水肿,改善呼吸困难和运动耐力。袢利尿剂最被人熟知,症状较轻的患者还可选择相对较弱的利尿剂,如噻嗪类利尿剂或美托拉宗[1]。

我们常认为心衰是心脏的一种病理状态,肾脏及呼吸系统也同时受累。心、肺和肾脏共同作用,使身体得到富含氧的血液,同时将二氧化碳排出体外。对于健康人体,流经肾脏的血液占全身总血流量的1/4。除滤过血液外,肾脏还有调节血容量及血液组成成分的作用。发生心衰时,肾脏供血不足,因此不能维持机体正常的血容量和组成成分。肾脏的压力感受器激活身体的肾素-血管紧张素-醛固酮(RAA)系统,产生化学物质,促使水钠潴留。短时间内,这是一种增加血容量的代偿机制,久而久之,将导致体液聚积,造成肾功能损害甚至导致肾衰竭。

袢利尿剂顾名思义作用于肾脏的髓袢。肾脏大约由一百万个高度特异的滤过细胞即肾单位组成。每个肾单位都包含微小的血管和肾小管。肾小管最终汇入膀胱。血液经肾单位滤过时,代谢废物通过肾小管的聚集最终排出体外。髓袢是肾单位中肾小管的一部分,其作用相当于一个小的钠泵,髓袢的作用是确保机体保留适当的钠盐。袢利尿剂作用于髓袢的钠泵,促进钠盐排泄。随着机体钠盐的排泄,将产生利尿作用或使尿液生成增加,从而减轻液体负荷,减轻肺淤血,降低颈静脉压,甚至通过排出多余的水分而减轻体重。利尿剂迅速起效,快速减轻水肿和淤血,能显著缓解心衰的症状。

大多数患者能很好地耐受利尿剂,但利尿剂也有一些风险和潜在的副作用。特别是袢利尿剂,其能有效地排出过多的液体,但同时也降低血钾,引起低钾血症。低钾时可能导致严重甚至致命性心律失常。长期应用利尿剂可能导致机体的电解质紊乱。症状包括低血压、肾衰、皮疹甚至听力障碍。

袢利尿剂是目前应用的最强利尿剂。主要有三种:布美他尼、呋塞米和托拉塞米。需要轻度利尿的患者可以选择噻嗪类或美托拉宗,但不论心衰患者服用哪种利尿剂,都要慎重。因为利尿剂可能引起严重的副作用,需要经常监测血清钾和其他电解质的水平以及肾功能。应当根据体液聚积情况随时调整剂量。最新的心衰指南建议只有对已经接受ACEI(或在ACEI不能耐受时的其他类似药物) 及β受体阻滞剂治疗的心衰患者可给予利尿剂治疗[1]。

目前没有关于利尿剂治疗心衰的大规模研究,因此没有确凿的证据说明利尿剂对降低心衰患者的发病率及死亡率有益。对如此熟悉的药物反而缺乏证据的理由很简单,利尿剂是基础药物,治疗过程中不能停用,即使在随机临床试验时也是一样。因此我们缺乏利尿剂可降低死亡率的确凿证据。但是,小规模研究显示利尿剂有改善心衰患者生存的趋势[2],而且多数医师在治疗心衰的过程中观察到利尿剂的治疗对患者有显著益处。

利尿剂是治疗心衰最古老的药物之一,而螺内酯相对较新。螺内酯是一种醛固酮拮抗剂,有轻度利尿作用。螺内酯主要通过阻断醛固酮(交感神经系统激活的一部分)而发挥利尿作用,减轻体液在体内的聚积。袢利尿剂等促进排钾,而螺内酯是"保钾利尿剂",因此建议患者将其与袢利尿剂联合服用,可以避免低钾血症的发生。一般认为螺内酯在利尿的同时不降低血钾水平,因此患者服用期间可以不补钾。但事实上,小剂量螺内酯没有保钾作用,服用螺内酯的患者同样要慎重监测血钾水平。

患者服用螺内酯时可能发生高钾血症,尤其在服用的同时补钾或没有医师指导用药的情况下。高钾血症和低钾血症一样,也是非常危险的。

钾是人体众多无机盐中的一种,但与其他无机盐不同的是,机体大部分(98%)的钾盐位于细胞内,仅有极少量(2%)在细胞外。细胞内外钾离子的这个比例对机体意义重大:影响细胞膜的极化、神经传导速度和肌肉收缩性(包括心肌收缩性)。机体细胞内外钾离子比例微小的改变可能引起严重的临床后果。

尽管螺内酯并不是治疗心衰药物的"基石",但在临床中越来越常用。螺内酯因同时具有利尿和醛固酮拮抗作用而备受临床关注。需要注意的是,美国仅有一种保钾利尿剂(螺内酯)上市,而在世界其他地区有数种该类药物。

尽管螺内酯对心衰治疗来说是一种新选择，但其并不是一种新药。大规模随机临床试验（RALES）发现，螺内酯对部分心功能Ⅲ或Ⅳ级的心衰患者能降低心脏性猝死和心衰死亡的危险性达35%[3]。

心衰药物治疗的另一个支柱是血管紧张素转换酶抑制剂（ACEI）。ACEI能抑制血管紧张素转换酶（人体自然产生），这种酶能将血管紧张素（A-Ⅰ）转化成强烈的缩血管剂，即血管紧张素Ⅱ（A-Ⅱ）。A-CEI仅抑制A-Ⅱ的产生，基本不影响A-Ⅱ的作用。

A-Ⅱ的作用十分强大，令人生畏。它不仅是强有力的缩血管物质，同时能造成钠潴留，导致患者出现水肿。A-Ⅱ对心肌细胞有毒性作用，促进心室重构。健康机体内A-Ⅱ水平很低，没有任何副作用。而心衰患者A-Ⅱ水平很高。服用ACEI类药物可以抑制A-Ⅱ。

市场上有多种ACEI，大多数有共同的成分。ACEI类药物包括依那普利（广为人知）、卡托普利、赖诺普利和雷米普利等。有很多关于ACEI类药物的大规模随机临床试验，其中雷米普利的相关研究较多。有证据表明，ACEI类药物有所谓的"类效应"，即该类药物都有相同的作用。换言之，依那普利的研究结果可用于其他同类药物[4]。CONSENSUS研究证实：ACEI可降低某些心功能Ⅳ级心衰患者的死亡率[5]。

最近的心衰指南指出，伴有收缩功能障碍的心衰患者即使没有症状也应服用ACEI[1]。ACEI对所有不同程度左室功能障碍（表现为LVEF<40%）的心衰患者是毫无疑问的一线用药。除非患者不能耐受，除此都应服用ACEI。首先应该尝试ACEI，仅在其产生不能耐受的副作用时选择替代药品。

大多数心衰患者能很好地耐受ACEI，最常见的副作用是干咳。如果患者可以耐受，许多心衰专家建议继续应用ACEI。另外，少见的副作用包括过敏反应而导致喉头、唇或眼睑的水肿、低血压以及头晕。ACEI能够引起钾潴留而导致肾功能恶化，因此这些患者接受ACEI治疗时更要慎重。所有服用ACEI的患者都要监测肾功能。

必须中断ACEI治疗时，最常用的替代药物是ARB。理论上，ARB与ACEI作用相同，只是过程不同。ACEI和ARB都试图降低高水平的A-Ⅱ对机体的影响。ACEI阻断A-Ⅰ转化为A-Ⅱ。ARB允许机体生成A-Ⅱ（因此不降低体内A-Ⅱ的水平），但阻断A-Ⅱ发挥作用。为了阻止A-Ⅱ向机体传递信息（使血管收缩），必须阻断其受体细胞。体内的每个神经传递都涉及传递信息的递质（此时是A-Ⅱ）以及接受信息的受体。当化学物质与合适的受体结合时，就像钥匙插进锁一样。这样信息才能传递。A-Ⅱ为将其携带的信息传递给人体，需要与受体细胞结合，ARB通过阻断A-Ⅱ与受体结合而发挥作用。服用ARB的患者体内A-Ⅱ水平仍然很高，但不能有效发挥作用。

相对于ACEI，ARB属于新药，其对心衰发病率和死亡率的益处尚缺乏临床证据。ARB类药物包括坎地沙坦、厄贝沙坦、氯沙坦以及缬沙坦等。大多数心衰专家认为ARB不能等同于ACEI（后者是金标准）。对不能应用ACEI的心衰患者ARB是一种有价值的替代药物。

心衰药物治疗的另外一个支柱是β受体阻滞剂，通过阻断β肾上腺素能系统而发挥作用，β肾上腺素能系统是机体"战斗或逃避"反应的一部分。β肾上腺素能系统因能产生两个强有力的神经激素而被熟

知:肾上腺素和去甲肾上腺素。在健康人体中,这两个神经激素对心脏有三个重要作用:

- 正性变时效应(增加心率);
- 正性变传导效应(增加心脏的电传导速率);
- 正性变力效应（使心肌更强地收缩）。

上述三个作用对健康人体是有益的。但会增加心衰患者对氧和营养物质的需求,引起缺氧,进而导致心肌缺血。如果心衰患者已经发生心室重构,心肌细胞损伤,细胞的自律性增加可能导致不规则并且危及生命的心律失常。去甲肾上腺素与细胞凋亡或程序性细胞死亡有关,由于尚未知的原因,心肌细胞核在某个特定的时间开始凋亡,去甲肾上腺素可以触发心肌细胞提前凋亡。

β受体阻滞剂用于心衰治疗已有数年时间,其降低心衰发病率和死亡率的作用已被大量大规模的随机临床试验证实。尽管研究和临床经验显示β受体阻滞剂确实能减少心衰症状,但不能缓解所有患者的症状。患者开始接受β受体阻滞剂治疗之初可能经历症状加重,尤其是乏力和体液潴留加重的过程。医生建议对新开始服用β受体阻滞剂的患者应从小剂量起始,缓慢加量。经过一段时间再仔细调节剂量,大多数使用β受体阻滞剂之初遇到问题的患者最终都能成功地找到合适剂量(副作用最小)。应当强调,即使患者症状缓解不明显,也必须坚持β受体阻滞剂的治疗。

大规模临床试验结果显示β受体阻滞剂可以降低死亡率[6-9]。但与ACEI有类效应的情况不同,有证据表明不同的β受体阻滞剂有不同的临床疗效[10]。因此,最常用的β受体阻滞剂是有足够临床证据的药物:比索洛尔、卡维地洛和美托洛尔。

服用β受体阻滞剂的心衰患者应同时接受利尿剂治疗,因为β受体阻滞剂可能增加体液潴留。

治疗心衰的另一个药物是地高辛,它并不常规应用于所有心衰患者。作为强心苷家族的成员,地高辛有正性变力作用,被心脏科医师熟知已长达一个多世纪,并且仍然在临床广泛应用,其使心肌细胞更有力地收缩。它同时具有负性变时作用,减慢心率。减慢心率、增强收缩力两者结合起来,使心脏的泵功能更有效。地高辛不直接作用于神经内分泌系统,但确实对很多心衰患者病情的长期维持和稳定有作用。

然而,地高辛不适用于房室阻滞的患者(除非植入起搏器)或急性心衰患者。地高辛的主要作用是缓解症状,所以一般不用于无症状患者。尽管有证据表明地高辛可以降低发病率以及减少心衰住院率[11],但尚未证实其可减少心衰患者的死亡率。

确定地高辛的剂量需要细心监测。其治疗剂量与中毒剂量很接近,高剂量时容易引起中毒,甚至致死。适量的地高辛安全、有效,可以降低远期发病率。

抗心律失常药物已非常谨慎地用于心衰患者的治疗。许多抗心律失常药物(除β受体阻滞剂外)禁用于心衰患者,如I类抗心律失常药物。抗心律失常药物同时可能有致心律失常的副作用。这些药物在治疗某种心律失常的同时,可能导致另一种心律失常。由于很多心衰患者容易发生心律失常,而且常因心律失常死亡,因而心衰患者应用某些抗心律失常药物后可能产生更大的危险。

此外,大多数抗心律失常药物具有负性肌力作用,能对大多数心衰患者产生副作用。

胺碘酮是唯一没有负性肌力作用的抗心律失常药物，因此可用于心衰患者，以减少室性心动过速的发生。然而，最近的一项大规模临床试验（SCD-HeFT研究）提示胺碘酮与安慰剂（非药物）类似，均不能减少心功能Ⅱ和Ⅲ级、射血分数≤35%的心衰患者死亡率，而ICD可显著降低死亡率[12]。可以理解，胺碘酮能很好地预防心衰患者发生室性心动过速，但不能使之完全消失。上述结果更说明心脏植入装置的治疗对心衰患者具有重要的治疗价值。

此外，许多已植入CRT-D的患者仍然需要服用胺碘酮，以减少ICP的放电次数。胺碘酮可以减少心律失常的发生，但并不能使心衰患者免于心律失常所致的死亡。胺碘酮能减少室性心律失常，通过减少治疗性放电使CRT-D治疗更好地发挥作用。

在美国以外的国家，胺碘酮还可用于治疗室上心动过速，特别是房颤。而在美国，这种应用属于超适应证的应用。

还有一些其他药物可用于心衰患者。2005年，美国食品药品管理局批准由肼屈嗪和硝酸异山梨酯复合而成的新药上市（商品名Bidil®），用于延缓黑人患者心衰的进展。这是第一种在美国获得通过的、基于不同人种的药物。肼屈嗪和硝酸异山梨酯是血管扩张剂，帮助扩张外周血管，可用于任何心衰患者，但临床证据显示其在黑人中比其他人种更有效。

正在研究中的新药包括内皮素拮抗剂、血管肽酶抑制剂和细胞因子拮抗剂。尽管研究仍在不断进展，但近年内我们似乎不可能有更新的药理学突破，产生相应更新的心衰治疗药物。

当考虑到药物对心衰患者的治疗作用时，致力于CRT系统研究的临床医生应

牢记，心衰患者需要始终坚持药物治疗。大规模临床试验（MADITⅡ，CARE-HF，COMPANION，SCD-HeFT）都以患者接受恰当的药物治疗作为基础，整个试验过程中都对药物治疗进行仔细的监测。心衰治疗的坚实基础是：合理而持续的药物治疗。

药物之间可发生相互作用，同样药物与植入装置之间也相互影响。一些药物影响除颤阈值（DFT）。特别是胺碘酮可增加DFT，DFT是植入装置成功除颤需要的最小能量，是CRT-D一个重要的程控参数。地高辛和β受体阻滞剂应用时，能引起症状性心动过缓而需要起搏支持。其副作用可能逐渐发生，因此临床医师需要密切观察这些患者，并在必要时调整植入装置的工作参数。

参考文献

1. Swedberg K,Cleland J,Dargie H *et al*.Guidelines for the diagnosis and treatment of chronic heart failure （update 2005）. The European Society of Cardiology 2005.

2. Faris R,Flather M,Purcell H *et al*.Current evidence supporting the role of diuretics in heart failure ;a meta analysis of randomized controlled trials .*Int J Cardiol* 2002;**82**;149–58.

3. Pitt B, Zannad F, Remme WJ *et al*. The effect of spironolactone on morbidity and mortality in patients with heart failure. *JAMA* 2000;**283**;1295–302.

4. Garg R ,Yusuf F. Overview of randomized trials of angiotensin - converting enzyme inhibitors on mortality and morbidity in patients with heart failure. Collaborative Group on ACE inhibitor trials. *JAMA* 1995;**273**;1450–6.

5. The CONSENSUS Trial Group.Effects of enalapril on mortality in severe congestive heart failure .

Results of the Cooperative North Scandinavian Enalapril Survival Study. *N Engl J Med* 1987; **316**:1429-35.

6. CIBIS Ⅱ Investigators.The Cardiac Insufficiency Bisoprolol Study Ⅱ ;a randomised trial. *Lancet* 1999;**353**:9-13.

7. Krum H,Roecker EB,Mohasci P *et al*. Effects of initiating carvedilol in patients with severe chronic heart failure.*JAMA* 2003;**289**:712-18.

8. Hjalmarson A,Goldstein S,Fagerberg B *et al*. Effects of controlled-release metoprolol on total mortality, hospitalizations, and well-being in patients with heart failure.*JAMA* 2000; **283**:1295-302.

9. Packer M, Bristow MR, Cohn JN *et al*. The effect of carvedilol on morbidity and mortality in patients with chronic heart failure. *N Engl J Med* 1996; **334**:1349-55.

10. Poole-Wilson PA, Swedberg K, Cleland JG *et al*. Comparison of carvedilol and metoprolol on clinical outcomes in patients with CHF in the Carvedilol or Metoprolol European Trial (COMET): randomized controlled trial. *Lancet* 2003; **362**:7-13.

11. The Digitalis Investigation Group. The effect of digoxin on mortality and morbidity in patients with heart failure. *N Engl J Mde* 1997; **336**:525-33.

12. Bardy GH, Lee KL, Mark DB *et al*. Amiodarone or an implantable cardioverter-defibrillator for congestive heart failure.*N Engl J Med* 2005; **352**:225-37.

32

本章要点

- 药物是所有心衰患者治疗的基础。即使是接受心脏再同步化治疗的患者仍然要维持药物治疗。
- 心衰患者通常需要服用4～6种甚至更多的药物。这种多种药物联合治疗需要常规监测、调节及复查。很多治疗心衰的药物都有副作用。
- 治疗心衰的主要药物包括利尿剂、血管紧张素转化酶抑制剂、β受体阻滞剂、螺内酯、地高辛和胺碘酮。
- 很多患者不能耐受ACEI。如果ACEI不能发挥作用，指南推荐患者试用血管紧张素受体拮抗剂(ARB)。但是不能认为ARB等同于ACEI，它只是一个可选择的替代品。
- 多数心衰患者接受袢利尿剂（作用最强的类型)治疗，但症状较轻的患者应用作用小的利尿剂更有效，如噻嗪类及美托拉宗。
- 袢利尿剂作用于髓袢，即肾单位(肾脏细胞)的微小钠泵。袢利尿剂能够快速缓解淤血症状。
- 没有大规模的随机临床研究显示利尿剂可降低心衰患者的死亡率。尽管如此，利尿剂还是心衰药物治疗中疗效最确定的药物之一。
- 袢利尿剂可能导致低钾血症。补充钾治疗应该谨慎进行，因为患者也有可能出现高钾血症。
- 主要的袢利尿剂包括布美他尼、呋塞米和托拉塞米。
- 螺内酯是具有利尿作用的醛固酮拮抗剂。它具有保钾作用，通常服用螺内酯的患者不必再补钾。
- 螺内酯不是一种新药，但用于心衰治疗相对较新。
- ACEI通过阻断血管紧张素转化酶而发挥作用，而阻止未激活的血管紧张素Ⅰ转化成强力的血管收缩剂血管紧张素Ⅱ。ARB（替代ACEI)通过阻断受体阻断血管紧张素Ⅱ收缩血管的作用。两者都能拮抗机体肾素-血管紧张素-醛固酮系统的不良作用。
- ACEI药物中文名称以"普利"结尾，而ARB药物以"沙坦"结尾。
- 随机临床研究显示心衰患者接受ACEI治疗时,能在减少死亡率的同时降低发病率,具有"类效应",试验结果适用于所有ACEI。
- 指南推荐所有收缩性心衰患者（左室射血分

33

数低）应服用ACEI，即使没有症状。

- ACEI最常见的副作用是干咳。如果患者不能耐受咳嗽，可以选择ARB。

- ARB是新药。指南建议仅在心衰患者不能耐受ACEI时才给予ARB。

- 指南推荐所有心衰患者，即使没有症状，也应该给予β受体阻滞剂。即使症状没有得到显著改善也应该继续服用β受体阻滞剂。

- 随机临床试验证实β受体阻滞剂可降低发病率和死亡率。β受体阻滞剂没有类效应，不同药物作用不同。

- β受体阻滞剂可阻断机体的肾上腺素能系统（肾上腺素和去甲肾上腺素），增加心率、加快传导并增强心肌收缩力。

- β受体阻滞剂可能引起乏力和体液潴留（需要同时给予利尿剂），尤其在给药初期。"小量起始缓慢加量"适用于β阻滞剂量的确定。通常起始剂量较低，随后可以逐渐加量，而副作用逐渐消失。

- β受体阻滞剂可引起心动过缓，此时应在继续坚持应用β受体阻滞剂的基础上，植入起搏器支持治疗。

- β受体阻滞剂多以"洛尔"结尾，常见的有卡维地洛、比索洛尔和美托洛尔等。

- 地高辛是一种应用已久的药物，具有增加心肌收缩力的作用，同时可以减慢心率。地高辛不适合用于有房室阻滞的患者（除非已植入起搏器）。

- 已经证实，地高辛可降低心衰患者的发病率，而不是死亡率。

- 确定地高辛的剂量非常重要，因为药物的有效剂量和中毒剂量相近，大剂量可能引起地高辛中毒。

- 大多数抗心律失常药物也有致心律失常作用，对心衰患者是禁忌的。心衰患者可以接受的抗心律失常药物是胺碘酮，是致心律失常作用最小的Ⅲ类抗心律失常药物。

- 胺碘酮能减少或抑制室性心动过速，有时也能以超适应证治疗室上性心动过速（美国）。但它不能降低心衰患者的死亡率。胺碘酮也有很多副作用，包括器官损伤。

- 不仅药物之间有相互作用，药物与植入装置也相互影响。胺碘酮可增加除颤阈值。地高辛和β受体阻滞剂可以引起症状性心动过缓。

- 药理学的新进展发现药物在不同种族或性别人群中作用不同。例如，2005年，一种由肼屈嗪和硝酸异山梨酯合成的新药，作为黑人的抗心衰治疗药物在美国批准上市（商品名为Bidil®）。Bidil是批准上市的第一个考虑不同人种特征为基础的药物。肼屈嗪和硝酸异山梨酯能够降低黑人患者心衰的发病率和死亡率，而对其他人种的心衰患者可能无效。

- 很多治疗心衰的新药正在研究中，包括内皮素拮抗剂、血管肽酶抑制剂和细胞因子拮抗剂。但目前一段时间内可能没有更新的药物可用于心衰治疗。

（赵兰婷 译）

第七章

心室的不同步

心力衰竭常起始于心脏组织的结构性损害，随后通过神经内分泌系统的过度代偿机制而进展。最近，人们才逐渐了解心衰的另一个发生机制，即心室活动的不同步。当然并不是所有的心力衰竭患者都存在心室活动的不同步，而且临床医师对心室活动不同步的定义和具体量化指标尚不明确，还需要走很长的路。但随着对心室不同步研究的不断深入，心衰患者的一些治疗难题正在得到一定程度的解决。

心脏需要精确的计时间期，并按时间顺序完成收缩及舒张功能。正常情况下，电的激动起源于窦房结，经心房传导至房室结，短暂延迟后向下传导至心室。心脏的机械活动紧随心脏的电活动。心房刺激引起心房收缩，心房收缩射出的血入心室使心室充盈，此后房室瓣关闭，激动经房室结、左右束支及希氏束传导使心室激动后收缩及舒张。左、右室作为一个整体几乎同时收缩，同步协调运动。

因此，存在两种形式的非同步。一种是心电的不同步，引起传导延迟和节律紊乱，另一种是机械的不同步，导致心脏收缩和舒张不协调。

心衰患者常出现心脏传导障碍，使正常的电传导顺序改变。传导障碍在心衰患者中主要表现为两种类型：

- 心室激动的传导延迟；
- 房室传导延迟。

相关研究发现，半数心衰患者有不同形式的激动传导异常[1]。

心衰患者可能出现左束支阻滞引起的左心室激动传导的延迟。左束支阻滞可见于非心衰患者，但更常见于心衰患者。左束支阻滞时左心传导系统出现传导阻滞或延迟，导致右室收缩后左室才收缩，使左室激动延迟，结果造成左、右心室激动的不同步（植入起搏器而不伴心衰和左束支阻滞者，因心室电极导线放置在右室心尖部，先起搏右室，然后激动再传到左室，形成"人工的左束支阻滞"）。

右室激动领先于左室，将导致室间的不同步收缩，即左右心室之间出现不协调运动。这种不同步在体表心电图上表现为QRS波时限的延长或增宽。通常QRS波的时限>120ms是心衰的一个独立危险因素[2]，虽然将其作为危险分层尚存争议，但可以肯定，QRS波时限作为一个简单、直观、又十分经济的指标，的确能在一定程度上反应心电活动的不同步性。

对于心衰患者，室内传导延缓是另一种具有更重要临床意义的传导障碍。这种延缓发生在左室内。由于传导延缓，左室侧壁或外壁的心室肌在内壁或室间隔心室肌收缩后再收缩，使左室表现为节段性或波浪状收缩而不是整体性同步收缩。室壁节段性收缩异常造成左室大量血液在室内的来回流动，即室内分流，进而明显减少了左室向外泵血的效率。室内传导障碍能使心搏量大大减少。

室间和室内传导的延迟均能对患者造成不良影响[3,4]。

许多心衰患者还存在自主的房室传导延迟。这种情况下,心房收缩与心室收缩之间会间隔一个比正常时更长的时间,其限制了心房对心室的充盈作用,引起舒张期二尖瓣反流并缩短了心室的充盈时间(图7.1)。

房室延迟能对心衰患者造成严重的临床后果。高达30%的心输出量依赖于心房向心室的泵血。即使心房这种"辅助泵"的作用只是部分丧失,对心衰患者的影响也十分显著。舒张期二尖瓣反流是因心房收缩和舒张后,过长的房室传导延迟使心房压在二尖瓣关闭之前低于心室压,此时二尖瓣尚未完全关闭,血液从心室经二尖瓣反流至心房,形成舒张期二尖瓣反流,心室充盈受限,前负荷下降,最终使心脏的每搏

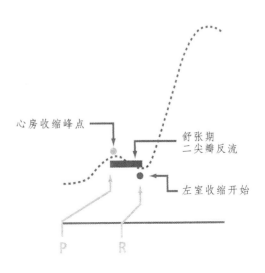

图7.2 左室压力波形 房室传导的延长减少了心房的射血,增加了二尖瓣反流并减少心输出量

量下降(图7.2)。

尽管电传导的不同步和机械收缩顺序的不同步密切相关,但有时只存在其中一种。电的不同步通常表现为体表心电图QRS波时限的增宽。机械不同步的诊断往往需要影像学的协助,如超声心动图、组织多普勒、标记MRI或心室压力容积曲线的记录等(图7.3)。

机械不同步是目前判断心衰患者CRT治疗能奏效的最好指标[5]。然而,目前有关CRT植入适应证的指南中,仍然使用电的不同步(QRS波时限)作为适应证之一。因此,临床上仍然没有对心室机械不同步性量化的判断指标达成共识。甚至当医生试图对机械不同步性进行量化时,竟没有一种标准方法。因此,医师只能依赖三维超声、二维超声、彩色多普勒血流成像、组织多普勒甚至是标记MRI等方法协助评价。

当存在机械性不同步时,右室在左室之前收缩。这意味着左室还在收缩时,右室已进入舒张期。心房收缩后,左室处于

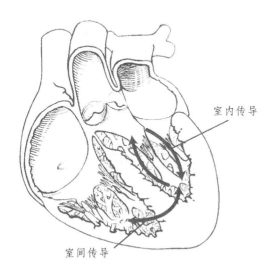

图7.1 室间和室内传导 室间传导是指电活动在左、右心室之间的传导,室内传导是指电活动在一个心室内的传导(如图所示,两个箭头在左心室内形成一个环形)

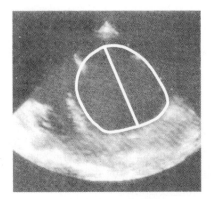

正常人　　　　　　　　　　　　　　扩张型心肌病患者

图7.3　正常人和扩张型心肌病患者的超声心动图　左图显示正常人的左心室；右图显示扩张型心肌病患者的左心室。右侧的超声图像可实时显示不规则的室壁运动，呈现心室不同步的特征

舒张期的时间过长，迟迟不发生收缩，结果能造成二尖瓣的舒张期反流，心房对心室的充盈作用丧失。上述心脏收缩期和舒张期状态互相重叠，分界不清，心房和心室失去同步性，结果造成左室有效充盈时间的缩短，心输出量的减少。

36　　　　CRT是使心力衰竭心脏的机械不同步趋于同步化的电治疗方法。并非所有心衰患者都存在心室机械性不同步。因而CRT也不是对每个心衰患者都适宜。而且，CRT的"治疗效果"一直让临床医师感到困惑。同样是收缩不同步的患者，一些患者疗效显著，而另一些却疗效甚微（有关CRT优化和疗效的评估详见第16章）。

心衰是一种复杂的综合征，临床个体的差异性较大，这种差异性会使CRT对不同的患者治疗反应不同。以下两个方面对CRT的疗效起重要作用：

- 患者的基础疾病的严重程度（心衰类型及分级）；
- 起搏器功能的设置情况（感知和起搏的房室间期的设置、左室起搏部位、房间传导延迟等）。

不论是电传导异常还是机械收缩紊乱，或两者兼有，大部分心衰患者存在心室机械活动的不同步。事实上，电和机械不同步密切相关。CRT治疗的原理是通过电的再同步实现机械性同步，进而达到治疗心衰的目的。

参考文献

1. Abraham W on behalf of the MIRACLE study group.Rationale and design of a randomized clinical trial to assess the safety and efficacy of cardiac resynchronization therapy in patients with advanced heart failure:the multicentre InSync Randomized Clinical Evaluation. *J Card Fail* 2000;**6**:369–80.

2. Murkofsky RL, Dangas G, Diamond JA *et al*. A prolonged QRS duration on surface electrocardiogram is a specific indicator of left ventricular dysfunction. *J Am Coll Cardiol* 1998; **32**:476.

3. Xiao C,Roy C,Fujimoto S *et al*. Natural history of abnormal conduction and its relation to prognosis in patients with dilated cardiomyopathy. *Int Cardiol* 1996; **53**:163–70.

4. Shamim W,Francis D,Yousufuddin M *et al*. Intra-ventricular conduction delay:a prognostic marker in chronic heart failure. *Int J Cardiol* 1999; **70:** 171–80.

5. Yu CM,Fung WH,Lin H *et al*. Predictors of left

ventricular remodeling after cardiac resynchronization therapy for heart failure secondary to idiopathic or ischemic cardiomyopathy. *Am J Cardiol* 2003; **91:**684–8.

37

本章要点

- 心室不同步可能是机械（泵异常）或电的（传导异常）不同步，或两者兼有。
- 心室的机械不同步能引起左右心室收缩的不同步（室间传导异常）或左室不能作为一个整体同步性收缩（室内传导异常）。
- 心室的电不同步能引起房室传导延迟，心房泵血减少，舒张期延长，心输出量降低。
- 最常用的衡量电不同步的指标是体表心电图QRS波时限，通常＞120ms时为异常。机械不同步常用影像学方法评价，如二维超声或三维超声心动图，不常用的有标记MRI。
- 现行指南用QRS波时限＞120ms作为CRT治疗的适应证之一，但事实上CRT治疗是针对机械不同步的，电不同步的指标是否能真正反映机械不同步尚需进一步研究。
- 不是所有的心衰患者都存在心室不同步，而且患者心室的电或机械不同步的程度也可能不同。

- 心衰患者通常因左束支阻滞造成左室激动的延迟，使右室收缩稍早于左室。相反，正常心脏的左右室收缩完全同步。
- 由于室内传导延迟，左室出现节段性或不同步性收缩，而非整体性收缩。典型的是左室侧壁（外侧壁）先收缩，当室间隔（内侧壁）开始收缩时，侧壁却开始舒张。上述情况能导致左室大量血液在心室内来回流动，形成室内分流，削弱了血液被协调泵出心室的力量。
- 各种形式的心室不同步削弱了心脏的泵血能力，最终导致心输出量的减少。
- CRT是针对心室的不同步性，对心脏电的节律进行管理的一种治疗技术。其仅适用于存在心室不同步的心衰患者，而且这些患者对CRT的"治疗反应"还存在不同程度的差异，其原因目前尚不能得到满意的解释。

（李学斌 李萍 译）

第八章

心力衰竭伴发的心律失常

心力衰竭是多种因素综合作用下逐渐进展的病理生理过程,是一种复杂的临床综合征,促进心衰进展的因素同时也为心律失常的发生提供了基础。

临床医生应该认识到心衰患者同时也是心律失常发生的高危患者。心衰患者发生心律失常的机制各不相同,发生率最高的三种心律失常是致命性室性心动过速(与心脏性猝死密切相关)、心动过缓和室上性心动过速(特别是房颤)。伴发的心律失常可使心衰患者的病情更加危重,使心衰的治疗更为复杂化。心衰是十分复杂的综合征,可以同时存在多种心律失常。

体内无机物或化学物质的代谢紊乱可导致心衰患者发生心律失常,如血钾水平的降低(低钾血症)或血镁水平的降低(低血镁症);循环中儿茶酚胺含量的增加也能使心律失常更易发生。心脏病发作的

幸存者心肌严重受损,心律失常可起源于损伤的心肌及其周围组织。

许多治疗心衰的药物可能促进心律失常的发生。例如β受体阻滞剂和地高辛可以引起心动过缓。由于β受体阻滞剂可降低心衰患者的死亡率,在引起心动过缓时,医生可能建议患者在继续服用β受体阻滞剂的同时,植入起搏器治疗心动过缓。另外,一些心衰患者常规应用的抗心律失常药物也具有促心律失常作用,某些情况下还可能导致尖端扭转型室性心动过速的发生(图8.1)。

心衰患者的基础疾病也是导致心律失常发生的主要因素。例如,扩张型心肌病心衰患者的心肌被过度拉伸,这种机械性牵张可使心室肌不应期缩短,而容易发生折返性室性心动过速。交感神经张力的增加也能促进心律失常事件的发生。许多心衰

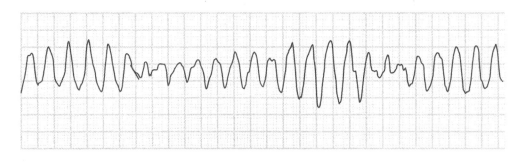

图8.1 尖端扭转型室性心动过速 尖端扭转型室性心动过速是根据心电图波形改变的特征而命名的一种特殊类型的室性心律失常。事实上,许多抗心律失常药物都可能引起心律失常,即抗心律失常药物的致心律失常作用

39 患者出现希浦系的传导延迟，在此基础上容易发生心动过缓。此外，心衰患者心脏扩大使心内膜面积增加，也能促进心律失常的发生。

心衰患者的心脏逐渐扩张，发生心室重构的同时也将出现电重构。电重构的机制是心衰过程中化学和离子通道的转变造成细胞水平和分子水平的改变。电重构可引起窦房结产生新形式的脉冲或心脏其他部位的"自主性起搏"。心衰可能导致窦房结功能障碍(引起症状性窦性心动过缓)或形成异位搏动。心肌纤维化和心肌细胞间缝隙连接的异常将导致传导延缓或折返，使患者容易发生心动过速。电重构也可表现为心室复极异常(QT间期延长)，可能诱发室性心动过速。心室复极异常还能影响空间离散度，导致心室肌的不同步。

心衰患者心脏扩张变大的同时，室壁有时也能发生增厚，这将使心室容量相应减小，心室肥厚也影响心脏的电及机械功能(图8.2)。

室性心动过速

导致心衰患者发生心律失常的两个主要原因仍然是冲动形成的异常（异位搏动、窦房结功能障碍和房性或室性期前收缩）和折返。折返是所有患者(并非只是心衰患者) 发生心动过速的主要机 40 制，这是指激动进入一个闭合环路，并沿环路快速运行，激动心肌，引起心肌快速的除极和复极。

形成折返的要素包括：必须有适合的折返环路，闭合环路中有两条传导路径，一条径路比另一条径路传导速度快；另外，需要有触发事件，如心室的期前收缩。如果这种不同步的电活动适时进入折返环路，快慢两条径路就能使电激动在环路

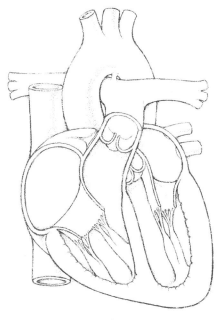
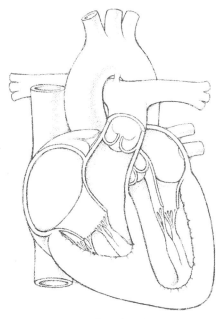

正常心脏　　　　　　　　　　　　　扩大的心脏

图8.2 心室壁增厚 心衰能在多方面影响心脏的结构，一些患者的心肌收缩力降低，心腔扩大而变成球形。本例患者室壁显著增厚，形状更尖。心脏任何物理形态的改变都将影响其电活动的传导能力

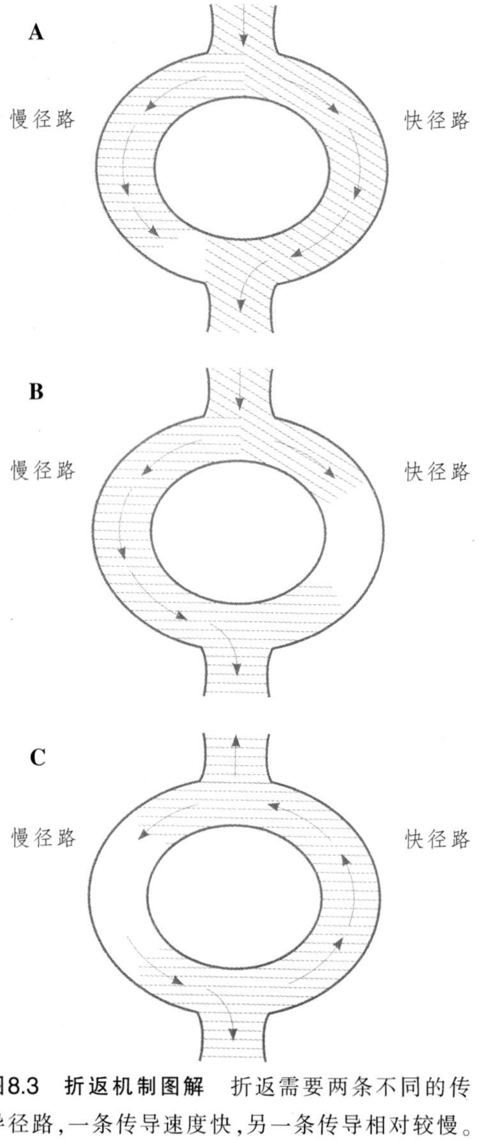

图8.3 折返机制图解 折返需要两条不同的传导径路,一条传导速度快,另一条传导相对较慢。当电信号进入环路时,部分进入快径路,部分进入慢径路(**A**)。由于快径路的不应期(白色部分)在先,激动遇快径路不应期而被阻滞(**B**),于是沿慢径路缓慢下传,然后又遇到慢径路的相对不应期(白色部分)(**C**)而缓慢下传。当下传到两条径路下端的共同通路时,快径路不应期结束,激动则沿快径路逆传。逆传至两条径路上端的共同通路时,慢径路不应期已经结束,激动又继续沿慢径路下传,周而复始,激动进入"无休止环路"。电激动传导至心肌组织,使心肌组织以快频率除极,从而形成折返性心动过速

内不停地传导,形成折返(图8.3)。

发生折返的要素必须完备才能形成折返,因此只有部分患者的心律失常系折返引起。心脏事件发作的幸存者或其他原因导致心肌损伤的患者容易发生折返,进而导致心律失常的发生。尤其有些心衰患者可能有部分区域的心肌传导减慢,更易形成折返。

动态心电图普遍应用前,心脏性猝死(SCD)或心脏骤停曾被认为是一种少见的现象。然而,目前我们认识到SCD是最重要的猝死原因之一。约50%~60%的扩张型心肌病患者有室性心律失常,约半数慢性心力衰竭的患者发生猝死[1],90%的肥厚型心肌病患者有室性心律失常,20%~30%有非持续性室性心动过速[2]。

NYHA心功能分级 Ⅱ 或 Ⅲ 级的患者,SCD的发生率高于泵衰竭或其他原因导致的死亡。需要注意的是,尽管SCD的发生率随心功能分级的增高而升高,但NYHA心功能Ⅳ级的患者中,死于泵衰竭者比SCD者更多,可能会混淆部分医生的观点。事实上,所有心衰患者都存在SCD的危险,而且随着心衰的进展,SCD的风险将增加(图8.4)。

心衰患者发生致命性室性心动过速的风险增加,其累及了许多患者。已经证实,ICD能有效终止致命性快速性室性心律失常(包括室颤)(图8.5),挽救了患者的生命。需要注意的是,对于心衰患者还要熟知二级预防和一级预防的不同。

二级预防是针对发生过致命性室性心动过速幸存者或发生过室性心律失常的患者,而一级预防则针对那些可能发生SCD的高危患者(未发生过SCD),患者可以没有任何心律失常发作的证据。

对一级预防和二级预防的重视和理

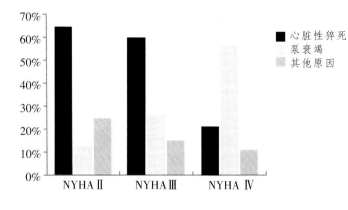

图8.4　不同NYHA心功能分级患者的死亡率　虽然NYHA心功能Ⅳ级患者死于泵衰竭者比心脏性猝死(SCD)更多见,但SCD的实际发生率在增加。重度心衰患者SCD的风险被泵衰竭导致的死亡率快速增高所掩盖。然而,心功能Ⅳ级患者泵衰竭比其他原因引起的死亡率更高(Source：Merit-HF Study)

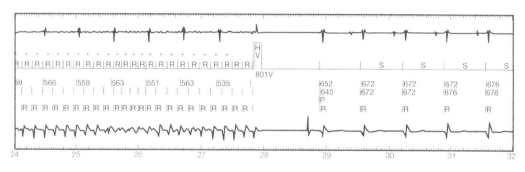

图8.5　心内电图显示心室颤动和电转复　图左显示患者发生室颤,ICD感知到快速的心室激动(R),室颤的诊断成立,ICD发放高压电击治疗(HV),经过短时间的心脏停搏,窦性心律恢复(S)

解,加深了我们对ICD除颤有效性的认识,使ICD的应用范围不断扩大。

　　三个大规模的随机临床试验已经证实,持续性室性心动过速的心衰患者(二级预防患者),植入ICD能有效降低死亡率。AVID[3]、CIDS[4]和CASH[5]研究都表明ICD能够将心衰患者的死亡率降低约30%。

　　ICD显著降低缺血性心衰患者(冠心病和心梗)的死亡率。MADIT[6]和MUSTT[7]研究发现缺血性心衰伴LVEF≤40%的患者,ICD将死亡率降低约50%。MADITⅡ试验中,ICD与传统治疗相比病死率降低30%[8](图8.6)。

　　目前最大规模的ICD一级预防试验是SCD-HeFT试验[9],该研究的对象是NYHA分级Ⅱ和Ⅲ级、LVEF≤35%的患者。患者入组后分为三组:ICD治疗组、胺碘酮治疗组和对照组。所有患者均接受基础的抗心衰药物治疗,胺碘酮组加服胺碘酮。研究发现,ICD可将患者的病死率降低23%(图8.7)。令人惊讶的是,胺碘酮与对照组均没有降低死亡率。实际上,二者之间没有显著性差异。

　　传统观点认为,胺碘酮治疗心衰的疗效肯定,而SCD-HeFT研究结果显示胺碘酮并不能降低患者的死亡率,许多临床医师感到惊讶。为什么会出现这一情况呢?分析一下心衰患者应用胺碘酮的原因就能得到很好的解释。已经证实,胺碘酮可以减少心律失常的发生。这意味着植入ICD并服用胺碘酮者,可能通过减少室性心动过速的发生而减少ICD放电。然而,胺碘酮

42

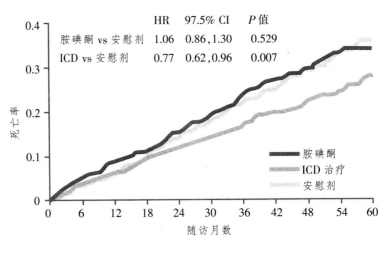

图8.6 MADIT II 研究的死亡率分析 MADIT II 研究发现，预防性植入ICD可降低LVEF较低患者的死亡率，即使这些患者没有室性心动过速的证据

患者数量

ICD 组	742	503(0.91)	274(0.84)	110(0.78)	9
传统组	490	329(0.90)	170(0.78)	65(0.69)	3

图8.7 SCD-HeFT研究的死亡率 SCD-HeFT 研究将NYHA心功能 II 和 III 级、射血分数低的患者随机分为三组。每组患者均服用基础抗心衰药物。对照组单用基础药物治疗，第二组加用胺碘酮，第三组植入ICD。结果显示，ICD可降低病死率，胺碘酮与对照组比较没有明显降低死亡率。与MADIT II 研究相同，SCD-HeFT研究的入选患者无室性心动过速发作的证据

	HR	97.5% CI	P 值
胺碘酮 vs 安慰剂	1.06	0.86, 1.30	0.529
ICD vs 安慰剂	0.77	0.62, 0.96	0.007

并非对每次心律失常的发作都能有效的预防，一旦心律失常发作，胺碘酮的疗效也十分有限，则可能无法挽救患者的生命。因此，胺碘酮不能减少心衰患者的死亡率就不足为奇了，胺碘酮对植入ICD患者的有效性毋庸置疑。

缓慢性心律失常

心动过缓的特征是心率太慢而不能满足身体所需。症状性缓慢性心律失常大致分为两种类型：窦房结功能障碍和房室阻滞。前者又称病态窦房结综合征，是指

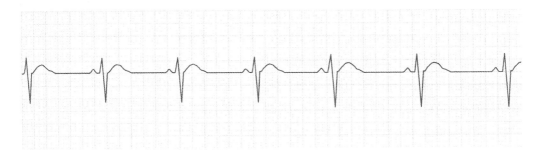

图8.8　窦性心动过缓心电图　心电图显示心率非常缓慢,房室保持1:1传导(即心房搏动一次心室也搏动一次)。心动过缓可能伴轻微症状或导致乏力。最初,传统起搏器就是用来治疗症状性心动过缓

窦房结产生激动的频率过于缓慢,不足以满足患者代谢的需要,但患者心脏特殊传导系统的结构与功能完整(图8.8)。另外,心脏变时性功能不良是典型的窦房结功能障碍的表现。心脏变时性功能不良的患者在紧张或应激状态下,心率不能随机体代谢需求的增加而适应性增加。专家推测,约半数植入起搏器的患者有窦房结变时性功能障碍。

43　　约半数植入起搏器的患者有房室阻滞。在该综合征中,窦房结能适时地发放电激动,但电激动从心房经过房室结向心室传导时,房室的传导发生了阻滞。实际上"房室阻滞"这个词在某种程度上并不确切,电激动在房室结传导的延缓(不是中断)也属于房室阻滞的范围。房室阻滞的程度不同,最严重者房室完全分离,所有心房的电信号均不能下传心室,称为三度或完全性房室阻滞。结果心房可能维持着窦性心律(或原有的心律,如房颤等),而心室表现为缓慢的逸搏心律(图8.9)。

显著的缓慢性心律失常可引起各种不适症状,包括乏力、轻度头痛、头晕甚至晕厥。心动过缓者日常活动中常有活动耐量受限。

心衰患者可能同时出现心动过缓(并44　不少见),也可能随疾病的进展或药物作用而出现。特别是β受体阻滞剂和地高辛都能造成心动过缓。

如果心衰患者因服用β受体阻滞剂而发生症状性心动过缓,医生会建议患者植入起搏器,而不是停用该药。β受体阻滞剂45在缓解心衰患者症状和降低死亡率方面都有显著效果,应该尽可能坚持服用。

DAVID研究发现,为ICD植入适应证而无起搏器植入适应证、LVEF≤40%的患者植入具有频率应答功能的双腔ICD,ICD的起搏频率设置为70次/分,结果增加了因心衰发作的住院率和全因死亡率(联合终点)[10]。DAVID是一项复杂的研究,值得探讨的是其能改变医生对心衰患者植入传统起搏器治疗时的观点和看法,即右室起搏能使心衰患者的心功能恶化。

DAVID研究包括有ICD植入适应证但无起搏器植入适应证的患者。需要注意的是具有起搏器植入适应证(如症状性心动过缓)的患者未包括在DAVID研究之内。DAVID研究表明,所有入选患者都有某种程度的收缩功能不良(LVEF≤40%)。研究将506例患者随机分为两组,并植入双腔ICD。其中一组ICD程控为VVI模式,40次/分起搏。另一组ICD程控为DDDR模式,以70次/分起搏。研究的主要终点是全因死亡或因充血性心衰再次住院,

二度 I 型房室阻滞

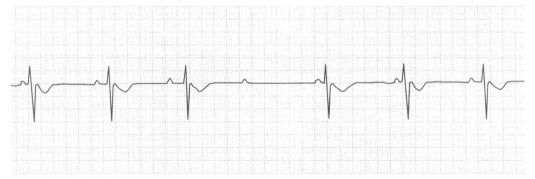

二度 II 型房室阻滞

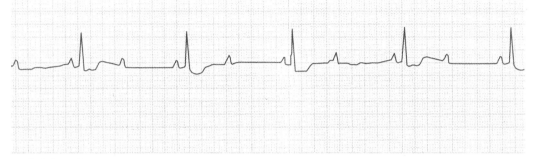

三度房室阻滞

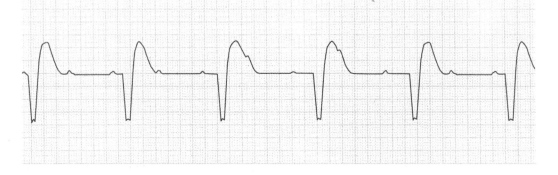

图8.9　不同类型的房室阻滞　房室阻滞是指心房激动经房室传导时延迟或完全阻滞，结果使电活动不能按时到达心室。本图为三度房室阻滞和两种类型的二度房室阻滞，一度房室阻滞患者可能没有症状。本图中，第一条图显示二度 I 型房室阻滞(莫氏 I 型或文氏周期)，PR间期逐渐延长直到P波后QRS波群脱落。第二条图显示二度 II 型房室阻滞(莫氏 II 型)，PR间期相对固定，QRS波略增宽，房室传导比例2:1。第三条图显示三度房室阻滞，是房室阻滞中最严重的一种类型。该图中，没有信号从心房传至心室，导致心房与心室完全分离

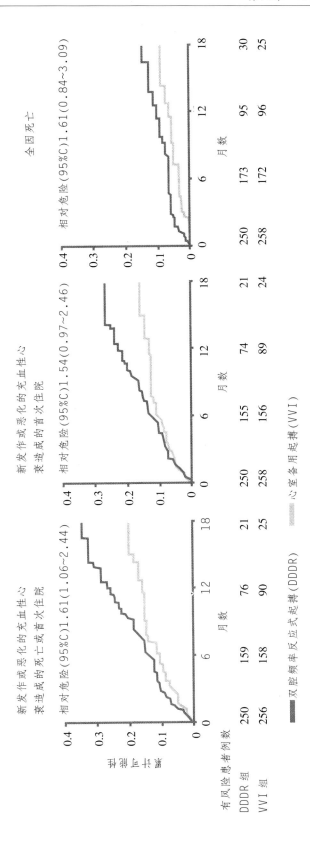

图8.10 DAVID研究的终点 DAVID研究中，植入ICD（无起搏器植入适应证）的患者被随机分为两组：一组以VVI模式低频率起搏（很少起搏），另一组以DDDR模式起搏，起搏频率70次/分（频繁起搏）。DDDR组比VVI组预后差，提示右室起搏能加重心衰

这是复合终点，也就是说患者如符合其中一项标准，即达到研究终点。平均随访时间8个月（图8.10）。

DAVID研究有时被错误地描述为VVI与DDDR起搏模式的对比研究，或ICD的相关研究。实际上该项研究主要评估起搏对心功能的影响，但入选的是植入ICD的患者。DAVID研究评估VVI模式下40次/分的起搏和DDDR模式下70次/分起搏对心功能的影响。由于患者不具有起搏器的植入适应证，这两种程序的选择意味着VVI模式组很少起搏（12个月中VVI组起搏时间少于3%），而DDDR70次/分起搏组频繁起搏（3个月时超过50%，12个月时上升到61%）[11]。因此，应该认识到DAVID试验是在不具有植入起搏器适应证的患者中，比较右室起搏和不起搏对心功能的影响。

对该研究采用的基础起搏心率，有人认为70次/分（DDDR）的基础心率过高（常规设置的起搏心率为50~60次/分）。另外，在VVI模式组中，自身心房激动沿房室结下传心室，房室间期是患者自身的PR间期。而DDDR组，房室间期是人工设置的AV间期。

研究发现，随访1年中，DDDR70次/分

表8.1 DAVID研究中事件发生率

1年的发生率	复合终点	心衰住院率	死亡率
VVI,40次/分起搏组	16.1%	13.3%	6.5%
DDDR,70次/分起搏组	26.7%	22.6%	10.1%
P值	0.03	0.07	0.15

研究显示，各组复合终点（全因死亡或充血性心衰住院）联合或分别计算时，均有显著的统计学差异。VVI模式40次/分起搏组更有益。而在低LVEF的患者中，充血性心力衰竭住院率、死亡率在DDDR模式70次/分起搏组都较高，但没有明显统计学差异（Source:The DAVID Trial Investigators. JAMA 2002; 288: 3113–23）

起搏组中，有26.7%的患者达到复合终点（死亡或因充血性心力衰竭再次住院），而VVI模式组中，只有16.1%的患者达到复合终点，两组具有显著性差异。但将复合终点分为两方面后，DDDR70次/分起搏组的评分降低，但没有统计学显著差异（表8.1）。

DAVID研究中所有入组患者均植入双腔ICD，只是设置不同的起搏模式，VVI模式40次/分或DDDR模式70次/分。常规将右室电极导线放置在右室心尖部。对部分没有起搏器适应证并存在不同程度左室功能受损的患者，右室起搏能加重左室功能不良。

虽然临床医生对这一结果感到惊讶，但右室起搏对左室功能不良的患者确实不是理想的起搏方式。MADIT II研究的亚组分析表明，ICD联合起搏治疗能降低心脏病发作幸存者（LVEF≤30%）的死亡率，但会增加患者因心衰的住院率[12]。上述结论很容易引起质疑，而且并没有被其他临床研究证实。可见上述结论可能只是该研究中偶然发生的现象，经不起推敲。多数人认为亚组分析结果需要临床医生进一步研究。

然而，一些临床医师在没有对照的情况下，支持MADIT II亚组的分析结果，认为右室心尖部起搏能使左室功能不良患者的心功能进一步降低。

其原理并非难理解。多种原因如心脏结构损伤、原发性心肌功能异常（心肌病）、电及机械不同步或这些疾病相结合时，都会使患者的左室功能不良（射血分数下降），有效的泵血能力降低。

在此基础上，右室起搏通过先刺激右室，再传导到左室造成所谓的"人工性左束支阻滞"。这与健康心脏的正常传导径路是矛盾的，健康心脏的电活动从心房经房室结向下传导，同时传导至右、左心室（图8.11）。右室首先起搏时，导致其比左室

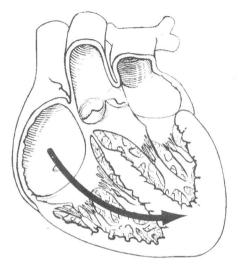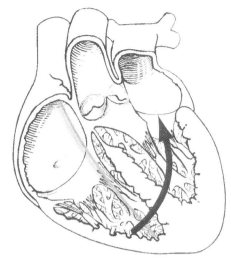

正常传导径路　　　　　　　　　　　　　起搏传导径路

图8.11　起搏和正常传导径路　在正常心脏,激动起源于窦房结,经房室结向下传导至心室。传统的心室电极导线植于右室心尖部,心室收缩从心尖部开始,向周围及向上传导,再激动左室,引起双室非同步收缩,能使收缩功能障碍患者的心功能进一步降低

提前收缩，于是形成了左右心室的不同步。据推测收缩功能好的患者可以很好地耐受这种情况。具有标准心动过缓起搏适应证和较好收缩功能的患者接受右室起搏治疗时尚能收到良好疗效,这种患者多数能长期受益。

然而，对于左室功能不良的患者,右室起搏将使左室功能进一步恶化。另一项针对特殊人群的研究进一步探讨了这一问题。2005年末,PAVE研究对计划行房室结消融的房颤患者,分别进行右室起搏和双室起搏,进而观察和评估各自的疗效[13]。房室结消融阻断了房室传导,患者需要植入起搏器。为这些所谓"消融联合起搏"治疗的患者常常植入传统的单腔起搏器。虽然接受上述治疗的人群数量并不多,但消融联合起搏治疗方法已经应用多年,并取得了很好的疗效。

PAVE研究共入选184例消融联合起搏治疗的患者，并将其随机分为两组:一组接受传统右室起搏,另一组进行双室起搏。双室起搏器是一个低电压脉冲发生器,连接3只电极导线。一根起搏心房,另一根放置在右室, 第3根放置在冠状静脉窦用来起搏左室。右室和左室电极导线同时起搏(双室起搏),使左室和右室能够同步收缩。

PAVE研究应用6分钟步行试验的行

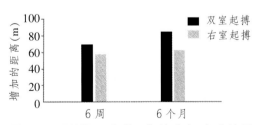

图 8.12　PAVE 研究的 6 分钟步行试验结果　PAVE试验的终点既不是发病率也不是死亡率,而是6分钟步行试验。随访6个月时,房室结消融联合CRT治疗患者的比传统起搏器患者,6分钟步行试验的距离增加的幅度大且LVEF值增高。注意步行试验的结果所有患者都有提高,但双室起搏的患者更为明显

走距离作为该研究的一级终点（图8.12）。二级终点是比较生活质量评分和LVEF值。PAVE没有采用死亡率作为终点。双室起搏与右室起搏相比，患者的步行试验和LVEF值有明显改善，但生活质量评分没有显著差异。当对LVEF值进行分层比较时发现，双室起搏患者(LVEF≤45%)步行试验的距离比右室起搏组增加73%。另外，NYHA心功能Ⅱ或Ⅲ级的双室起搏组，比右室起搏组步行试验的距离增加53%(图8.12)。分层研究的结果显示收缩功能受损的患者（低LVEF值或高NYHA心功能分级）与收缩功能正常的患者比较而言，从双室起搏中比右室起搏更能获益。可以认为PAVE研究进一步证实了对于左室功能不良的患者，单纯右室起搏比双室起搏疗效差。

PAVE研究结果的进一步分析能发现一些有趣的现象。双室起搏组优于右室起搏组，不仅是双室起搏组受益更多，还存在着右室起搏者心功能的恶化。仔细分析数据时可以发现，双室起搏组患者的心功能一直维持在术前水平，而单纯右室起搏组的心功能却在恶化，例如评估两组LVEF值的均数，6个月时，双室起搏组LVEF值仍然稳定在46%左右。而右室起搏组患者的LVEF值在6周时下降了3.1%，6个月时下降3.7%。因此，PAVE研究结果不仅表明双室起搏对患者有益，还说明单纯右室起搏对患者有害(图8.13)。

PAVE研究入选慢性房颤消融联合起搏治疗的患者，而没有根据LVEF、QRS波时限、NYHA心功能分级等标准进行选择（基础LVEF为46%左右，约半数患者NYHA心功能分级为Ⅱ级）。但这些患者都有相同的重度房室结或结下传导障碍。因此，PAVE研究从另一方面说明右室起搏在心

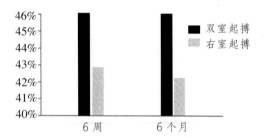

图8.13　PAVE研究中两组患者的左室射血分数的变化　PAVE研究发现房室结消融联合双室起搏(CRT)的患者，6个月时比植入单纯右室起搏器患者的LVEF值更好。注意双室起搏患者LVEF值在6个月时仍保持不变，而右室起搏患者的LVEF值下降

衰患者中的应用需要十分严格。

因此，CRT系统（PAVE研究中称双室起搏装置）对心衰需要植入起搏器的患者十分有益。

室上性心动过速

心动过速前面常用的形容词说明心动过速的起源部位，但并不一定是受损的心腔。例如房颤起源于心房，但常造成快速紊乱的心室反应（多数症状产生的原因）。室上性心动过速是来源于心室以上部位心动过速的统称。对于心衰患者，室上心动过速常意味着房颤，房颤是心衰常见的并发症。

房颤与心衰形成了一个相互影响的恶性循环。二者相互作用，使疾病的进展复杂化。

心衰患者容易发生心律失常，包括折返性心律失常，可起源于心房或心室。快速心房激动导致心室的过快搏动，长期存在时能导致心动过速诱导的心肌病，并使心输出量下降。心输出量的下降可引发心脏的失代偿而最终导致心衰。

房颤与中风危险的增加有关，在纤维

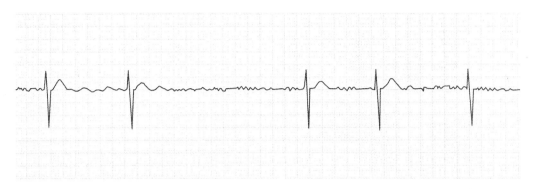

图8.14　房颤的心电图　房颤是一种常见而复杂的心律失常,心电图表现为快速而不规则的心房激动引起或不引起快速紊乱的心室反应

性颤动的心房中,血液容易聚集成块,血块可能进入血流并滞留在脑部。房颤患者会有轻微到较重的乏力症状,另外房颤的进程可由阵发性(突发突止)逐渐发展到持续性(持续时间长,需要药物干预转复)、永久性(经治疗不能转复)或慢性房颤(图8.14)。

心衰合并房颤能给临床治疗带来困难,因房颤能加重心衰,而且使患者对治疗反应不佳。对于无心衰的房颤患者,可给予抗心律失常药物治疗房颤;而心衰患者应用这些药物因具有负性肌力和致心律失常作用,使应用令人担心。虽然胺碘酮没有被美国食品和药物管理局批准用于治疗室上性心动过速,但已被其他国家批准应用,并在美国广泛用于治疗室上性心动过速。

房颤是一种逐渐进展的疾病,由阵发性房颤发展为持续性房颤,最终演变为永久性房颤。阵发性房颤常突然发作并可自行终止。患者可能只感到乏力,或未察觉有心律失常发生而无不适症状。阵发性房颤的特点是发作时间短,可自行转复。实际上,阵发性房颤常被认为是房颤的一种良性表现。

专家将房颤中的一种特殊现象称作"房颤致房颤"作用。该作用使房颤加重,使阵发性房颤进展为持续性房颤。该过程中,房颤每次发作的时间逐渐延长,并需要医疗干预(化学药物或电转复)恢复窦性心律。持续性房颤也可以治疗,但比较困难。

有趣的是,房颤的相关症状不直接与快速心房率有关,而是与房颤时的快速心室率有关。心脏传导功能正常(或部分正常)时,由于心房频率越来越快,经房室结下传至心室后,导致心室频率也越来越快。虽然不是室性心动过速,但快速的心室率可使患者出现类似室性心动过速的症状(图8.15)。

持续性房颤进一步发展成为永久性房颤时,也称慢性房颤。顾名思义,药物治疗对永久性房颤复律无效。

对于慢性房颤患者,控制心室率成为治疗的主要目标。房室结具有过滤作用或隐匿性传导的作用,进而对心室率的加快有一定程度的限制。心室激动后进入不应期,更快的心房激动下传到心室时将落入心室不应期,不再引起心室的除极和收缩。结果房颤患者尽管心房率都非常高,

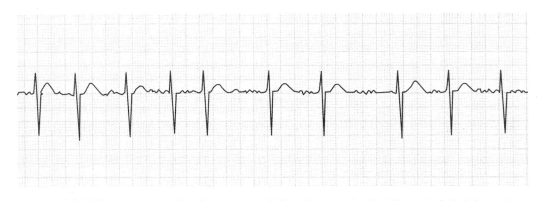

图8.15 房颤伴快速心室率 本例患者有快速心室率伴发的一些症状。然而快速心室率并非真正起源于心室,但可能会产生类似于室性心律失常的症状。本例为室上性心动过速,即房颤(注意快速的心房搏动)伴快速心室率,是一种典型而又常见的心律失常

但心房率明显高于心室率。

房颤是目前世界上最常见的心律失常,但仍有许多未知的问题需进一步研究。房颤是一种渐进的、复杂的伴有快速心室率的心律失常,有各种治疗策略。专家们将其分为两大类:"心率控制"和"节律控制"。

心率控制是控制房颤患者的心室率而对心房率不做控制。心率控制策略的最好例子是对房颤患者进行房室结消融或其他形式的心房消融。如果房颤的发生原因能够确定. 比如房室结折返性心动过速诱发患者发生房颤,医生则能应用射频消融术阻断慢径路进行治疗。发生永久性房颤患者,如阻断房室结,则很高的心房率不再影响心室率。接受这种治疗的患者多数需要植入起搏器 (PAVE研究显示,CRT与曾被认为是标准治疗的右室起搏比较,对患者的益处更大[13]),这是由于消融房室结,心室必须以自身的节律跳动,而心室自身的节律(也称异位节律)常常很慢而不能满足机体代谢的需要。

某些药物可能没有转复作用,但能减慢心室率。起搏器的模式转换功能开启后能对心室率的控制起到作用,当起搏器监测到快速心房率时, 将关闭心房跟踪功能,使心房频率不再影响心室的频率。

另一种治疗房颤的策略是节律控制,就是设法将房颤转复为窦性心律,这样也能解决心室的快速跟踪。在某些早期房颤患者中,应用药物控制节律是一种有前景的治疗方案。但不是所有的房颤患者都能维持窦性心律,随着房颤的进展,有可能不能再恢复为窦性心律。

参考文献

1. Galvin JM, Ruskin JN. Ventricular tachycardia in patients with dilated cardiomyopathy. In : Cardiac Electrophysiology from Cell to Bedside. Zipes DP, Jalife J, eds. Philadelphia: Saunders 2004: 578.

2. Maron BJ. Ventricular arrhythmias in hypertrophic cardiomyopathy. In : Cardiac Electrophysiology from cell to Bedside. Zipes DP, Jalife J, eds. Philadelphia: Saunders 2004: 601.

3. Domanski MJ, Saksena S, Epstein AE et al. Relative effectiveness of the implantable cardioverter-defibrillator and antiarrhythmic drugs in pa-

tients with varying degrees of left ventricular dysfunction who have survived malignant ventricular arrhythmias:AVID Investigators−Antiarrhythmics versus Implantable Defibrillators. *J Am Coll Cardiol* 1999; **34:** 1090−5.

4. Sheldon R, Connolly S, Krahn A *et al*. Identification of patients most likely to benefit from implantable cardioverter −defibrillator therapy: the Canadian Implantable Defibrillator Study. *Circulation* 2000; **101:** 1660−4.

5. Kuck KH,Cappato R, Siebels J, Ruppel R. Randomized comparison of antiarrhythmic drug therapy with implantable defibrillators in patients resuscitated from cardiac rest: The Cardiac Arrest Study Hamburg (CASH) *Circulation* 2000; **102:** 748−54.

6. Moss A, Hall W, Cannom D *et al*. Improved survival with an implanted defibrillator in patients with coronary artery disease at high risk for ventricular arrhythmia: Multicenter Automatic Defibrillator Implantation Trial Investigators. *N Engl J Med* 1996; **335:**1933−40.

7. Buxton AE, Lee, Fisher JD *et al*. A randomized study of the prevention of sudden death in patients with coronary artery disease: Multicenter Unsustained Tachycardia Trial Investigators. *N Engl J Med* 1999; **341:** 1882−90.

8. Moss AJ. Zareba W, Hall WJ *et al*. Multicenter Automatic Defibrillator Implantation Trial II Investigators: Prophylactic implantation of a defibrillator in patients with myocardial infarction and reduced ejection fraction. *N Engl J Med* 2002; **346:** 877−83.

9. Bardy GH, Lee KL, Mark DB *et al*. Amiodarone or an implantable cardioverter −defibrillator for congestive heart failure. *N Engl J Med* 2005; **352:** 225−37.

10. The DAVID trial investigators. Dual −chamber pacing or ventricular backup pacing in patients with an implantable defibrillator. *JAMA* 2002; **288:** 3115−23.

11. Wilkoff BL and the DAVID Trial Investigators. The dual chamber and VVI implantable defibrillator (DAVID) trial: rationale, design, results, clinical implications and lessons for future trials. *Card Electrophysiol R* 2003; **7:** 468−72.

12. Moss AJ, Wojciech Z, Hall WI *et al*. Prophylactic implantation of a defibrilla tor in patients with myocardial infarction and reduced ejection fraction. *N Engl J Med* 2002; **12:** 877−83.

13. Doshi RN, Daoud EG, Fellows C *et al*. Left ventricular −based cardiac stimulation post AV nodal ablation evaluation (the PAVE study). *J Cardiovasc Electrophysiol* 2005; **16:**1160−5.

52

本章要点

- 心力衰竭患者可伴发多种心律失常，主要包括:有潜在生命危险的室性心动过速、缓慢性心律失常和室上性心动过速。

- 心衰患者室上性心动过速的主要类型是房颤，房颤是目前世界最常见的心律失常之一。房颤能使心衰患者的病情恶化,使治疗更为复杂。

- 电解质紊乱(低钾、低镁)、儿茶酚胺分泌增加和心肌损伤(如心肌梗死)均可引起心衰患者发生心律失常。心肌损伤(扩张型或肥厚型心肌病)可导致不应期缩短使折返易于发生。

- 心衰患者不仅可发生心室结构的重构，细胞水平上也可发生电重构，导致窦房结功能障碍和异位节律(室早)产生。电重构也能导致QT间期延长,可诱发室性心动过速。

- 许多治疗心衰的药物可引起心律失常。地高辛和β受体阻滞剂常引起缓慢性心律失常。已确定很多抗心律失常药物也有致心律失常作用。

- 心衰患者常因严重室性心动过速(包括室颤)导致心脏性猝死。根据NYHA心功能分级,心衰越严重,发生SCD的概率越高。然而,NYHA心功能分级低(特别是Ⅱ级)的患者SCD发生率较高,因为患者因泵衰竭引起的死亡率较低。SCD是心衰患者最主要的致死原因之一,对所有心衰患者都是严重的威胁。

- 90%的肥厚型心肌病患者有室性心律失常,约50%~60%的扩张型心肌病患者有室性心动过速。

- ICD具有转复室性心动过速及室颤的功能。它能在发生致命性室性心动过速时给予电复律和电除颤。因此,ICD可降低某些心衰患者的死亡率。其中规模最大、最著名的是SCD-HeFT试验,其结果表明胺碘酮等药物的联合治疗比ICD更能明显降低心衰患者的死亡率。

- SCD-HeFT是ICD"一级预防试验"的典范。一级预防是指有潜在SCD的危险,但没有致命性室性心动过速病史的患者植入ICD进行预防。二级预防是指患者发生过致命性室性心动过速,植入ICD进行猝死的预防。近年来有很多关于ICD一级预防的研究,其中包括心衰患者。

- 许多心衰患者有缓慢性心律失常,需要植入起搏器。传统起搏器的心室起搏部位为右室心尖部,越来越多的证据和起搏器专家共识认为,传统的右室起搏能使患者的心功能恶化。本文中频繁引用的DAVID研究十分复杂,入选者没有起搏器植入适应证,未能了解有起搏器植入适应证的心衰患者中,传统右室心尖部起搏对心功能的影响。右室起搏可能会加重已有心功能障碍患者的左室功能不全。

- 右室起搏通过刺激右室造成人工性左束支阻滞,改变了正常的传导路径。左束支阻滞对心室功能正常的患者无影响,但对左室功能不良的患者可显著降低心功能。

- PAVE研究评估了"消融联合起搏"治疗的疗效,这部分房颤患者行房室结消融术治疗房颤。PAVE研究没有把死亡率作为终点,消融后接受心脏再同步化治疗(CRT)的患者与接受传统右室起搏的患者比较,前者的心功能指标明显改善。传统右室起搏曾经作为"消融联合起搏"治疗的标准方式,目前研究表明CRT起搏器更适合这种情况。

- 室上性心动过速是指起源于心室以上部位的心动过速。心衰患者主要是房颤。房颤和心衰常是并存的疾病,相互产生不利影响,形成恶性循环。有房颤或心衰(二者之一)的患者,可能发展为心衰合并房颤。

- 常根据起源的心腔或部位命名心律失常。室上性心动过速能引起快速的心室率,但不同于室性心动过速。因为室上性心动过速起源于心室以上部位,而室性心动过速起源于心室。一些房性心动过速能引起快速的心室跟踪,它常比单纯快速心房率引起更多的症状。

- 房颤是一种逐渐进展的心律失常,从阵发性房颤(突发突止,症状轻微或无症状)到持续性房颤(持续时间较长,症状典型,需要治疗)最后到永久性房颤或慢性房颤(治疗效果不佳,不能恢复窦性心律)。

- 房颤的治疗策略分为"心率控制"和"节律控制"两种。控制心率的目的是控制心室的快速跟踪而对房颤不需处理,消融房室结是控制心室率的一种方法。节律控制(包括药物治疗)的目的是恢复窦性节律从而控制快速的心室率。

(刘刚 译)

第九章

CRT 起搏器的植入指征

心力衰竭是一种复杂的临床综合征，需要应用多种治疗措施以达到个体化治疗的目的。在治疗心衰的设备中，心脏再同步化治疗（CRT）是最有前途的一种。CRT应用低电压刺激脉冲（典型的输出电压设置为2~3V），使衰竭的心脏更加协调，同步和高效率地收缩。CRT通常配备3根电极导线，分别放置在右房、右侧室间隔和冠状静脉窦。"左右心室再同步化"的说法并不完全准确，CRT首先是左室自身的再同步化，消除不协调的节段性心肌运动，使扩大的左室整体收缩。通过右室和冠状窦电极导线同步刺激左右心室，完成"左室自身和左右心室的再同步化"，显著提高心室的收缩效率。同时，CRT起搏右室，使右室与左室同步收缩。

目前的观点认为，左室收缩顺序紊乱的患者将从CRT中获益最大。CRT植入的指征包括：LVEF低，NYHA分级为 Ⅲ 或 Ⅳ 级以及QRS波时限>120ms[1]。

对QRS波时限增宽还有不同观点，不过它是提示心室收缩不同步的重要指标，而且是专家们在某种程度上已达成的共识。心室收缩不同步是指心室（双室）不能作为一个整体而收缩。许多心衰患者左室呈节段性收缩，不能作为整体同步收缩。因而造成部分左室已经开始复极（舒张），而其他部分还在除极（收缩）。左室收缩的不同步将造成心室内血流向不同方向运动，而不是泵出心室。这种不同步在体表心电图上表现为QRS波时限的增宽。其公认的标准为QRS波时限>120ms，有些研究将其定义为130ms，甚至150ms。

目前有更好的方法（超声心动图）来判断心室收缩的机械性不同步。越来越多的证据显示，"窄QRS"也可能存在心室收缩的不同步。但目前还没有衡量心室收缩不同步的"完美"指标，只是了解心室收缩不同步造成的不良后果。心室收缩不同步有以下表现：

- 心室充盈受限；
- LV dP/dt（左室收缩力或压力增高率）减低；
- 二尖瓣反流时间延长（加重心室收缩不同步）；
- 室间隔矛盾运动（左室收缩不协调导致室间隔与左室其他部位的收缩和舒张不同步）。

并非所有心衰患者都存在心室收缩的不同步，但在部分心衰患者中确实存在。还有许多患者在心衰早期没有表现出来，而随着疾病的进展逐渐出现。心室收缩不同步的心衰患者死亡率更高[2-4]。

CRT能够改变节段性、低效率的心室收缩，使心室收缩变得协调、同步和高效，从而治疗心脏机械性不同步。通过恢复心室的同步运动，CRT还能减轻继发性二尖瓣反流。研究显示，CRT还能逆转心室重构,提高心功能。

已有数千例的心衰患者参加了CRT有效性评估的大规模、随机临床试验。但对于这些试验需要注意的是,有些试验应用的CRT只发放低电压的起搏脉冲(最高输出电压为7.5~10V),而一些试验应用的是带有除颤功能的CRT-D(将起搏器和ICD功能整合在一起)。CRT-D使一些随机试验的结果复杂化,对于患者到底是从CRT还是从ICD治疗中获益,还是从二者的联合作用中获益尚不清楚。目前,美国的临床经验显示CRT-D更有效,而不具有ICD功能的CRT治疗的临床试验已经进行,人们将对其结果进行讨论。

理解CRT植入指征时首先要注意,CRT不能替代心衰的药物治疗,患者在植入CRT前应当已经接受了充分的抗心衰药物治疗。植入CRT后,患者应继续常规应用药物治疗。事实上,评价CRT的临床试验都是以优化的抗心衰药物治疗为前提。

一项关于CRT降低心衰患者死亡率的分析显示,该效益出现在植入CRT 3个月后[5]。虽然已有许多有关CRT的研究,但只有一部分里程碑式的研究值得推敲。这些研究包括COMPANION、CARE-HF、SCD-HeFT(不是专门的CRT研究)和PAVE研究(不是专门的心衰研究)。

COMPANION研究(2000~2002年,发表于2004年)[6]入选1520例NYHA Ⅲ或Ⅳ级的心衰患者,入组前12个月内至少因心衰住院治疗一次。这些患者心电图的QRS波时限>120ms,LVEF≤35%,并且根据病情已经接受了最优化的药物治疗。该研究排除了符合植入起搏器或ICD适应证的患者。入组患者随机分为三组:药物治疗组、药物+CRT组和药物+CRT-D组(图9.1)。

COMPANION研究以全因死亡率或任何原因的首次住院为复合一级终点。当患者符合上述两项标准之一时,即达到复合终点。该研究发现,CRT和CRT-D都能使患者达到复合终点的风险降低20%。此外,与单独药物治疗相比,CRT降低全因死亡率24%(P=0.059),CRT-D降低全因死亡率36%(P=0.003)(表9.1)。

56

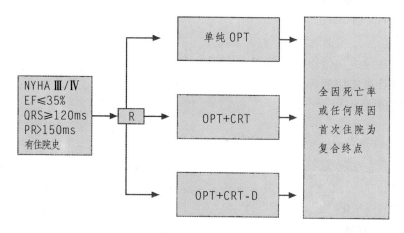

图9.1 COMPANION的研究方案 COMPANION研究评价了NYHA Ⅲ和Ⅳ级,合并LVEF减低及QRS波时限增宽,并已接受最优化药物治疗(OPT)的心衰患者植入CRT和CRT-D的疗效,该研究将患者随机分为3组

表9.1　COMPANION研究的结果

术后12个月死亡率或因任何原因住院(一级终点)

单独应用药物治疗	68%	
药物+CRT	56%	CRT和CRT-D均能显著降低一级终点风险约20%
药物+CRT-D	56%	

术后12个月全因死亡率(二级终点)

单独应用药物治疗	19%	
药物+CRT	15%	CRT-D可降低全因死亡率约36%(单独应用CRT也能显
药物+CRT-D	12%	著降低全因死亡率)

术后12个月由心血管原因导致的死亡率或住院率

单独应用药物治疗	60%	
药物+CRT	45%	CRT可降低风险约25%,而CRT-D可降低约28%
药物+CRT-D	44%	

术后12个月的心衰死亡率或住院率

单独应用药物治疗	45%	
药物+CRT	31%	CRT可降低风险约34%,而CRT-D可降低约40%
药物+CRT-D	29%	

COMPANION研究结果发现,CRT和CRT-D可以降低进展期心衰患者的发病率和死亡率。由于COMPAN-ION研究应用了CRT和CRT-D,因此还不清楚其效益是否应单独归功于CRT,但COMPANION研究强烈建议将上述效益归功于CRT

　　COMPANION研究是规模最大的CRT研究。其结果表明CRT和CRT-D都可以降低多数有症状心衰患者的发病率和病死率。然而,由于该研究采用了CRT和CRT-D,因此很难区分其降低死亡率的效益应归功于CRT还是除颤功能,抑或是二者的联合作用。持怀疑态度的人对该研究中降低死亡率的结果是否得益于ICD治疗存在质疑。

　　COMPANION研究的结果显示,CRT和CRT-D对一级终点的作用相近,除颤功能并未扮演重要角色。单独分析死亡率时,CRT-D的效果优于CRT。CRT降低死亡率24%,两者之间没有显著性差异($P=0.059$)。(多数大型、随机临床试验中,只有$P \leqslant 0.05$才认为有显著性差异。换句话说,研究结果有95%的可能是因研究变量得出,只有5%的可能是偶然发生。P值为0.059有时被称为"临界显著性",但多数严谨的研究认为其无显著性差异。然而公平地讲,$P=0.059$有"显著性差异的趋势"。)

　　由于COMPANION研究中应用了CRT或CRT-D的患者住院率更低,同时死亡率降低,说明这两种装置对心衰本身有效。而支持应用CRT的更有力的证据是,CRT和CRT-D对心功能Ⅲ和Ⅳ级有症状的心衰患者也同样有效。而当时学术界仍然认为,重症心衰患者从植入性装置治疗中获益很少或无获益。

　　到目前为止,CARE-HF研究是影响最大的关于CRT的研究,2001–2003年,该研究入选了813例患者[7]。CARE-HF研究对象是在英国和美国登记的心衰患者,NYHA分级为Ⅲ和Ⅳ级,LVEF≤35%,QRS波时限增宽(≥120ms),无普通起搏器的植入指征,没有房性心律失常。在许多方面,CARE-HF研究的入选患者与COMPANION研究的入选患者相同。与COMPANION研究一样,CARE-HF研究要求所有入选患者都要预先接受优化的抗心衰药物治疗。与COMPANION研究不同的是,CARE-HF研究只应用CRT,而不使用CRT-D。患者随机分为两组,单独应用药物组和药物+CRT组(图9.2)。

CARE-HF研究的一级复合终点是全因死亡率或主要因心血管疾病导致的首次住院治疗。与药物治疗组相比,CRT组复合终点事件减少37%。二级终点是全因死亡率,与药物治疗组相比,CRT组降低36%。CARE-HF研究的结果显示,每植入9台CRT,则可避免1例主要因心血管疾病导致的死亡和3例住院治疗(图9.3)。

CARE-HF研究将CRT降低发病率和死亡率的效益与已知的除颤效益分隔开来。一些研究者认为,CRT也许能够降低心衰患者的发病率,但CARE-HF研究显示,不带除颤功能的CRT也能降低死亡率。CARE-HF的研究者发现,CRT能够降低心脏性猝死(SCD)的发生率,研究期间,CRT组患者中只有7%死于心脏性猝死。应用CRT-D可能使这一数字进一步下降。

因此,如果单独应用CRT能够降低发病率和死亡率,那么原因是什么?CARE-HF研究者认为,CRT减轻了心脏收缩的不同步,从而改善左室功能,减少二尖瓣反流(可造成灌注压升高,心脏充盈压下降),从而进一步逆转左室重构。如同心衰逐渐加重的链式反应起始于心室收缩的不同步,CARE-HF研究者建议,要想消除心衰带来的损伤,应该首先恢复心室收缩的协调性与同步性。

CARE-HF研究中,CRT治疗组的患者表现为症状减轻、自觉状态改善、住院和死亡的风险降低。实际上,同一时期的其他研究未能更好地反应CRT对进展性心衰患者有正面疗效这一事实。

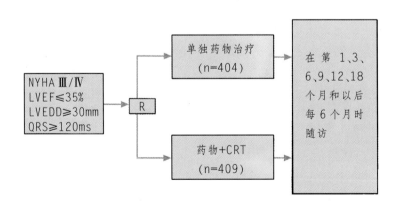

图9.2 CARE-HF研究方案 CARE-HF研究选择了进展性心衰(心功能Ⅲ或Ⅳ级)、射血分数减低、QRS波时限增宽的患者,同时患者已经接受了优化的抗心衰药物治疗。患者随机分为两组,一组接受CRT治疗,另一组不使用CRT治疗。该研究中不应用CRT-D。CARE-HF是关于CRT对发病率和死亡率的作用进行专项评估的研究,排除了除颤装置(CRT-D)对心功能的影响

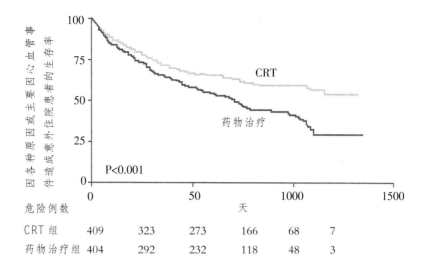

危险例数					
CRT 组	409	323	273	166	68	7
药物治疗组	404	292	232	118	48	3

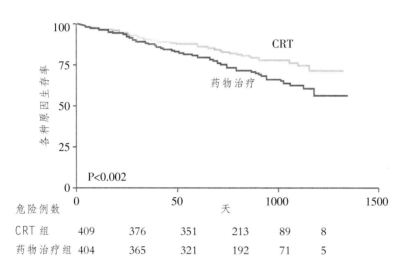

危险例数					
CRT 组	409	376	351	213	89	8
药物治疗组	404	365	321	192	71	5

图9.3　CARE‑HF研究的生存曲线　一级终点是全因死亡或主要因心血管事件导致的计划外住院的复合终点。上图显示,植入CRT和单独药物治疗的患者在研究开始时生存率相近,但此后CRT组明显优于药物组。单独统计全因死亡率时,CRT组仍然具有优势,特别是随研究时间的延长优势更明显。CARE-HF研究表明,CRT即使无除颤功能,也能显著降低进展性心衰患者的死亡率

　　PAVE研究选择的是植入CRT的患者,以期确立新的CRT植入适应证,但他们没有将CRT应用于心衰患者[8]。PAVE研究选择了相对较少的接受了房室结消融的持续性房颤患者。房室结消融通过阻断心房和心室之间的电传导而破坏了房室运动的协调性。对于这种医源性三度房室阻滞,需要常规植入永久起搏器以维持心室率。标准的手术方式是植入传统的单腔(心室)起搏器,电极导线放置在靠近右室心尖部。PAVE研究将这些被称为"消融联合起搏"的患者随机分为两组:一组接受传统的右

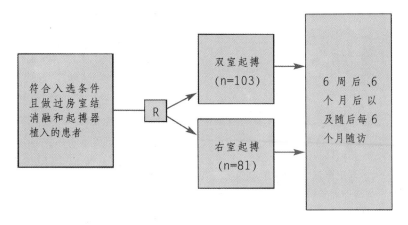

图9.4 PAVE研究方案 PAVE研究对进行房室结消融的房颤患者进行了评估,这些患者在房室结消融术后植入永久起搏器("消融联合起搏")。患者分为两组,一组接受传统的右室起搏,另一组接受双室起搏(CRT)

室起搏,另一组接受CRT治疗(图9.4)。

PAVE研究入选患者的房颤至少持续30天以上,并成功进行了房室结消融。与其他重要的研究一致,PAVE研究入选的患者已经接受了优化的药物治疗,且6分钟步行试验中步行距离不到450m。

PAVE研究的入选患者不是必需有心衰,而且NYHA Ⅳ级的心衰患者是其排除标准。具有ICD植入指征的患者也被除外。但对收缩功能减低(PAVE研究入选患者的平均LVEF值为46%)或心脏收缩不同步(无QRS波时限要求)却没有限制。

PAVE研究结果发现,植入CRT患者的6分钟步行距离和LVEF值显著高于单纯右室起搏组。对数据进行分层分析后发现,LVEF值相同的情况下,与右室起搏组相比,在研究开始时LVEF值偏低的CRT组患者,其6分钟步行试验得分显著改善而达73%。然而PAVE研究没有对死亡率进行评价,其数据显示只有少数亚组患者的心功能得到改善。

首先,PAVE研究开创了CRT治疗的新指征:房室结消融术后给予的起搏治疗。其次,该研究显示,CRT对上述患者有益,特别对那些有一定程度的收缩功能障碍的患者(LVEF值减低的患者)。

2003年,美国大约有30 000例行房室结消融的患者[9],人们普遍认为该手术安全有效。目前,上述"消融联合起搏"治疗已经被列入CRT的适应证,而PAVE研究也显示,CRT实际可以用于比心衰更广的范围。另一方面,PAVE研究的结果也支持其他研究的结果,即CRT对一定程度左室功能不全的患者特别有价值。

然而PAVE研究显示的一条新线索让人感到十分困惑。该研究的一项二级终点是植入术前、术后6周和6个月时的LVEF值。术后6个月时,植入CRT患者的LVEF值显著高于右室起搏组。然而,仔细检查该研究结果显示,实际的情况是植入CRT患者的LVEF能够维持超过6个月而不变(图9.5)。而右室起搏后患者的LVEF值却降低了。因此,两组间产生差异的原因不是CRT改善了患者的情况,而是右室起搏使患者的病情恶化了。

尽管SCD-HeFT不是一项关于CRT的专项研究,但由于该研究是确立除颤有益于降低心衰患者死亡率的心衰患者一级预防

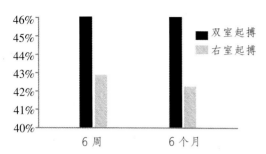

图9.5 PAVE研究中有关LVEF值的结果 术后6个月,双心室起搏的患者LVEF值显著高于右室起搏的患者。如图所示,术后经一段时间观察,双心室起搏的患者LVEF值维持不变,而右室起搏的患者LVEF值有所降低

试验的里程碑,所以讨论CRT适应证时,应特别关注该研究[10]。SCD-HeFT研究将NYHA Ⅱ 或 Ⅲ 级,LVEF≤35%的2521例心衰患者随机分为3组:一组接受优化的抗心衰药物治疗(OPT),但不包括胺碘酮;一组接受OPT+胺碘酮;另一组接受OPT不包括胺碘酮,但植入ICD。该研究采用单腔ICD,并选择简单的程控参数。换句话说,患者从ICD

中获益主要源于其除颤功能(图9.6)。

入选SCD-HeFT研究的患者都应用目前最高水平心衰治疗的药物,一级终点是全因死亡率。该研究的理论基础是心衰患者存在心脏性猝死的风险。降低这种风险有两种主要途径:应用药物(胺碘酮)或植入ICD。目前并未将植入ICD作为常规预防手段,也就是说,患者在植入ICD前必须有证据显示其存在潜在的室性心动过速风险。

SCD-HeFT研究结果发现,与对照组(单独应用抗心律失常药物)相比,ICD可将死亡率降低23%。事实上,该研究中胺碘酮降低死亡率的效果与安慰剂相近(图9.7)。这不仅说明ICD作为Ⅱ或Ⅲ级心衰和收缩功能不全(LVEF≤35%)患者的一级预防可降低死亡率,而且还提出许多关于胺碘酮的临床应用价值的问题。实际上,胺碘酮在心衰患者的药物治疗中仍然占有重要地位,只是SCD-HeFT研究发现它不能降低死亡率。胺碘酮确实能有效地治疗心衰患者常伴发的室性心动过速,即所

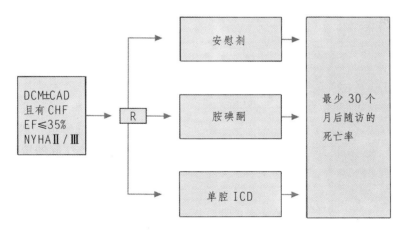

DCM:扩张型心肌病,CAD:冠状动脉心脏病,EF:射血分数

图9.6 SCD-HeFT研究方案 该研究将NYHA Ⅱ 或 Ⅲ 级的扩张型心肌病和低EF值的患者随机分为3组。所有患者都接受目前最高水平的药物治疗。一组是对照组或称安慰剂组,只接受药物治疗;第二组药物治疗+抗心律失常药物,即胺碘酮;第三组药物治疗并植入单腔ICD,不服用胺碘酮。该研究旨在对比药物治疗+胺碘酮与植入ICD对室性心动过速的疗效

谓"非致命性心律失常"。因此,胺碘酮的确能够减少快速性心律失常发生的次数。事实上,许多医生认为胺碘酮与ICD合用是一种很好的具有突破性的方案:胺碘酮能够减少快速性心律失常发生的次数,ICD可终止致命性快速性心律失常。植入ICD的患者服用胺碘酮可以减少除颤次数,对患者来说,除颤次数越少越好。

SCD-HeFT研究第一次将ICD的植入指征"爆炸性"地扩大到一级预防的大规模临床试验,其结果指出,许多心衰患者需要接受除颤治疗。

SCD-HeFT研究的入选患者仅接受备用起搏。然而,这些患者(一级预防患者,NYHA Ⅱ或Ⅲ级,LVEF≤35%)是否需要永久起搏?这一考虑并非毫无必要。许多心衰患者合并心律失常,包括有症状的心动过缓。此外一些治疗心衰的药物(特别是β受体阻滞剂和地高辛)也会引起症状性缓慢性心律失常。这样的患者如果应用

与SCD-HeFT研究中相同的起搏器,那么将会接受传统的右室起搏。

已有证据表明,传统的右室起搏将人工性导致左束支阻滞,从而使心室收缩功能恶化。DAVID研究对有传统ICD指征但无起搏指征的患者进行了两种起搏模式的比较[11]。频繁的右室起搏能使全因死亡率或因充血性心衰住院的复合一级终点的风险增加。换句话说,DAVID研究提示,不必要的右室起搏将使已经存在左室功能不全者的心功能进一步恶化(图9.8)。

我们对心衰的认识还不够全面,上述研究使我们对其有了更深入了解,但这并不是最终的答案。它们还能帮助临床医生理解,为什么在心衰患者中,CRT-D的应用增多。研究表明,即使是严重的心衰患者也能从CRT中获益。除颤功能能降低心功能Ⅱ和Ⅲ级心衰患者的死亡率。目前,大多数医生对所有收缩功能不全的患者应用右室起搏都会非常谨慎。上述发现应归

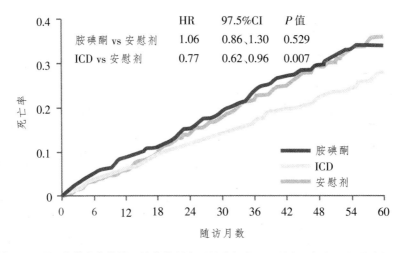

图9.7 SCD-HeFT研究的生存曲线 尽管该研究不是专门的CRT研究,但由于它明确提出CRT可以降低NYHA Ⅱ或Ⅲ级患者的死亡率,因此在CRT应用的历史上是最重要的研究之一。该研究惊人地指出,在这些患者中,胺碘酮的作用与安慰剂一样,因此,需要指出,尽管胺碘酮可用来控制室性快速性心律失常,但不能指望其能阻止每次室性心律失常的发生。因此,SCD-HeFT研究确立了ICD降低死亡率的作用

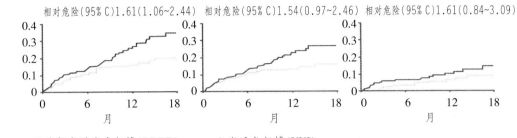

图9.8　DAVID研究的结果　该研究是近期最引人注目的关于CRT的研究。没有起搏指征而植入ICD的患者如果频繁的心室起搏(DDDR,70次/分),其死亡率与因充血性心衰住院的概率显著高于程控后很少心室起搏的患者。该研究支持"右室起搏能导致心衰恶化"这一观点,但其机制尚不清楚。DAVID Ⅱ研究正在进行中

功于现代的工业技术,使CRT-D在心衰患者中的应用越来越广泛。

参考文献

1. Hunt SA, Abraham WT, Chin MH *et al*. ACC/A-HA 2005 Guideline Update for the Diagnosis and Management of Chronic Heart Faiure in the Adult.Available at www.Circulation.org Accessed July 5,2006.

2. Xiao HB , Roy C, Fujimoto S, Gibson DG, Natural history of abnormal conduction and its relation to prognosis in patients with dilated cardiomyopathy. *Int J Cardiol* 1996;**53**:163–70.

3. Shamim W, Francis DP, Yousufuddin M *et al*. Intraventricular conduction delay:a prognostic marker in chronic heart failure, *Int J Cardiol* 1999;**70**:171–8.

4. Unverferth DV, Magorien RD, Moeschberger ML. Factors influencing the one-year mortality of dilated cardiomyopathy. *Am J Cardiol* 1984;**54**: 147–52.

5. McAlister F, Ezekowitz J, Wiebe N *et al*. Cardiac resynchronization therapy for congestive heart failure. *Evid Rep Technol Assess (Summ)* 2004; **106**:1–8.

6. Bristow MR , Saxon LA, Boehmer J *et al*. Cardiac-resynchronization therapy with or without an implantable defibrillator in advanced chronization heart failure. *N Engl J Med* 2004;**350**:2140–50.

7. Cleland JGF, Daubert JC, Erdmann E *et al*. The effect of cardiac resynchronization on morbidity and morbidity in heart failure. *N Engl J Med* 2005;**252**:1539–49.

8. Doshi RN, Daoud EG, Fellows C *et al*. Left ventricular-based cardiac stimulation post AV nodal ablation evaluation (the PAVE study). *J Cardiovasc Electrophysiol* 2005;**16**:1160–5.

9. Stambler B, New nonpharmacological treatment option for ventricular rate control in permanent AF demonstrated effective:results of the Post AV-Nodal Ablation Evaluation (PAVE) trial. Available at http://www. medscape.com/viewpro-

gram/3047_pnt Accessed April 21,2005.

10. Bardy GH,Lee KL,Mark DB.Amiodarone or an implantable cardioverter –defibrillator for congestive heart failure. *N Engl J Med* 2005;**352**:225–37.

11. The DAVID Trial Investigators.Dual-chamber pacing or ventricular backup pacing in patients with an implantable defibrillator.*JAMA* 2002;**288**:3115–23.

63

本章要点

- CRT用低电压刺激,分别在3个部位放置电极导线:右房、右室心尖部和冠状窦。

- CRT可以是低电压起搏器(CRT或CRT-P)也可以加入除颤功能(CRT-D)。

- CRT用来治疗心室收缩的不同步,从而恢复心室收缩的有效性。心室收缩不同步是指右室与左室收缩的不同步,但更主要的是指左室不同部位心肌收缩的不同步。CRT真正的功效是使左室作为统一的整体收缩,而不单是使左右心室收缩的同步化。

- 尽管不是所有心室收缩不同步患者的QRS波时限都增宽,但通常仍将QRS波时限增宽(>120ms)作为心室收缩不同步的一个指标。

- 心室收缩不同步常伴有心室充盈不良、心室收缩力的增高率减低、二尖瓣反流时间延长并使左室间隔运动异常。

- CRT可以治疗心室收缩的不同步,这种情况在许多心衰患者都存在,但不是所有心衰患者都出现。

- 目前两组规模最大的关于CRT的临床研究是COMPANION(CRT-P和CRT-D)与CARE-HF研究。二者结果均提示,CRT可降低心衰患者的发病和死亡率。

- SCD-HeFT研究是目前规模最大的关于ICD的临床研究。该研究确立了ICD对心功能Ⅱ级和Ⅲ级患者的预防性治疗价值。ICD可以降低心衰患者的死亡率,即使以前没有心律失常发生的证据。

- PAVE研究显示,房室结消融术后的患者,与接受传统的右室起搏相比,CRT能够改善心功能。

- DAVID研究指出,没有起搏指征的患者,频繁的右室起搏能导致心衰加重。其机理是,右室起搏导致了左束支阻滞或起搏器介导的心室收缩不同步。心功能正常者可以耐受这种起搏方式,而心功能不全患者则无法耐受。

- 尽管正式的CRT植入指征已经明确,但临床选择已经倾向于CRT-D。CRT-D既可避免单纯的右室起搏,又可以通过除颤挽救患者的生命。

(佘飞 译)

10 第十章

各种类型的 CRT 系统

心脏再同步化治疗(CRT)是一种低电压起搏的疗法。就其发放的起搏脉冲而言,CRT系统发放的输出脉冲与传统起搏器相同。这些起搏脉冲的电压通常为1~3V而脉宽为0.4ms。实际上,多数CRT的最大输出电压与传统起搏器相似, 约为7.5~10V。但CRT必须通过三根电极导线进行起搏。

说到心脏节律管理装置,设计工程师总是具有一种理念,即希望其能达到"全能"。一种装置需要植入人体时,这就意味着患者需要长期依赖某种特定的技术。因此,生产商试图将所有能共同工作并且有用的功能添加到一个装置中。随着电子技术的发展,如今的心脏节律管理装置与以往相比,功能增加了,使用的时间延长了,而体积却变小了。

在传统起搏器中,几乎所有现代装置都具有自动模式转换功能,不过并不是所有起搏器患者都会发生快速性房性心律失常。但设计师们的理念是这种功能具有潜在价值,因为患者目前没有快速性房性心律失常并不代表将来(在起搏器需要更换前)不会发生这种问题。如果不需要这种功能,可以关闭它;而需要时,则可以开启它而无需更换起搏器。

同样的理念也适用于CRT系统,因此常将除颤功能整合在其中。这种装置被称为CRT-D系统或者植入性心脏复律除颤

器(ICD)及CRT装置(即CRT-ICD)。在设计方面, 它们是内置CRT装置而不是内置起搏器的ICD(图10.1)。

CRT装置可以不具内置的除颤功能,这时它更像传统的起搏器,甚至可以称为CRT-P或CRT起搏器。它们只能提供低电压起搏(图10.2)。

不管是CRT-D还是CRT-P, 所有的

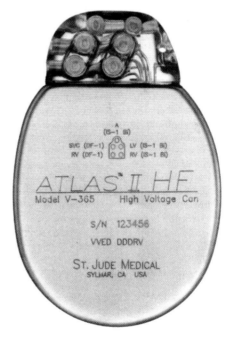

图10.1　CRT-D装置　这种类型的CRT装置具有现代植入性装置典型的圆形外观和相对较小的面积。虽然透明的环氧树脂连接器因需要固定三根电极导线而高一些,但其体积并不比传统的植入性心脏复律除颤器更大

65

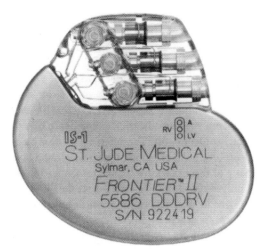

图10.2 CRT-P装置 CRT-P系统可以将三根电极导线插入到该装置的透明环氧树脂连接器中。这种装置可以进行心脏再同步化治疗（双室起搏和心房起搏），但不能除颤

CRT装置都有一个脉冲发生器(俗称"起搏器"）以及插进发生器顶端透明环氧树脂连接器(俗称"接孔"）里的三根电极导线或绝缘金属线。

脉冲发生器

脉冲发生器是工程师设计的一个奇迹。密封在钛合金外壳中的复杂电路及记忆芯片可与计算机相媲美。大多数脉冲发生器的"大脑"安装在一个称为"复合电路板"(因为它整合了不同类型的电路)的小电路板上。最基本的组件是脉冲发生器赖以精确计时的晶体振荡器(简称晶振)。主要电路包括感知电路(用来接受、滤波、放大、整流及解析来自心脏的电信号)和按照程控参数(脉冲幅度即电压值，脉冲宽度即以ms为单位的时程)准确输出起搏脉冲的输出电路。高级计数器使脉冲发生器能够持续记录心脏活动，记忆芯片不仅对

心脏活动进行计数也能记录心内电图供以后下载和评价。

整个CRT装置由一块电池供电，这占用了脉冲发生器的最大空间。植入性心脏节律管理装置的电池技术进展显著：小型电池即可以供植入装置使用多年。这些装置所采用的化合物损耗非常缓慢，并且损耗模式可以高度预测。这保证了植入装置能够长期的安全运行，并有充足的时间为预测的使用寿命到期而做准备。

如果脉冲发生器带有除颤功能，则需要容量大一些的电池，而且还需要一个专用的电容器。除颤器必须能提供强大的输出脉冲，以伏特为单位，ICD的除颤电压可达700V以上。电容的作用是允许小于700V的电池发放700V的电击。

可以把电容器比作一个桶。当ICD需要电击时，电容器开始充电。电能流向电容器，就像水倒入桶中。当电容器充满电击所需电量时，ICD将电容器内蓄积的电能瞬间一次释放。

制造第一台ICD时最大的技术挑战之一是怎么让一个小巧、装有适当大小电池的植入装置向心脏释放高能量电击。电容器（实际与摄影中的闪光灯技术一样)使之成为现实。最早的ICD使用的电容器体积较大，因而第一代ICD较厚重。电容器技术的进步，包括具备了制造所谓的"平板电容器"的能力，使ICD的体积大大减小。

CRT-D"充电时间"是指从装置决定电击开始到充电至真正具有电击能力的时间。通常，新装置的充电时间比旧装置短。

虽然电容器能像水桶一样储存电能然后释放，但是不能像水桶一样完全释放其电能。在电容器实行电击后，内部仍有所谓的残留电荷。另外，在非约定式CRT-D系统，有可能开始充电后并没有发放电击

66

治疗(例如,在诊断心律失常后,在充电完成前心律失常自发中止)。此时,电容器里有不需要的电荷。在电击治疗取消后,装置可将能量以无痛方式缓慢释放,清空电容器。另外,现代装置具有清空长期累计的存留电荷的自动机制。这个过程称为"重整"或"电容器保养",需要时可以手动进行。重整时,电容器内的电解质成分通过电容器充满电,然后以无痛释放的方式而清空。通常通过自动重整来完成保养,因为这个过程是无痛的,当电容器进行自动保养时患者不会察觉。

所有的电子元件和电池都密封在一个激光焊接的钛合金外壳中。唯一可以进出脉冲发生器的位置是顶端密封在透明环氧树脂里的接头。当电极导线插入接口时,就与ICD内部建立了电联系,可以从脉冲发生器接受能量并将心脏信号回传给脉冲发生器。

电极导线

电极导线是绝缘的细金属丝,可在世界上最严酷的环境(人体)内使用多年。所有电极导线包括中间的一至数根金属线(导体)、绝缘层(聚氨酯55D或硅胶)及近端的金属接头。电极导线近端的金属接头(或插头)可插入脉冲发生器。电极导线的远端有一至数个金属电极。

CRT系统需要三根电极导线:一根在右房,一根固定在右室室间隔上,另一根置于冠状窦内(图10.3)。三根电极导线的共同之处是:外形、绝缘和基本结构。每根电极导线又有自己独特的特点。

所有电极导线都由电极构成极性:单极或双极。实际上这很容易让人们感到困惑,因为所有电路都需要两个极来工作。

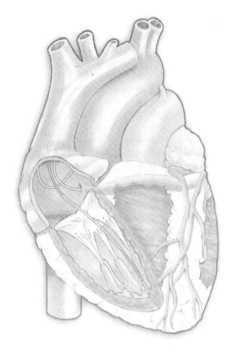

图10.3 三根电极导线系统 心脏再同步化治疗(CRT)通常需要三根电极导线。右房电极导线用于起搏心房,右室内一根电极导线固定在室间隔,第三根电极导线放置在能起搏左室的冠状静脉内。虽然技术上第三根电极导线不在左室,但仍被称为左室电极导线。如果是CRT-D,那么右室电极导线还负责发放除颤高压脉冲。

单极电极导线和双极电极导线的不同在于电极导线本身的头端具有几个极。单极电极导线在头端有一个电极。通过头端电极和脉冲发生器外壳形成电路,构成较大的电流环路。这使单极电极导线具有两个特点:在体表心电图上有高大的脉冲信号(因为有较大的电流环路)以及比双极电极导线更容易出现肌肉刺激。

双极电极导线的头端有两个电极:一个在顶端,第二个是间隔较短距离的环形电极,它的电流环路相当小。结果体表心电图上起搏脉冲很低矮,但发生局部肌肉刺激的可能性小。然而,由于双极电极导线需要两根相互绝缘的导体,其比单极电极导线的直径粗大而且笨拙。

在CRT和CRT-D系统中,电极导线可以是单极或双极。另外,也可以同时使用单极和双极电极导线,如一个单极心房电极导线与双极心室电极导线同时使用。使用何种电极导线由植入医生决定,并可能受几个因素的影响,包括患者解剖特点、肌肉或膈肌刺激的可能性及医生的喜好。应当注意双极电极导线可通过程控仪程控为单极功能,而单极电极导线不能程控为双极功能。(这是因为单极电极导线只有一个电极和一个导体,所以不能像两个电极和两个导体一样工作。)

所有电极导线都有外绝缘层保护,使人体不接触导体(反之亦然)。植入性装置的绝缘材料有聚氨酯和硅胶两种。二者都具有体内长期使用的安全性和可靠性。聚氨酯(目前电极导线只使用55D聚氨酯,但多年前也曾使用过其他类型的聚氨酯)是一种较厚较硬的材料。聚氨酯电极导线便于植入及操作。然而,它们易于发生环境应力性破裂(ESC),一种随使用时间延长发生的龟裂或细小破裂。如果ESC很严重,体液可以渗入电极导线而导致短路。

硅胶要柔软的多,且不会发生ESC。然而,作为一种材料,硅胶比聚氨酯黏,难以操作,尤其同时植入多根电极时。另外,硅胶的柔软性(这使其富有柔韧性)使之易于发生压迹,进而损伤电极导线。

两种类型的绝缘材料都很常用,实际上,许多生产商提供两种绝缘材料的电极导线。聚氨酯和硅胶都是安全可靠的绝缘材料,采用何种类型的电极导线主要根据医生的选择。

电极导线的基本结构是包裹在绝缘层里的导体(单极一根,双极两根),近端有一个接头,远端有一个电极(双极电极导线有两个)。电极经特殊设计可提供最佳的电学特性,因其常有纹状表面使之在相对较小的外形时具有较大的表面积(改善电学特性)。

虽然所有电极导线都具有这些共性,但根据不同的应用还有其各自的特点。

心房电极导线

CRT系统要求在右房植入电极导线,该电极导线与传统起搏器的右房电极导线相同。为了方便植入,心房电极导线做成"J"形塑形(图10.4)。这些J形心房电极导线使用直钢丝(暂时将电极导线撑直)辅助植入。当靠近右心耳时,回撤钢丝,电极导线头端形成J形,使之弹向植入的位置。

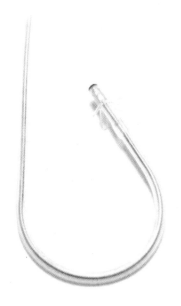

图10.4 J形心房电极导线 右房最常用的电极导线是J形心房电极导线,因远端J形预塑形而命名。电极导线植入时通过插入的直钢丝而撑直。在回撤直钢丝时,电极导线的头部重新变为J形,有助于植入右房内的合适位置

图10.5　**主动和被动固定的电极导线**　右房和右室电极导线通过两种机制固定。主动固定通常使用螺旋电极旋入心肌，被动固定依靠小突起(叉或翼)帮助电极导线嵌入肌小梁

主动固定　　　　　　　　　　被动固定

心房电极导线靠远端的固定辅助结构有助于电极导线嵌入梳状肌之间，电极导线有主动固定(螺旋电极)和被动固定(电极导线末端为翼状结构)两种。主动固定电极导线将旋入心肌，被动固定电极导线嵌在肌小梁或梳状肌之间(图10.5)。电极导线类型的选择取决于电极导线的植入位置(许多但不是所有医生倾向在薄壁光滑的右房使用主动固定电极导线)、患者的解剖结构特点和医生的习惯。主动固定电极导线放置的时间长，且容易被拔除。

心室电极导线

CRT系统植入的右室电极导线将根据该系统是一个CRT-P装置(低电压)还是一个CRT-D(带有ICD的CRT)系统而不同。一个低电压装置需要一个右室(RV)起搏电极导线，相同类型的电极导线也可以在传统的右室起搏器中使用。这些电极导线是"直的"，并且通过使用一个直钢丝将其植入右心室。与心房电极导线相似，它们可以有一个主动固定装置或被动固定装置。被动固定装置能在右室肌小梁区域很好地固定(图10.6)。

在传统的起搏系统，右室电极导线可以正常地植于心尖部(远端)，甚至植入右室流出道(RVOT)邻近的区域。对于CRT起搏，植入相同的电极导线以便远端的电极能与心室间隔接触。理想的位置是在室间隔右室面的中部或右室和左室之间的间隔壁(图10.7)。

CRT系统中右室电极导线放置在室间隔上，与传统起搏器的右室电极导线放置在右室心尖部不同，其原因与CRT的治疗机制有关。据观察当右室电极和左室电极分离最远时，CRT起搏最有效。左室电极导线能被永久放置的位置受到一定的限制，因此将右室电极导线移至一个较高的室间隔部位，这种"空间距离"可在某种程度上增强心脏再同步治疗的效果。

如果采用的CRT系统是一个CRT-D装置，右室电极导线必须是能将高能量电击波传递至心脏的除颤及抗心动过速起搏的电极导线。传统的起搏电极导线不能承受这种高压能量。除颤电极导线除了有更强的物理特性使其能够发放高能量脉冲电流进行治疗外，其他方面基本与起搏电极导线相同。电击是通过一个线圈而不是传统的起搏电极发放的。然而，除颤电极导线可以具有传统起搏电极导线所具有的功能，它能够起搏和感知心脏，也有同样的主动固定装置或被动固定装置协助其植入。除颤电极导线放置在间隔壁上不会削弱其对心脏的除颤效能，不过所有电极导线的放置都需进行术中检测。

左室电极导线

CRT系统中独特的电极导线是放置在冠状窦(CS)的电极导线，有时也称其为左

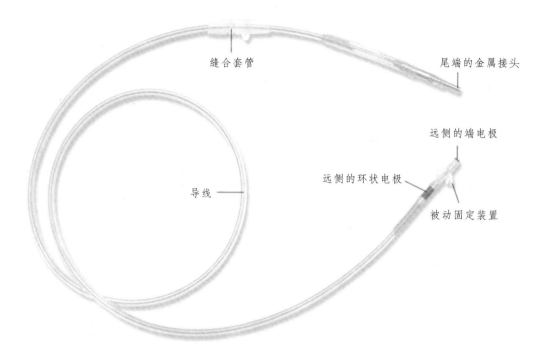

图 10.6   **右室电极导线的结构**   这是一个典型的右室被动固定的电极导线,其有两个电极(一个近端的环状电极和一个远侧的端电极),因此是双极电极导线。尾部的金属连接体插入脉冲发生器上部一个透明环氧树脂连接器内。植入时,缝合套管协助将电极导线固定在囊袋内,将缝合套管上的环小心地缝合,电极导线可以安全地保持在合适的位置上,又不损坏电极导线的绝缘体

室或左心电极导线。实际这是一种误称,因为该电极导线并非真正放置在左室内,而是位于冠状窦或其他汇入冠状窦的心脏静脉某一个分支内(心大静脉、侧静脉、后静脉等),这样的位置允许电极导线稳定地植入并能刺激左室外膜。与CRT系统中的右室电极导线一样,该电极导线主要用于起搏左室。

虽然左室电极导线有其他电极导线相同的导体、绝缘层、电极和结构,但它外形独特使其具有特征性。因为它必须被导入冠状窦并放置在心脏静脉中,大多数左室电极导线具有为稳定放置而设计的特殊形状。这些形状可能是S型曲线或成一定角度(图10.8)。左室电极导线依靠它的

外形而不是固定装置进行"固定"。

程控仪和监测系统

CRT系统中一个常被忽略的组件是程控仪。程控仪的本质是一个台式计算机,使用专门的软件工作而能与植入人体内的装置进行联系。双向遥测技术必须允许信息和指令的往返运行,这似乎对当前大多数从事植入装置的临床医生来说很平常,但其可追溯到空间计划,它是以空间卫星与地球卫星监测站来往交流的通讯技术为基础。

现代的程控仪用于程控植入装置、下载诊断信息、调节参数的设定以及提供从   70

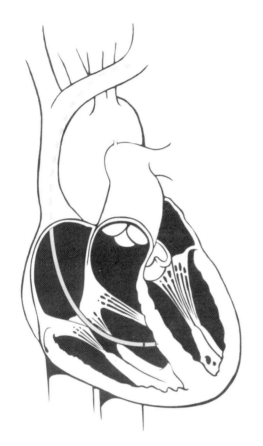

图10.7　主动固定在室间隔的右室电极导线　在心脏再同步治疗系统中，右室电极导线应被理想地放置在室间隔的中部位置，间隔壁将右室与左室分开

电池状态到电极导线完整性的所有信息。CRT系统所需的程控仪与起搏器及ICD配套的程控仪相同,因此对于已习惯使用常规起搏器或ICD的临床医生来讲,使用CRT系统并不花费他们太多的重新学习的时间。

日益引起人们兴趣的是所谓的"远程监测系统",或者说患者在家中就可进行双向的遥感监测。远程监测可追溯至20世纪80年代"经电话监测"(TTM)技术的产生,该系统使安装了起搏器的患者只要通过普通电话线就可传输经腕部电极记录的体内植入的起搏器相关信息。TTM在今天仍然相当普遍地应用,但其应用仅限于下载一些基本的起搏器信息。

当今,远程监测系统可以从ICD及CRT(CRT-P及CRT-D)装置下载信息。这种监测系统虽然不能提供常规程控仪的完整程控功能,但可对患者进行临床定期检查、评估电池状态及装置的完整性,并能下载诊断信息。例如,当一位ICD患者受到电击治疗时,远程监测系统即可发挥作用。患者可以通过这种远程监测系统(在自己家中)下载信息来判断他们是否需要就诊,而不是预约第二天就诊或直接赶到当地医院的急诊室。

目前,人们使用的远程监测系统多种多样(图10.9),而这些系统的优化产品也有望在今后几年内出现。这些优化产品配有

图10.8　左室电极导线　该电极导线穿过冠状窦而永久放置在一条冠状静脉内,其头部具有独特的形状可辅助其在静脉中穿行并寻找一个安全的植入部位。图中的左室电极导线有一个独特的S形而达到该目的,其他类型的左室电极导线可能有不同的远端形状

图10.9 家庭呼叫系统 这种远程监测系统使植入心脏再同步治疗(CRT-D)装置的患者可以检查他们的装置，甚至将诊断或其他资料通过普通的电话线下载到诊所。由于越来越多的患者进入早已超负荷的医疗保健系统中，远程监测系统的重要性正日益上升

发射器或一些小配件，可以使患者待在家中通过普通的电话线或通过网络的无线连接将信息传递至接收地。接收器可装备在医生办公室，也可放置在一个专门接收、评估及发送这些报告的特殊仪器的办公室。

远程监测系统尚未开始取代常规的随访。只有患者亲自去医院就诊才能调整装置的参数或对装置治疗的各个方面进行彻底评估。然而，对于那些就诊困难(由于地理原因或体质衰弱)的患者，远程随访是一个可行的替代选择。而且，这是心脏除颤患者电击后护理的一个极大的辅助方法，而且可以定期使用，以替代一年一次或两次的常规随访。

本章要点

- 心脏再同步治疗(CRT)是一种发放低电压的起搏脉冲的疗法，它可以是一种起搏器样装置 (CRT-P系统) 或植入性心脏复律除颤器(ICD或CRT-D系统)。这两种装置均已批准在临床使用，目前内科医生明显喜欢使用CRT-D装置。

- 所有的CRT系统都包括一个脉冲发生器和三根电极导线：一根植于右房，一根植于右室室间隔，一根植于冠状窦(CS)以起搏左室。

- 经典的CRT系统右室(RV)电极导线植入在右室室间隔的中部位置，通过这种方式可以使其起搏电极与穿过冠状窦而置于冠状静脉的左室电极的距离最大化。

- CRT装置使用的右房电极导线与常规起搏器或ICD的电极导线为同样的产品。CRT-D系统使用一种右室除颤电极导线(与ICD使用的一样)，而CRT-P系统使用的右室电极导线则与常规起搏器使用的相同。

- CRT系统的左室电极导线独特。在CRT-P及CRT-D系统中均使用这种电极导线。它具有普通电极导线的特征但无辅助固定装置。由于其独特的远端几何形状 (通常是S形或成角)，而可在原位锚定。

- 在CRT或CRT-D系统内部的最大组件就是电池，它可以持续使用数年而且随着时间推移能可靠预测使用寿命。

- CRT-D系统采用电容器发放心脏除颤所需的高能量输出。

- 与起搏器及ICD的检查方法相似，所有的CRT仪器也可通过程控仪检查。

- 目前，远程监测系统允许患者在家中检测CRT-D及CRT-P系统。这些系统不能提供利用程控仪进行的院内随访的所有特征 (也不能对装置进行程控)，但可以用来检查电击后的CRT-D患者或在特定病例中作为一种检查的替代方法。

(赵云涛 译)

第十一章

CRT 起搏器的植入方法

尽管在世界许多医院，起搏器和ICD的植入已属于常规操作(甚至在门诊就可进行)，但心脏再同步化治疗(CRT)系统的植入却是对手术医生的一个特殊挑战。坦诚地讲，根据几十年来积累的实践经验，起搏器的植入以及右室和右房电极导线的放置简单易行，但左室电极导线的放置却有一定的难度。编写本书时，尽管许多成功的手术医生提出了一些特殊的技巧和方法，但并没有大家一致推荐的植入方式。本章试图简明扼要地描述植入CRT装置过程中经常出现的情况，但需要强调的是，不同医生的植入技术可能有所差异。事实上，本书描述的一些情况也许在几年内都不会成为公认的临床常规。

CRT装置的植入方法有很多要点都与普通起搏器或ICD相似，但需要特别注意左室电极导线的植入。不管是哪种起搏器，其手术过程都要遵循以下顺序：

- 制作囊袋；
- 建立静脉入路；
- 电极导线的植入和测试；
- 连接电极导线与脉冲发生器；
- 系统测试；
- 将电极导线、脉冲发生器放入囊袋，缝合囊袋。

制作囊袋

尽管没有精确的统计，但多数ICD和CRT-D手术均在患者身体的左侧制作囊袋。对于普通起搏器，主要考虑要将起搏器植入患者非优势手的同侧(大多数人是左侧)。但是，在植入除颤装置(而大多数植入的是CRT-D装置)时，倾向于将其植入左侧，而不考虑患者的优势手或其他因素。只有患者的解剖特点，特别是血管走行不允许从左侧植入时才考虑右侧。

一般在前胸上部的筋膜与肌肉之间制作囊袋。应该在麻醉下，采用锐性切开和钝性分离的方法，目的是使囊袋大小足以容纳起搏装置，又不会过大而使起搏装置的位置不能固定并容易移位。大多数医生都倾向将浸有抗生素的海绵放入囊袋，直到进入下一步骤。

静脉径路

起搏电极导线通过周围静脉为入路而植入心脏，应小心操作使电极导线通过静脉到达最终的起搏部位，并保证头端能稳定固定。对于各种类型的起搏装置，其植入径路主要有两种，即头静脉切开和锁骨下静脉穿刺。此外还可采用其他静脉入路：颈内静脉、颈外静脉、腋静脉或髂股静脉。但多数医生选择头静脉或锁骨下静脉,除非有其他原因迫使他们放弃这两支血管。

锁骨下静脉穿刺又称为Seldinger技术。应用连接18G针头的10mL注射器,内含麻醉剂,通过囊袋的切口穿刺。针头应倾斜向下,从锁骨中1/3处沿组织平面进针;针头应朝向胸骨切迹的上方。当针头碰到锁骨时,应增大进针角度而绕过锁骨。针头进入锁骨下方后,操作须非常小心,注射器内应保持负压,以检查回吸的血液(确认刺入静脉)。如果误入动脉,将抽出鲜红色血液,发生这种情况时,应迅速撤出穿刺针,压迫穿刺点,直到穿刺口闭合。

锁骨下静脉穿刺有时又称为锁骨下"盲"穿法,其优点为:医生可以用穿刺针定位锁骨下静脉。尽管此方法有一定的风险,但多年的应用表明,该方法安全有效。如患者的锁骨下静脉正常,此方法是最佳的静脉入路。如反复穿刺失败,可能是静脉部分或全部闭塞或走行异常。

头静脉入路需要传统的静脉切开技术。正常情况下,头静脉位于胸大肌与三角肌的肌间沟下方(胸大肌和三角肌之间)。确定静脉位置后,应轻柔地暴露血管,将其提起做一小切口。尽管不需要复杂的外科手术技巧,但头静脉切开很大程度上是一种外科手术技术。对医生来说,头静脉切开术比锁骨下静脉穿刺可能更具挑战性,所以应该对患者各方面的情况进行全面分析,最终由手术医生选择手术方式。选择静脉入路时应考虑以下因素:静脉的位置,血管是否扭曲,血管有无急骤转折,血管的直径,血管质量(是否闭塞)以及医生的手术习惯。

电极导线的植入

大多数患者需要植入三根电极导线(一根在右心房,一根在右心室,另一根在左心室)。多数医生手术时首先植入右室电极,这样可以在心脏停搏时进行紧急起搏。实际上,这种考虑并非多此一举。当医生开始将鞘管、导丝、电极导线送入静脉时,可能会损伤右束支,如患者术前存在左束支阻滞,则将导致一过性高度房室阻滞甚至心脏停搏。尽管这种情况罕见,但在植入其他电极导线前先植入右室电极导线是明智的选择。

为了将右室电极植入恰当的位置,多数医生通过导引鞘管送入电极导线,然后通过很细的导引导丝把电极导线经静脉送入心脏。导引导丝的名称很形象地说明了其用途是导引电极导线进入心脏。

打开包装盒可以发现,右室电极导线是一根非常细的包裹着绝缘外层的金属线,电极导线十分柔软使其能顺利通过静脉。一根很细的导丝可插入电极导线内,称为导引导丝。导引导丝可使电极导线有足够的硬度通过静脉而又不至于使其过硬(导引导丝有不同的直径可供选择)。右室电极导线顺利植于右室后,就可以撤除导引导丝。一般情况下,电极导线固定后,就能撤除导引导丝。

医生在X线透视下操作右室电极导线,使其通过静脉进入右心房,跨过三尖瓣进入右心室。理想的右室电极的固定位置为右室间隔的中部,即在间隔壁使用主动固定方式(将螺旋电极旋入心肌组织)或被动固定方式(将鳍状或翼状电极附着在心室肌的肌小梁中)。

电极固定后则开始测试,测试可应用

起搏分析仪(一种手持式设备)或程控仪。医生需要测试电极导线在其固定部位,能否充分采集到心脏自身的心电信号,以及通过电极导线发放的起搏脉冲是否足以使心肌除极并收缩。上述测试的参数称为感知和起搏阈值,将在下一章详细介绍。

起搏器植入过程中,需要调整电极导线固定的位置从而获得更佳阈值参数的情况并非少见。在心脏内,略微改变电极导线的接触则能使起搏和感知参数发生明显改变。如果检测和感知的阈值可以接受,医生就可以将电极导线固定在此部位并进行下一步骤。

从技术上讲,右房电极导线可以在放置左室电极导线之前或之后植入,但很多医生倾向于放置左室电极导线之前植入右房电极导线。因为左室电极导线植入失败而需进行开胸手术植入左室心外膜导线时,需要应用已经植入的右房与右室电极导线。但从另一方面讲,放置左室电极导线前无一定要植入右房电极导线的特别需要。

可以经右室电极导线的同一穿刺点插入右房电极导线,也可由手术医生决定是否需要在另一位置穿刺。如果右房和右室电极导线采用同一穿刺点,使用导引鞘管时可采用"保留鞘管技术"。当采用双穿刺点时,则需两根导引鞘管。

心房电极导线的远端通常呈J型。在心房电极导线插入静脉前,先用一根直导丝插入电极导线内腔,使电极导线暂时变直变硬,并导引电极导线进入静脉系统。与右室电极导线一样,放置右房电极导线需在X线透视下小心操作。当电极导线进入右房后,最好在右心耳附近撤出部分导丝,使电极导线的头端恢复J型,同时使其顶端移到右心耳部位的心房壁。医生可采用主动或被动固定方式固定电极导线。

与右室电极导线一样,也应测试右房电极导线的各种参数以获得满意的起搏和感知阈值。与其他电极导线一样,接触部位不同,右房电极导线的起搏与感知参数也明显不同。因此,在恰当的固定前,医生可能会在一个以上的部位测试电极导线的各种参数,这种情况并不少见。

右房和右室电极导线放置后,则可撤除导引鞘管。

最后植入的电极导线是左室电极导线,通常这也最具挑战性。左室电极导线需植入冠状静脉窦,可先将一根导管插入冠状窦开口(OS),以使电极导线顺利通过右房进入冠状窦。顺利完成这一操作时,需要手术医生熟练掌握冠状窦和冠状静脉系统的解剖结构,此外还应特别了解患者静脉血管的具体情况。

根据经典的心脏教科书中的描述,心肌的血液通过绕行在心脏外表面的冠状静脉回流至右心房。心大静脉(GCV)汇入冠状窦(CS),不管其如何命名,冠状窦实际是一支静脉,氧含量低的静脉血最终通过冠状窦开口流入右房,该开口称为冠状窦口。正常心脏中,冠状窦口位于右房的下部,靠近三尖瓣瓣环。放置左室电极导线时需将一根细小的导管(套管)或鞘管插入冠状窦,使电极导线能顺利通过静脉进入右房,进而通过冠状窦口进入冠状静脉系统。

冠状窦插管技术的最大挑战在于确定冠状窦口的位置(图11.1)。

不同患者冠状窦开口的位置变异很大,即使没有心衰或其他心脏病的患者,其心脏结构的变异也比较大。虽然教科书上描述,冠状窦口位于右房下部,但其位

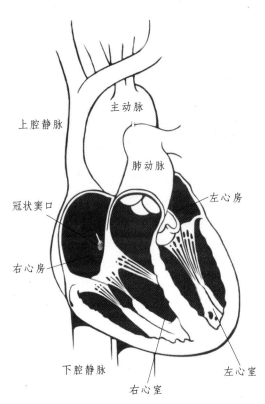

图11.1 冠状窦开口的解剖特点 冠状窦口位于右房下部嵴样结构的后面

置有时较高。对于那些心脏扩大(许多心衰患者)或房颤患者,其右房可能扩大,并形成皱褶或带状结构,使冠状窦口的位置不易确定。此外,另一种使定位难度增大的情况是部分患者的冠状窦口覆盖有冠状窦瓣的瓣膜样组织。

冠状窦本身较短,长度通常为3cm或4cm,走行于房室沟的后下方。心大静脉汇入冠状窦,而冠状窦的其他分支则变异较大。

向冠状窦内插管需要特殊工具,但目前并没有公认的"最佳"工具。某种程度上,这种工具的选择要根据患者的解剖特点和手术医生的习惯来决定。对于大多数病例,手术医生需要:

- 固定或可控弯度的电生理导管;
- 穿刺鞘管;
- 左室鞘管;
- 带或不带导引导丝的冠脉造影导管;
- 带有导引导丝的左室电极导线。

尽管上述工具可以分别准备,但也有制造商将其制成成套的电极导线传送系统(图11.2)。毫无疑问,在未来的几年,这些工具将有更大的创新和进步。

电极导线传送系统需要用肝素盐水冲洗,并附带有止血瓣以防止血液回流。将电极导线传送导管或鞘管插入静脉后,应在X线的透视下进入右房后再插入冠状窦口。轻柔地逆时针转动并回撤鞘管以使电极导线进入冠状窦口。

为确定电极导线的位置,可应用球囊导管堵塞冠状窦口,推注造影剂。如果球囊能够有效地阻塞冠状窦口,血液就不会经冠状窦反流回右心房,造影剂就会逆行充满冠状窦,并在X线透视下显示冠状静

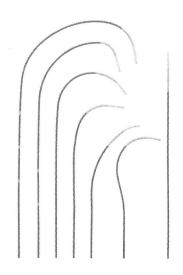

图11.2 左室电极导线的传送系统 寻找冠状窦口以及插管时需要特殊工具,上图是一些左室电极导线的输送工具

脉系统分支的走行。

　　了解冠状静脉系统的走行有助于手术医生选择最佳的左室电极导线及植入路径。最终的目标是操纵左室电极导线通过冠状窦口，进入冠状窦后定位于冠状静脉，并使左室与右室电极导线的顶端间的距离最大化。不同患者的冠状静脉解剖变异很大，因此在术前仔细研究每位患者的具体情况对手术医生非常重要。

　　在对比和分析静脉系统后，可通过套管将左室电极导线送入冠状窦。应用导引导丝有助于电极导线的植入。左室电极导线的新进展是被称为"穿过导丝"（OTW）的导引导丝。传统的导引导丝插入电极导线的内腔，而OTW就像一般导丝一样，先插入电极导线的内腔，然后电极导线再从导引导丝的顶部穿过。导丝塑形的左室电极导线（即腔内导引导丝）或OTW左室电极导线是医生偏爱的手术器械。左室电极导线的放置难度较大，所以OTW的应用相当普遍。

　　电极导线进入冠状窦后应轻柔地操作，进而放置到理想的起搏部位。右室和右房电极位置的调整相当容易，与之不同，左室电极导线的定位受到很多限制。实际上，具体到某一患者来讲，左室电极导线可能只有一个可行的植入部位。由于不能附着在冠状静脉内，左室电极无法采用传统的固定方式。目前大多数左室电极导线都采用特殊的远端构型（S型、钩型或角型），其有助于左室电极导线牢固地锚定在静脉内。

　　手术医生应首先在透视下确认左室电极导线的解剖位置，电极导线应放置在左室外的冠状静脉内，其顶端最好与右室电极（位于右室心尖部）有一段距离。植入部位通常在左室后静脉或心侧静脉中的一支。不主张将电极导线放置在心大静脉。手术医生还应确认电极导线是否能稳定固定在静脉中。

　　与其他电极导线一样，手术过程中也需对左室电极导线进行测试来确定是否放置在恰当的位置。测试应在撤除电极导线传送系统或鞘管之前进行，以防需要随时调整电极导线的位置。起搏分析仪（PSA）通过左室电极导线发放的起搏脉冲应能引起心脏收缩。较低的起搏阈值比较理想（<1V的起搏阈值最理想），但左室起搏需要的能量通常比右室起搏更高。事实上，手术医生接受相对较高的左室起搏阈值（如阈值3.0V，脉宽0.5ms）的情况也并不罕见。越低的阈值当然越好，但由于左室电极导线的放置受到限制，因而导致医生有时可以接受较高的阈值。一些医生发现，在左室增加输出脉宽比在右室更有利于夺获，因此提高脉宽可能有助于处理左室起搏阈值较高的问题[1]。

　　需要注意，许多CRT系统只有右房和右室感知，而没有左室感知，因此通常不需要检测左室电极导线的感知阈值。

　　膈神经位于心脏的外部，有时会受左室起搏的影响。膈神经刺激能引起膈肌刺激。在手术过程中即使发现间断的膈神经刺激，也要重新调整电极导线的位置。膈神经刺激是CRT装置植入术中常见的并发症之一，术后通过程控往往不能解决问题。为了检测膈神经刺激发生的可能性，测试时应该以最大输出电压（通常为10V）起搏左室，观察是否存在膈神经刺激。如果在检测时发现有膈神经刺激，就应重新调整电极导线的位置。如果术后发现膈肌刺激，还需再次手术调整。

　　左室电极导线放置成功后，应小心撤除电极导线的传送系统，以避免电极移位。撤除导管或鞘管时动作要轻柔，不应拉动或过度挤压左室电极导线。目前市场上有许多产品可以采用沿鞘管长轴撕开(称为"可撕开"鞘)或切开("可切开"鞘)的方式撤除鞘管。撤除电极导线传送系统和其他器械时应非常小心、动作轻柔，并且应在X线透视观察下进行。

连接起搏器

上述步骤完成后，就可以将电极导线与脉冲发生器进行连接。脉冲发生器的连接口由透明的环氧树脂包裹。需要注意，电极导线与起搏器的接口都是专门匹配的，例如右房电极导线必须插入右房接口，以此类推。更多的信息需要查阅产品技术手册或其他文件。大多数CRT装置都在其金属机壳上标明不同电极导线应分别插入哪一个接口。

连接起搏器与电极导线时，应将电极导线的金属插头插入正确的接口。通常需要专门的装置保证连接牢固。在许多病例，需要某些固定螺丝以及能将其旋紧的小工具(扳手或改锥样工具)。根据制造商设计的结构，固定螺丝时应旋紧，以使电极导线与起搏器连接牢固。连接不牢固的电极导线不仅影响起搏器的正常工作，有时还需手术校正！

全部电极导线都应插入脉冲发生器，并与之固定。然后可以轻拉电极导线以确认其连接的牢固性。

系统测试

将电极导线与脉冲发生器连接之前，应再次测试电极导线的各参数，以确定其放置的部位是否合适，功能是否正常。电极导线与脉冲发生器连接后，仔细观察心脏对起搏脉冲的反应有助于确认电极导线与插口的连接是否牢固。

如果植入具有除颤功能的CRT，需要进行除颤阈值(DFT)的测定。DFT是指有效实施除颤所需的最低能量。由于测试除颤的有效性需要诱发室颤(VF)后再将其转复，所以在实际临床工作中，DFT测试中得到的只是DFT的近似值。(不应反复对患者进行测试。)

某些情况下，需要对CRT-D进行测试。测试时，先诱发室颤，然后让装置自动充电并发放高电压除颤治疗。如果CRT-D工作正常并且除颤成功，则测试完成。只有在人数足够、训练有素的医护人员在场并且准备好除颤仪的情况下才能进行这种测试。关于植入过程对CRT进行测试和测定DFT的进一步信息，请查阅《ICD基础教程》一书。

缝合囊袋

完成装置的测试、电极导线测试及固定后，就应准备将CRT装置放入囊袋。将浸有抗生素的海绵从囊袋中取出，将脉冲发生器轻轻放入囊袋。如果电极导线过长，可将其盘绕整齐并放置在脉冲发生器的下面，避免以后更换脉冲发生器切开囊袋时意外损伤或切断电极导线。最后缝合囊袋。术后患者需要在医院观察一夜或更长时间。

参考文献

1.Worley S, Leon A, Wilkoff BL, Anatomy and implantation techniques for biventricular devices.In: Device Therapy for Congestive Heart Failure.Ellenbogen KA,Kay GN,Wilkoff BL,eds.Philadelphia:Saunders 2004:198.

本章要点

- CRT装置的植入方法与普通起搏器或ICD相似，只有一项操作具有挑战性：植入左室电极导线。

- 左室电极导线最好最后植入。应该先植入右室电极导线，在患者因一过性刺激而出现高度房室阻滞或心脏停搏时，它可以提供基础起搏或安全起搏。植入左室电极导线之前放置右房电极导线，意味着在植入左室电极导线失败而需要开胸手术时，系统已经能够运转。尽管如此，右房电极导线还是可以在植入左室电极导线之前或之后放置。

- 常规的静脉入路是"盲穿"锁骨下静脉或切开头静脉。需要先将鞘管和导引导丝插入静脉。将导引导丝插入电极导线可使电极导线获得必要的硬度以便通过静脉系统进入心脏。所有电极导线的放置均应在X线透视观察下进行。

- 一个静脉穿刺口可送入两根电极导线，但有时需要多个穿刺口。如果可能，左室电极导线应通过另一穿刺口送入静脉。

- 右室电极导线应固定于室间隔中部。左室电极导线应植入在冠状静脉的一个分支。理想的电极导线放置方式是右室电极导线与左室电极导线顶端的空间距离尽可能远。

- 典型的右房电极导线是J型电极导线。将导引导丝撤出后，电极导线的头部会弯成J型以便固定在心耳部。

- 左室电极导线需经冠状窦（实际是静脉）插入。完成这一操作需要电极导线的导引导管或特殊工具以便通过静脉系统进入右房。电极导线进入冠状窦口需要借助套管或鞘管。冠状窦开口是一个很小的入口，通常位于右房下部靠近三尖瓣处。如果心脏扩大或有解剖学异常，确定冠状窦开口的位置就有一定难度。此外，这一部位的解剖学特征（包括欧氏嵴和将开口部分遮挡的瓣膜）使插入冠状窦口的操作相对复杂。

- 左室电极导线插入冠状窦口后，可借助导引导丝轻柔地操作送入冠状窦，进而进入冠状静脉。

- 进行静脉对比造影观察冠状窦（只有3或4cm长）和静脉走行有助于准确放置左室电极导线。

- 左室电极导线的操作应在X线透视下进行。左室电极导线没有标准的固定装置；通常将电极导线远端制成特殊形状（S型、角型、曲线型）以便固定。

- 在放入脉冲发生器之前，应对电极导线的阈值进行测试。测试通常应用起搏系统分析仪。右心电极导线（右房、右室电极导线）需要测试感知阈值（能否可靠地感知心脏自身的电信号）和起搏阈值（较低的起搏电量能否可靠地夺获心脏），而左室电极导线应测试起搏阈值并检测有无膈神经刺激现象。多数左室电极导线并不需要测试感知阈值。

- 阈值不理想时，手术医生可重新调整电极导线位置并再次测试。通常，右房、右室电极导线易于重新放置，而左心电极导线位置调整的余地很小。

- 经验发现，左室的阈值通常高于右室。尽管阈值越低越好，但相对较高的左室电极导线的阈值也可以接受。有时增加输出脉宽（数毫秒）有助于增强左室起搏。

- 电极导线在心脏内的适宜位置固定后，就可与脉冲发生器连接。需要注意，电极导线应插入正确的接口（如左室电极导线应插入左室接口、右室电极导线应插入右室接口等）。螺丝钉和改锥可用于电极导线与脉冲发生器的接口固定。

- 具有除颤功能的CRT装置需要测试除颤阈值（DFT）或对系统进行测试，以确保患者发生室颤时，该系统能有效地进行除颤。

- 脉冲发生器应放置在前胸上部的囊袋内。如果电极导线过长，可将其盘绕在脉冲发生器的下方，最后缝合囊袋。

（余飞 译）

基本程控

随着心脏再同步治疗系统(CRT)真正成为临床应用的前沿技术,CRT装置的很多程控的基本起搏参数对临床医师来说与起搏器十分相似。CRT系统的目标是100%的起搏心室,其依赖于两个基本功能:起搏和感知。很多参数与起搏器相似并且依赖于起搏的计时周期。但是,应该强调CRT有一个基本特征与常规起搏器迥然不同:CRT装置的目标是尽可能多的起搏心室,理论上最好是100%起搏。这与普通起搏器的目标相反,普通起搏器只是在非常需要时才起搏心室。

所有的起搏装置,不论是起搏器还是带起搏功能的ICD或CRT系统,当它起搏心脏时基本功能只有起搏和感知两项。起搏是指脉冲发生器发放的起搏脉冲或刺激能引起心脏组织的除极和收缩。这个功能称为"夺获"。需要程控的重要参数之一(植入时已完成,而且每次随访时都应检查)是输出脉冲。输出脉冲是一个特殊的能量数值,它由两个基本参数决定:脉冲振幅(单位为伏特)和脉宽(单位为毫秒)。

较早的CRT系统,左右心室的脉冲输出捆绑在一起,也就是说临床医生调整一侧心室起搏参数时也就同时程控了另一侧心室的脉冲输出。特别是将CRT起搏用于CRT装置之外时更需要这个功能(例如,给一个双腔ICD配置了3根电极导线,但是只提供对心房、心室的脉冲输出的程控能

力)。当今,高级CRT系统对左室和右室的独立程控能力具有明显的优势,因为于左室、右室的起搏阈值经常不同,这点格外有用。

在植入和随访过程中应该进行夺获阈值的测试以评估患者的夺获阈值(或起搏阈值)。夺获阈值(用毫秒和电压值来测量)是能够可靠夺获心脏的最小电能数值。每个心腔(右房、右室、左室)都有自己的夺获阈值。夺获阈值在一天之中或随时都可能变化,特别是在药物的相互作用以及疾病发展过程中。因此,临床医生需要根据阈值之上的安全范围来程控脉冲输出设置。通常安全范围需满足2:1或3:1。例如,患者的夺获阈值是1V/0.4ms时,参数设置应该被程控为2V/0.4ms(安全范围2:1)或者3V/0.4ms(安全范围3:1)。

夺获测试可经程控仪半自动或术者手动完成,这是一种"逐步递减"的测试。在将一个相对较强的起搏输出脉冲释放到心腔的同时,观察体表心电图或腔内心电图(图12.1)。如果每次起搏输出(体表心电图表现为一个钉样信号)都能引起心脏的除极和收缩,那么就可以确认夺获。然后小幅度降低输出脉冲,每降一步,都要重复测试是否夺获。只要确认夺获,就进一步降低输出脉冲。当失夺获时,则增加输出脉冲(这样就可减少几次心跳的失夺获),最后能夺获心脏的最低输出脉冲被

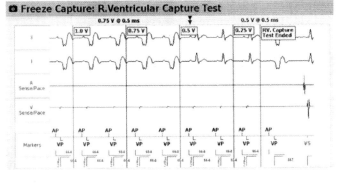

图12.1 带标注的右室夺获阈值测试 本例右室起搏在0.5V时失夺获，下方注释图显示为心室起搏事件，而心电图看到的是感知而不是起搏事件

记录为夺获阈值。

80 植入CRT装置的患者在门诊随访时应常规进行夺获阈值的测试。对起搏器、ICD和CRT装置采用的基本方法相同。一些程控仪可以自动进行夺获测试，失夺获将在屏幕中注明，屏幕上的"正式"电压阈值将被程控仪储存并打印。

有时起搏阈值的测试包括所谓的"强制性起搏"，因为只有在持续起搏时才能进行阈值夺获的测试，当心脏的自身心律抑制了装置时，则无法进行阈值夺获测试。对心室而言，采用快速基础频率起搏常能克服这一问题。对于CRT患者，夺获测试的主要问题在心房。如果患者有快速性房性心律失常，则不可能通过心房起搏对其进行超速抑制，或者找到一个可以接受的基础频率(即使只为了测试的一个临时数值)。虽然应当尽可能完成阈值测试，但在实际的CRT患者中，有时可能无法完成心房的阈值测试。

程控CRT系统时，应特别注意确认装置能否一直可靠地起搏和夺获心室，因为治疗的目标是100%的心室起搏。这意味着临床医师在程控CRT系统时，输出设置应当比传统起搏器使用的更高。特别是左室

的起搏阈值和输出设置要明显高于常规的右室设置。这是因为当一个起搏电极直接放入可激动的心肌组织中时（如右室内），引起心脏除极所需的能量比位于心外膜静脉中的左室电极导线要低得多。

CRT系统能够感知传入的自身心电信号也十分重要。可能只有右房和右室具有感知功能(有些系统的左室电极导线并不感知)。感知灵敏度的设置(以mV为单位)是为装置能够"看到"并能对其做出反应的信号的幅度。有些临床医生发现感知灵敏度的程控有一点与直觉相反，可以把感知灵敏度的设置看作一堵有特殊高度的墙(用mV描述)。例如，我们说患者的自身心室信号为4mV左右（在植入时和后来随访中测量），那么只有当自主的心电信号"高于"4mV(或者说大于4mV)才能被装置看到。如果设置的感知灵敏度在4mV左右，CRT系统将不能看到患者全部的自身心室信号，但如果把墙降低，将其设定为2mV，CRT系统的感知灵敏度将会提高，那么只有高于2mV的信号才能被看见和感知。因此，提高mV设置能降低感知灵敏度，反之亦然(图12.2)。

CRT系统在三个心腔（以双腔DDD模

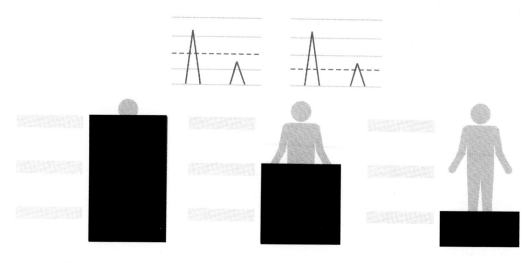

图12.2 感知"墙"示意图 程控感知灵敏度时,可将其想象为一堵墙。如果信号振幅足够高并可跨过墙,起搏器则能识别该信号。如果信号太低以至于不能跨过墙时,起搏器将不能识别该信号。因此,灵敏度4mV意味着大于4mV的心电信号才被看见,但小于4mV的信号则被错过(也就是说,灵敏度设置为4mV时,可以感知到6mV的自身信号,但感知不到3mV的自身信号)

式)都要起搏,但只有右室和右房的电极导线才有感知功能(有些CRT系统可以提供左室感知,但并非所有的CRT装置都提供),这样的事实让部分临床医生感到困惑。CRT装置的目的是强制性心室同步工作,即使在机械不同步的心脏中。因此,右室感知可以提供足够的自身电活动的输入。

而且,如果CRT系统工作良好,可以在100%的时间内起搏心室,使装置将不需要过多感知功能。

基本参数

多数基本参数都有默认值或出厂设置值,在装置出厂时这些参数就被激活。这些所谓的出厂设置是在多数患者中的经典或工作良好的数值。但是,要想使装置达到最佳运行状态,还需要医生熟悉各种参数,并能根据个体患者的需要进行精细调整。在程控或调整CRT系统时,应牢记微小的变化可能对患者产生巨大的效果。不要矫枉过正,不能不经小幅度的参数变化的测试就对设置参数进行大幅度的调整。

基础频率(也称起搏频率、下限频率或基本频率)是在没有心脏自身电活动时装置向心脏发放脉冲的数目。经典的基础频率设置为60次/分或70次/分。有些CRT系统提供了可以选择的静息心率的特殊功能,允许临床医生程控一个临时心率,当装置中的体动传感器感知到患者停止活动并推测患者已进入睡眠状态时,这一功能开始工作(有些CRT系统也将静息频率与时钟计时捆绑在一起)。其设计理念是CRT系统能够模拟人体在睡眠时心率的自然下降。

装置的工作模式是指装置如何起搏

北美起搏与电生理学会与英国起搏与电生理协会的起搏器编码

位置	I	II	III	IV	V
类别	起搏心腔	感知心腔	感知反应	频率应答	多部位起搏
使用字母	O 无	O 无	O 无	O 无	O 无
	A 心房	A 心房	T 触发	R 频率应答	A 心房
	V 心室	V 心室	I 抑制		V 心室
	D 双腔(A+V)	D 双腔(A+V)	D 双重(T+I)		D 双腔(A+V)
	S 单腔(A 或 V)	S 单腔(A 或 V)			

图12.3　北美起搏与电生理学会与英国起搏与电生理协会的起搏器编码　该编码已用于全球所有的起搏器模式以及起搏器的描述(起搏器经常根据其具备的最高模式描述)。例如,带有频率应答(也称频率适应性)功能的CRT装置可被编码为DDDRV

心脏(图12.3)。在DDD模式中,CRT装置以心房和心室(将左、右室看成一个单位)"双腔"方式起搏,以心房和心室"双腔"感知(CRT系统仅感知右房和右室)。它对自身心电事件的反应也是"双向"的,有时抑制,有时触发。装置也可以被调整为VVI模式,此时只起搏和感知心室(而不感知和起搏心房),感知自身活动将抑制起搏脉冲的发放。

当起搏器感知到自身心电信号时,将出现两种反应,一种是抑制,即感知后停止或抑制下一次输出脉冲的发放。例如,一个DDD工作模式的起搏器在适当的时间内感知到心室的自身激动后将抑制心室起搏脉冲发放一次。

第二种反应为触发,触发是指感知到自身事件时,引起装置发放一个起搏脉冲。典型的触发模式常在测试过程中短时使用(例如VVT)。然而,一个DDD系统也有触发功能,当感知到一个心房的自身活动时,触发装置启动心室发放一次起搏脉冲。一次心房的自身活动将匹配一次心室起搏事件(如果心室不能及时出现自身搏

动)的过程也称为"跟踪"或者"心房跟踪"。起搏器和CRT装置有心房跟踪功能,因为其能提供1:1的房室(AV)同步,也就是说,心室事件与心房事件相配对。每一次心房跳动后都有一次心室跳动,患者就会得到"心房辅助泵"的益处和更好的泵血效果。

那么问题在于:当心房自主激动太快时将发生什么呢?如果自身的心房率为60次/分或70次/分,心房跟踪功能将很好。当发生快速性心房活动时,DDD模式的装置将试图使心房感知事件与心室起搏事件匹配,这可导致不适宜的快速性心室起搏率。很多心衰患者有快速性房性心律失常,所以这种情况在CRT系统以DDD模式工作时并非少见。既然DDD模式为患者提供了很大的益处,就可以有一种方法来程控起搏装置,并实现1:1的房室同步,同时又有一定的限制。这个限定参数被称为最大的跟踪频率(MTR,也称上限频率),实际是心室起搏率的上限限制,它是指CRT装置感知心房活动后反应性心室起搏的最高频率。例如,最大跟踪频率为100次/分时,将允许装置跟踪心房活动到100次/分,但当心房

频率超过该值时,装置将采取所谓"起搏器的文氏反应"或其他类型的上限跟踪频率反应,使心室率小于或等于100次/分。当然,这将意味着患者丧失了完全性1:1的房室同步,使患者不承受过高频率的心室起搏。

理解起搏和感知的房室延迟(AV延迟也称AV间期)以及频率适应性房室延迟也很重要。在健康心脏,心房先收缩,随后有一个间歇,然后是心室收缩。一个双腔起搏器或者CRT系统也试图模仿这种正常的生理顺序。起搏心房后,经过一个间歇后起搏心室。在心房起搏和心室起搏中间,人为设定的间歇就是起搏器的房室延迟。它是一个可程控的间期,经典的设置约为200ms或250ms。

如果心房发出了自主搏动,装置将如何起搏呢?同样,装置将设置一个间期使起搏心室前心房能够完全收缩,该间期称为感知的AV间期。在很多装置中,感知和起搏的AV间期被捆绑在一起,共用一个数值,但是高级系统允许临床医生单独程控感知和起搏的各自AV间期,这样做的主要原因是提供一个短暂的时间差使装置能够识别自身的心房信号。例如,在起搏的房室间期中,心房起搏脉冲发放的当时,房室延迟计时同步开始计时,当该间期终止时发放心室的起搏脉冲。假如起搏的房室延迟设置为250ms,那么在心室起搏脉冲发放后250ms时将发放心室起搏脉冲。但对于一个心房自身事件,装置可能需要大约25ms的感知延迟时间感知自身心房信号(图12.4)。因此,心房自身事件在被感知的前25ms就已经发生,所以在其275ms后心室才被起搏。所以,很多临床医生喜欢把感知的房室延迟程控为比起搏的房室延迟值短25ms。

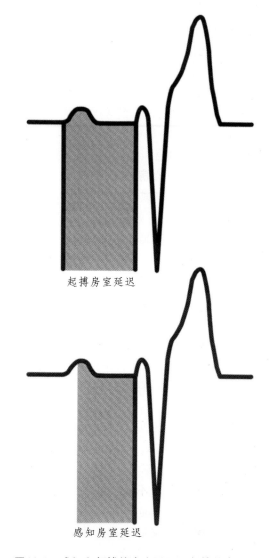

图12.4 感知和起搏的房室延迟 起搏的房室延迟从起搏的心房事件开始计时到其后的心室事件,感知的房室延迟从感知的心房事件开始计时到下一个心室事件。当程控房室延迟间期时,感知的房室延迟经常比起搏的房室延迟约短25ms。因为起搏的房室延迟是从心房脉冲发放开始计时(上图),而感知的房室延迟需要起搏器感知到心房事件后再触发计时器(下图)

程控CRT装置时,房室延迟的数值应相对较短,感知的房室延迟也应稍短于起搏的房室延迟。在CRT系统中缩短起搏的房室延迟的原因很简单,这是为保证更多的心室起搏。如果AV间期短,则心室自主激动的机会更小。

健康心脏在每天24小时中有比较合理的心率波动范围。当睡眠或看电视时心率减慢,当爬楼梯、踩单车或在院子周围活动时心率加速。当心率加速时,健康的心脏自然缩短心房收缩和心室收缩之间的间期。当心率减慢时,健康的心脏能延长这一间期。人工装置已通过一个被称为频率适应性房室延迟的参数来模拟AV间期的这种自然变化。这是一个特殊功能,对于每天可能有较大心率变动的患者需要将其激活(不需特殊设置)。尽管它的名字称为频率适应,但其并不涉及体动传感器或者对接收到的代谢需求而进行反应性的频率调节。

另一方面,有些CRT装置具有体动传感器和频率应答功能。有些患者很活跃或在体力活动中需要更快的心率支持,该功能对其将十分有用。但对于一些症状严重的心衰患者意义不大。

心室后心房不应期(PVARP)是心房通道的一个特殊的计时间期,它使心房对心室起搏脉冲发放后随即出现的心电信号没有反应。临床医生喜欢将右房和右室截然分开,实际其距离很近,有时可能发生心室的起搏脉冲信号被起搏器心房通道感知,心室后心房不应期有助于防止这种不适当的交叉感知。

诊断信息

CRT系统提供了一个范围广泛的可下载的诊断性计数结果和数据帮助评价装置的各种功能。一个事件直方图可显示起搏与感知事件各占多少,既然CRT系统的目标是尽可能多地起搏心室,事件直方图就能提供一个有用的线索来观察已经达到的心室起搏比例与所期望的100%有多少差距。心房起搏没有相同的目的,功能良好的CRT系统心房起搏的数目可以很高,也可以很低(图12.5)。

很多装置也能提供存储的心内电图,因为大多数心衰患者伴有多种心律失常,如果患者有重要的心律失常发生时,这些存储的心内电图可能具有重大价值。

其他特殊功能

有些CRT系统具有自动模式转换(AMS)功能,这是为防止发生过高频率的心房跟踪而设计的功能,其对那些有快速性房性心律失常发作(即使是短时间)的患者十分有用。很多心衰患者都有房颤或其他高频率的心房事件,那么理解这一模式如何工作十分重要。事实上,CRT系统以DDD或DDDR模式感知心房活动,然后试图保持1:1的房室同步而起搏心室,最大跟踪频率对其是一个有益的频率限制,但是当心房率超过最大跟踪频率时,装置开始以"上限频率方式"工作,包括一种起搏器介导的文氏现象和心脏阻滞。

自动模式转换对部分患者是一种很好的替代方法。为此,医生需要程控一个心房频率的设定值(即模式转换频率,也可称房速的检测频率),也就是说,装置能够感知并跟踪的最高心房频率。例如,当模式转换频率值设置为120次/分时,如果患者的自主心房率超过了120次/分,装置将发生转换模式,或调整为不跟踪模式(DDD到DDI),或关闭心房通道(DDD到VVI)。当然,此时患者也将失去1:1的房室

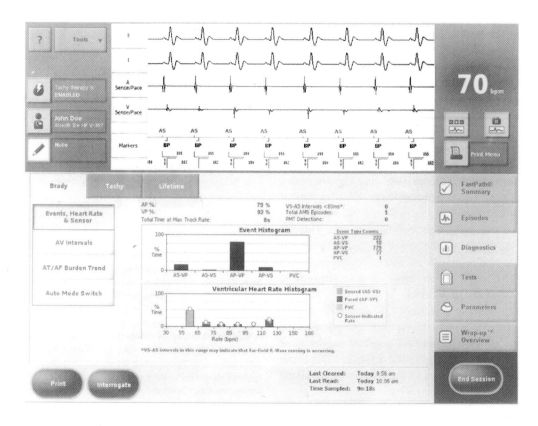

图12.5　事件直方图　事件和心率直方图提供了详尽而易读的心脏活动报告。事件发生频率根据起搏状态分组。在本例中,患者心室起搏事件约92%,且大部分事件为心房心室顺序起搏。事件直方图能够帮助临床医生判断该患者是否达到CRT的目标即100%心室起搏。心率直方图根据心室频率范围进行分类,用颜色编码的条形图来表示起搏和感知事件

同步起搏的益处,但是在房速发作时这些益处也都无法维持。在AMS过程中,装置将继续感知心房(但不对心房信号做出反应)。当其感知到心房频率已恢复到正常范围时,则马上恢复原先程控的跟踪模式。

AMS对那些有间歇性但严重的快速房性心律失常的患者十分有用。AMS数据储存于装置的诊断数据中,随访时,临床医生可以确定AMS发生的次数,包括频率和持续的时间。发生AMS时的心内电图也能被记录。

慢性房颤患者不应当使用AMS,因为面对永久性房颤,AMS功能将会始终开启,

这类患者不应程控为心房跟踪模式。

程控的一些注意事项

如果患者有正常的心房功能,应尽可能允许自身的心房活动(CRT系统的目标是在全部时间内均起搏心室,心房功能正常的患者应在100%心室起搏的同时鼓励自身的心房激动)。鼓励心房自身电活动的方法之一是将基本起搏频率程控得尽可能低。例如,CRT系统程控的基本频率为40次/分时,那么超过40次/分的心房自身

电活动就将抑制心房起搏脉冲的发放。如果患者的心房自身电活动频率为60次/分而CRT以跟踪模式（DDD）工作时，则心室将按自身的心房频率起搏。如果心房不能依靠自身搏动，心室将依然以40次/分进行起搏。

间歇性快速房性心律失常的患者应使用模式转换功能防止快速的心房率引起的快速心室起搏。快速心室率即使短程发生

也能引起患者不适。应当注意，通常引起这些患者症状的是快速的心室起搏，而不是快速性房性心律失常。

长期快速性房性心律失常或永久性房颤的患者不宜启用双腔跟踪模式。慢性房颤患者可将工作模式程控为VVI模式，而有较多的间歇性快速房性心律失常的患者却可能受益于DDI模式（无心房跟踪的双腔起搏模式）。

本章要点

- 很多CRT系统的程控依据的术语和计时间期与普通起搏器相同，但有一个重要的不同点。普通起搏器总是试图鼓励心室自身激动，而CRT的目标是尽可能实现100%的心室起搏。
- CRT系统使用的基本参数的设置与普通起搏器相同，包括基本频率、模式、房室延迟、频率适应性房室延迟以及心室后心房不应期等。特殊功能可能包括频率应答和模式转换。
- CRT系统的基础功能与普通起搏器相同：感知（检测自身心脏信号）和起搏（发放起搏脉冲引起心脏除极和收缩）。
- 起搏脉冲能引起心脏除极和收缩时称为夺获。能够持续夺获心脏所需的最小能量值为夺获阈值。
- 输出脉冲的能量由两个参数表达：脉冲振幅（电压）和脉宽（毫秒）。
- 起搏阈值应在植入术中和每次随访时都进行测定。起搏阈值在一天中的变动以及随时间的变化很大，特别是在疾病过程和药物相互作用时。
- 永久起搏脉冲参数的设定应在起搏阈值的基础上加上一个安全范围。经典的起搏安全范围是2:1或者3:1。
- CRT系统中的三根电极导线都有起搏阈值，都需要起搏脉冲参数的设置。如果起搏阈值是1V/0.4ms，永久值应该程控为2V/0.4ms，甚至3V/0.4ms。注意在经典情况下，右房输出的设置

应低于右室的输出设置，两者都低于左室设置。
- 感知用灵敏度值（mV）表示，如果自身心室的信号是2mV，那么感知灵敏度必须小于2mV以使CRT系统能够"看见"自身信号。较低的mV设置时，代表灵敏度反而较高。
- 左室电极导线不需感知。右室电极导线只能感知心室信号。注意并非完全如此，某些CRT系统左、右室均有感知功能。
- 很多CRT患者有快速性房性心律失常。为防止跟踪快速的心房活动，用最大跟踪频率设置了一个制动闸，限制了心房引起较快的心室起搏（也就是说，为了防止心室起搏过快而可能丧失1:1的房室同步）。另一个方法是模式转换，要么关闭心房跟踪功能（由DDD模式暂时转换为DDI模式），要么关闭心房通道（DDD模式暂时转换为VVI模式）。
- CRT系统的诊断数据包括存储的心内电图、事件直方图和其他计数结果。这些数据为达到CRT起搏的关键目标提供了重要信息：装置达到100%起搏心室了吗？
- 心房起搏不是CRT系统的关键目标。事实上，患者如果有相对完整的心房功能，就应鼓励自身心房活动。
- 虽然有频率应答功能的CRT系统可供使用，但频率应答在晚期心衰患者中的作用尚不清楚。很多有症状的心衰患者的心率变时性受限，并可能在体力活动方面严重受限。

（夏益 译）

高级程控

临床医生中能够程控普通起搏器及ICD(植入型心脏复律除颤器)者比初学者具有的优势是,CRT许多程序使用相同的术语与设备。然而与普通起搏器相比,CRT的理念发生了根本的改变,这对具有丰富经验的临床医生也提出了挑战。普通起搏器应用的参数设置旨在使心室起搏最小化,使起搏器尽可能处于旁观者状态。CRT却与此恰恰相反,CRT的治疗益处来源于尽可能多的心室起搏。因此,CRT程控的目标是获得100%的心室起搏。

为获得最大比例的心室起搏,减少自主或起搏的心房激动(感知或起搏)经房室结下传激动心室的心室感知事件的数量极其重要。提到起搏状态,可能是AP-VP或AS-VS事件。双腔起搏器的四种工作状态分别是AP-VP(心室起搏跟随心房起搏事件)、AP-VS (心室感知跟随心房起搏事件)、AS-VP (心室起搏跟随心房感知事件) 或AS-VS (心室感知跟随心房感知事件)。对于普通起搏器,心房事件经自身房室结下传激动心室并不需要避免。但在CRT系统中,我们要程控起搏装置以减少心房事件经房室结下传的机会。

一种能够解决这个问题的办法是程控AV间期。频率适应性AV间期功能也应该开启,当患者的自主心房率增加时,能自动缩短起搏的AV间期或感知的AV间期。这些是基本的程控步骤,但仍然可能达不到100%心室起搏的目标。

负向AV滞后

对于CRT患者,AV间期的负向滞后是很重要的功能,然而在普通的心动过缓起搏器适应证患者中几乎从来不用。在普通起搏器中,开启AV间期的滞后功能是为鼓励自身心律的出现。负向滞后的设置与此相反,该功能开启后,CRT系统将会寻找发生在AV间期内的自身心室活动。当起搏器检测到AV间期内的心室事件(自身心室事件)时,它将从实际的AP-VS间期或AS-VS间期值中减去一个程控的负滞后数值。在随后的32个心动周期中保持缩短后的AV间期。如果没有其他的心室感知事件被检测到时,起搏器将恢复初始的AV间期(图13.1)。负向AV滞后使临床医生不再需要给患者设置一个极短的AV间期。因此,可以程控一个血流动力学适合的AV间期,激活频率适应性AV间期(帮助处理自身心房率较快的情况)。总之,负向AV滞后的功能开启后可以明显减少激动过快经自身房室结下传心室的情况。

不应期:PVAB和PVARP

CRT系统电极导线的放置部位具有挑战性,有时,植入医生需要被迫接受不是

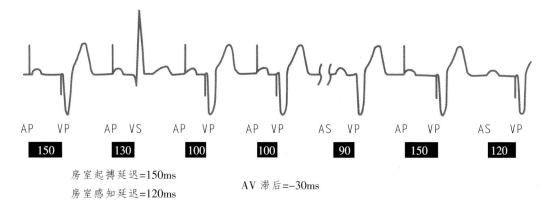

房室起搏延迟=150ms

房室感知延迟=120ms

AV 滞后 =−30ms

图13.1　负向AV间期滞后　当起搏器感知到自主R波时，通过程控的数值自动缩短AV间期（本例为30ms）。如果随后没有心室感知事件出现,起搏器将在32个周期后恢复为初始值

最佳的电极导线位置。电极导线位置不佳时可能导致心房电极导线感知到心室的输出信号，并且不恰当地认为是心房事件并将其计数为心房事件,CRT系统试图使心室与之同步起搏。有两方面的原因导致CRT患者更容易出现这个现象（有时称为远场R波感知或交叉感知）:首先,CRT患者可能十分频繁地起搏心室(更多的心室起搏脉冲出现)；第二,电极位置容易于引起远场的R波感知。幸运的是,应用特殊的程控技术能很好地解决这一问题。

心室后心房空白期(PVAB)和心室后心房不应期(PVARP)可使远场R波感知减少到最低。PVAB这一参数是指心室起搏脉冲发放后心房感知通道关闭的一段时间。通过关闭心房通道CRT装置将对任何信号均不做反应，即使是幅度足够高的心电信号。经典的PVAB只能设为16ms,但PVAB联合PVARP则有了足够长的心房"空白期"，进而对心室起搏脉冲无反应（图13.2）。

PVARP是多数起搏器医生熟悉的一个起搏器基本参数，它是指心房通道在心室起搏脉冲后的一段感知"空白期"。理论上讲,程控PVARP很简单。但对于一个自身心房率较快的患者应如何程控呢？自身心房率较快而PVARP设置较长时则将引起一些心房感知事件落入PVARP内，这意味着它们将不被感知。对CRT患者而言,这意味着自身的心房率并未跟随着心室起搏事件。而在心室起搏脉冲发放之前，可能发生自身的心室跟随事件。因此，需要特别考虑如何程控一个适当的PVARP值。PVARP足够长时可以预防可能的远场R波感知,但又必须恰如其分，以便适时的自身心房事件仍可被感知(并跟随心室起搏脉冲)。

当CRT患者的自身心房率恒定，在临床实践中就不会成为一个挑战。CRT患者（与其他患者类似）的自身心房率经常变化时，对CRT患者可能更加严重,因为许多心衰患者已经发生或逐渐发生房颤。基于这一原因，动态不应期的概念出现了。为了产生一个可以随患者自身心房率变化的心房通道的不应期,可以程控开启频率适应性PVARP（不要被频率适应性迷惑，它与体动传感器无关）。当患者自身的心房率超过90次/分时，频率适应性PVARP功能将自动缩短PVARP(缩短心房通道的感

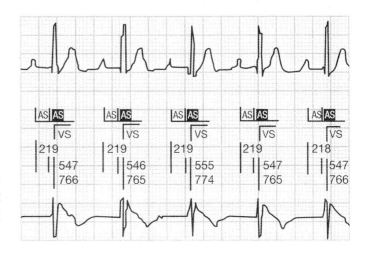

图13.2　心室后心房空白期(PVAB) 在PVAB内,R波（被感知的心室事件）不被心房通道感知,因而不影响心律

知不应期)。一个好的程控策略是将频率适应性PVARP设置为"low"(低档)。在低档设置下,当心率>90次/分时,心率每增加1次/分,PVARP将缩短1ms。因此,当患者自身的心房率突然增加到120次/分,低档设置的频率适应性PVARP将使PVARP自动缩短30ms(120-90=30)。如果这种缩短程度还不够,也可采用更加激进的设置。

在参数设置上,平衡原则是必要的。非常短的PVARP的风险是可能导致起搏器介导性心动过速(PMT),PMT的本质是由起搏器引起的一种心动过速。

发生PMT的患者一定具有完整的室房逆向传导功能以及折返发生的触发事件,最常见的是室早、心房感知功能低下或心房失夺获。发生时,心房的感知事件与相关的心室事件会脱节。这种脱节的心房感知事件是经房室传导系统逆向传导形成的,而且未能跟随自身房室结的前向传导。逆传的P波被心房感知器感知后,触发一次心室事件。结果启动了一个恶性循环:心脏的活动从心房经起搏器传到心室,然后又从心室逆传回心房。如果患者自身也有一些传导时,能导致无休止性的环形心动过速。

并非所有的患者都有维持PMT的电生理条件,但许多人确实可以。PMT的发生需要患者有室房逆向传导功能,这意味着激动可从心室逆传回心房。然而,在具有完整房室传导功能的患者中,逆向传导常见,但没有理由认为激动不能前向传导就不能逆向传导。甚至完全性房室阻滞的患者仍有逆向传导功能。

PMT涉及不适当的心房感知（心房通道感知到真实的信号,但不是前向传导的心房事件)。对普通起搏器而言,程控一个足够长的PVARP可能是减少或预防PMT的好方法。不幸的是,对于CRT患者,短的PVARP可能更加适合处理较快的心房率。因此,频率适应性PVARP功能可更好地平衡这方面的情况:当心房率过快时,其缩短PVARP,但并不是永远保持如此短的PVARP间期。

普通起搏器的一些高级功能可能在CRT患者中具有同样价值,这包括频率应答、静息心率及自动模式转换后基本频率（自动模式转换算法中的一项可以程控的特殊参数)。

频率应答

在一个心脏节律处理系统中，频率应答涉及某些可以帮助评估患者代谢需要的传感器。起搏器控制中心利用其输入的信号进行计算，然后自动调整起搏的频率。例如，当传感器感知到患者在活动时，则将自动增加基础的起搏频率；当患者活动量下降时，起搏频率也相应降低。

迄今为止，最常见的频率应答传感器是体动传感器，其可以是一个加速度计或压电晶体。加速度计可以测量前向运动（加速度），压电晶体测量震动。两者均依赖于患者的体动水平。传感器被放置在脉冲发生器中，不需要特殊的导线。然而，没有完美的传感器，这些传感器在多数患者中工作良好。频率应答参数常需要程控到与患者的体动水平相匹配。活跃的患者需要比卧床的患者程控得更积极。

一些起搏器(St Jude医疗公司)提供了一项称为"PASSIVE"的频率应答参数选项，该功能启动后，在传感器并不驱动起搏心率时，只是让医生了解一旦传感器开始工作，如何控制起搏心率。在医生不清楚频率应答起搏是否对患者有益或者对于特定患者设置何种参数更适合的情况下，PASSIVE功能十分有用。当频率应答功能开启为"ON"时，程控设置一个最大的传感器频率(MSR)很重要。MSR是指起搏器对传感器的输入信号进行反应后发放起搏脉冲的最高频率。例如，有的患者只是偶有活动，可能无法耐受>120次/分的起搏心率，此时MSR应当设置为110次/分。

注意最大跟踪频率(MTR)和MSR是两个不同的参数，各自在不同情况下发挥不同作用。例如，当MTR程控为130次/分时，心室对自

身心房率的跟随反应将不会超过130次/分。此外，当自身心房率超过130次/分，如果MSR程控为110次/分，则由传感器驱动的起搏频率不会超过110次/分。这意味着临床医生可能见到患者以125次/分进行心室起搏，但仅见于对自身心房活动的跟随反应中(换句话说，MSR设置为110次/分的"起搏率限制"不会影响心房跟踪时的心室起搏率)。

静息频率

静息频率对提高患者的舒适程度十分重要。这个理论来源于模拟心脏在睡眠或完全停止活动时窦性心率自然下降的特点。由于CRT患者被频繁的心室起搏，甚至可能在睡眠时也处于"白天"或活动时的起搏频率，使患者可能感觉不适或者不舒服。因此，CRT系统允许在患者进入睡眠后适当减慢起搏频率。

在一些CRT系统中，静息频率与时钟时间捆绑在一起，被内置在脉冲发生器中。这个方法定时相当精确，可惜大多数患者并不是如此精确地按照固定的时间上床睡觉和起床。对没有固定时间表的患者和旅行中的(时区是个问题)患者，这种静息频率需要频繁调整。

一些CRT装置把静息频率功能与体动传感器相联系。当传感器判断患者处于非活动状态时（即没有传感器信号输入），装置将强制执行已经程控好的静息频率，这个频率足够低，能使患者感觉舒服，但同时又不能过低而使自身心室激动出现。

自动模式转换时的基本频率

另一个高级的新功能是自动模式转换(AMS)时的基本心率。AMS功能(参见第

12章)主要是在出现快速心房率时关闭心房跟踪功能。临床医生为患者设定一个快速自身心房率的上限值，超过此值则发生AMS。应用AMS功能时存在一个问题，当系统发生模式转换后，它需要恢复程控的基础频率，因为较高的心房率能增加心室起搏频率(心房跟踪)。结果造成的心率突然下降可能使患者出现心悸或不适的感觉。鉴于这个原因，在AMS时程控一个不同的基本频率十分重要。这个频率应稍高于正常的基础频率，但又不能很高使患者不舒服。

例如，CRT装置的模式转换频率程控为180次/分(心房率)，心室率在发生模式转换前非常接近180次/分。如果正常基础起搏频率为70次/分，患者将从接近180次/分的心室起搏频率突然转换为70次/分的心室起搏频率。该功能允许将AMS后的基本起搏频率程控为100次/分，这样在发生AMS

后，患者的心室率从接近180次/分转换为100次/分。当心房率恢复正常后，基础起搏频率将恢复到最初的70次/分(图13.3)。

诊断资料

CRT患者随访时需要了解患者CRT起搏的百分比，有多种诊断功能可使CRT患者随访变得更加有效。以前章节中，我们讨论了事件直方图。另一个有用而更高级的诊断功能是AV间期的直方图。这个计数器以毫秒为单位列表描述起搏的AV间期和感知的AV间期的长度，并划分为几个不同的范围。当频率适应性AV间期被程控为"ON"时，将能看到一些AV间期值的变化。直方图可显示哪个值比例最高，这一信息可以帮助下一步的程控决策。临床医生还应该注意随时间而改变的AV延迟，因为这

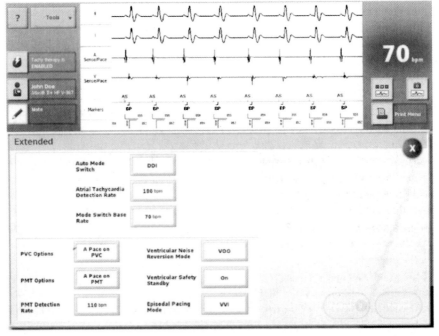

图13.3 自动模式转换功能 出现快速性自身心房率时，临床医生可打开自动模式转换功能、当房性心动过速的检测频率高于模式转换的频率时，起搏器将自动发生工作模式的转换。例如，本例患者的心房率超过180次/分时，起搏器将工作模式转换为DDI模式，转换后心室起搏频率为70次/分

也能提示一些程控值需要调整。

如果频率应答的功能被打开,并且体动传感器被程控为"ON"或"PASSIVE"时,诊断资料将以传感器频率的直方图形式表现出来。该图和计数直方图能显示出传感器如何控制起搏频率(如果传感器被程控为"ON")或应该调控的心率(如果传感器被程控为"PASSIVE")。该直方图按传感器驱动的频率范围保存了起搏的工作情况。指示传感器频率的直方图为临床医生提供了如何更好地设置传感器相关参数的信息。

本章要点

92

- CRT系统的程控目的是达到100%的心室起搏,从这方面讲其不同于常规起搏器的程控理念。
- 负向AV滞后是出现心室感知事件后自动缩短AV间期而鼓励最大比例的心室起搏。
- 频率适应性AV延迟是一项模拟健康心脏的功能,在患者自身心率增加时能自动缩短AV间期。注意这层意义上的频率适应性并不涉及体动传感器。
- 心室后心房空白期(PVAB)允许在心室脉冲发放后心房通道被设置为一个极短的空白期,它同心室后心房不应期(PVARP)一起工作,有助于防止远场R波感知。当心房感知放大器采集到心室输出脉冲并不恰当地将其识别为一次心房事件时,即发生了远场R波感知。
- CRT患者可能比普通起搏器患者更容易发生远场R波感知,因为其起搏电极导线经常放置在解剖学最适合、最有益于CRT治疗的起搏位点,而不一定放置于使远场R波感知最小的位置。
- 一个短的PVARP设置将有益于使跟踪的心室起搏最大化,但PVARP设置过短时容易发生起搏器介导性心动过速(PMT)。频率适应性PVARP允许PVARP自动缩短(当患者的自身心房率>90次/分时)。
- PMT只能在具有完整逆向传导的患者中发生,而并非所有患者都会发生。虽然PMT不常见,但一些患者尽管前向传导差,甚至没有房室前向传导,但仍可能有室房逆向传导功能。

- 一些CRT患者将受益于传感器驱动的频率应答功能,这依赖于体动传感器来辅助驱动起搏心率。如果传感器检测到患者在活动,起搏频率将自动增加。
- 最大传感器频率(MSR)是起搏器对体动传感器传入信号进行反应而驱动的最大起搏频率。其程控和功能独立于最大跟踪频率(MTR)。换句话说,CRT可以具有不同的MTR和MSR。
- 一个称为静息频率的功能可以在休息或睡眠时自动降低起搏率。静息频率可以由脉冲发生器的内置时钟(它设置了以时钟为基础的精确睡眠及清醒时间)控制或被体动传感器控制。当体动传感器告知患者处于不活动状态时,脉冲发生器将以静息频率进行工作。
- 自动模式转换功能(AMS)有一个可程控的AMS基本频率,即在自动模式转换过程中可用一个过渡性的基本起搏频率进行工作。AMS基本频率可以防止起搏器从跟踪的快速心室率突然降到平时的基础频率(例如,其可以从跟踪的120次/分的心室起搏频率降到60次/分的基础起搏频率)。
- 诊断资料有助于评价CRT功能,帮助临床医生对如何程控进行决策。事件直方图可显示心脏事件和起搏事件的百分比(100%的心室起搏是目标)。AV间期直方图显示AV延迟的数值,也十分有用。传感器心率直方图显示传感器如何调控心率(当传感器被程控为"ON")或应该程控的心率(当传感器被程控为"PASSIVE")。

(赵运涛 译)

第十四章

CRT 起搏心电图解读

93 整个CRT系统的治疗有赖于体表心电图的快速可靠的评估。对任何一个CRT系统,无论是急性期为证实起搏夺获和感知是否正常,还是定期随访时都应当进行心电图检查。但CRT的心电图解读出现了一些挑战,甚至对那些分析普通起搏器和ICD心电图十分有经验的医师也是同样。

体表心电图测量的是身体表面两极(两点)之间的电活动。标准肢体导联(适用于大多数CRT系统)电极安放位置如表14.1所示。这可以用Einthoven三角表示(图14.1)。

表14.1　标准双极肢体导联电极位置

导联	阳极	阴极
Ⅰ	左上肢(黄)	右上肢(红)
Ⅱ	右下肢(黑)	右上肢(红)
Ⅲ	左下肢(绿)	左上肢(黄)

任何一种心脏节律治疗装置提供的心脏电起搏都是沿一定方向或一个向量传导的。其体现在心电图上除极波的波峰(波形能量)如何到达心电图阳极导联(图14.2)。当除极波的波峰朝向阳极时,心电图出现向上的波形。当除极波的波峰背离阳极时,心电图会出现向下的波形(图14.3)。

识别CRT心电图的基础包括对这些向量及其电极位置的理解。正常人无心脏起搏时,除极波的波峰主向量方向是从心房指向心室。这在Ⅰ导联心电图中表现为向上的R波,而在Ⅲ导联心电图中表现为轻微的负向R波。这是因为除极波波峰的向量更朝向Ⅰ导联(图14.4)。

常规右室起搏时,心室除极向量从心室指向上方。依照右室起搏电极位置的不同,投影到Ⅰ导联的向量可能是正负双向

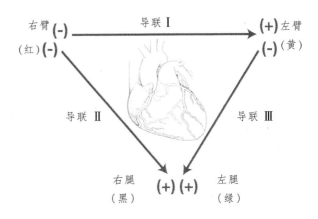

图14.1　Einthoven三角　其清晰地描述了标准双极肢体导联心电图的电极放置的位置和电流方向

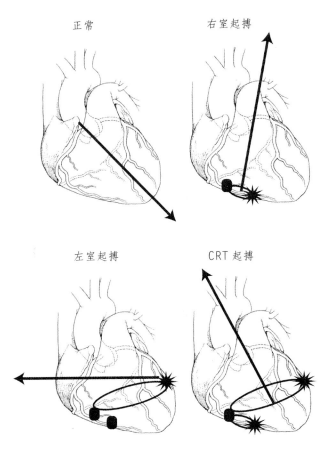

正常　　　　　右室起搏

左室起搏　　　　CRT 起搏

图14.2　心电向量　心脏的除极向量或能量传播的方向取决于心脏处于无起搏（正常，朝向心尖部，朝左）、右室起搏（右室，朝上，朝左）、左室起搏（左室，由心底部朝右）还是双室起搏模式（CRT，由心底部朝右）

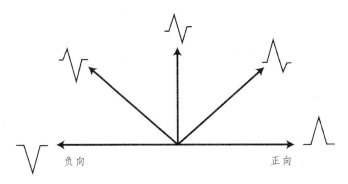

负向　　　　　　　　正向

图14.3　QRS波　QRS波逐渐由负向变为正向，除极波向心电图导联的正极移动越多，体表心电图QRS波向上的成分也越多。相反除极波离开正极越多，体表心电图QRS波的负向成分就越多

或等电位线，也可以略微朝上或朝下（等电位线或正负双向的心电图提示起搏向量与Ⅰ导联的正负极连线垂直）（图14.5）。

　　单纯左室起搏时（没有右室起搏），除极向量从左指向右。该除极向量在Ⅰ导联为明显的负向波，此时向量直接指向Ⅰ导联的负极（图14.6）。双室起搏或CRT产生的来自左右室的除极电流的总方向是朝

95

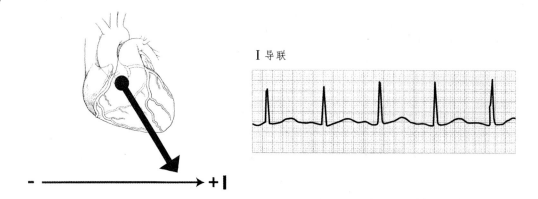

图14.4 无起搏时I导联的主向量 除极主向量的方向指向I导联的阳极,心电图在I导联表现为正向R波,心脏的节律正常而没有起搏

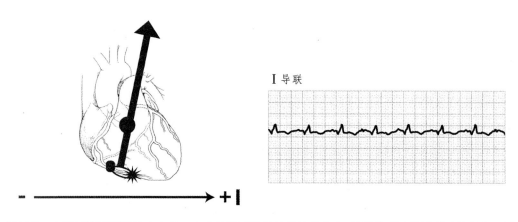

图14.5 右室起搏时I导联的主向量 右室起搏时除极波的波峰向上,根据其到达I导联时情况的不同,R波在I导联的方向可以略朝上、略朝下,如果除极向量与I导联垂直,R波甚至可以呈等电位线。注意:起搏电极导线的精确位置能对体表心电图产生很大影响

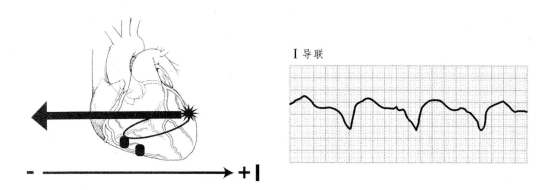

图14.6 左室起搏时I导联的主向量 左室起搏时除极波的波峰由左指向右,在I导联表现为负向R波

96　上。这个能量流影响I导联的图形,使QRS波表现为等电位线或负向波。

这些除极向量的变化是心电图教科书很好的实例,这种情况在实际临床实践中不可能遇到。一个CRT系统同时进行左右心室起搏,其主导向量起自两个心室之间并且指向上方。

夺获的检测

目前临床使用的多数CRT装置能各自独立输出左右心室的起搏脉冲,即左室(LV)和右室(RV)起搏脉冲的宽度和幅度可以分别程控和调整。急性期或随访进行夺获检测时,可以分别检测各心室的夺获与失夺获值。

对于现代的独立输出装置来说,可以在每个心腔分别进行夺获的检测,即心房起搏阈值的检测、右室起搏阈值的检测及左室起搏阈值的检测。心室起搏阈值的检测在DDD模式下进行,检测过程可以保持房室同步。在DDD模式下测试阈值的缺点是仅仅降低起搏频率时不能总保证失夺获。

可通过程控仪半自动化逐级递减起搏脉冲的电压进行起搏阈值的检测。临床医生在程控仪上选择测试的心腔、模式及其他信息(图14.7)。程控仪可自动进行这项检测并提供起搏阈值的信息。该检测可通过I、Ⅱ导联体表心电图或心腔内电图观察。在描记图的下方,程控仪还能标出事件的注释。这些注释提示装置"看见"的事件,但不一定是真实事件。因此,临床医生可以对比描记的心电图形(心脏实际表现)与注释(装置"判定"的心脏表现)是否匹配。

夺获的检测结果打印输出包括四行

描记图形和注释(图14.8)。打印报告对患者很有用。程控仪还可采用趋势图的格式打印出夺获数据(图14.9)。

单极左室电极导线

单极左室电极导线只有一个远端电极(即端电极)。在CRT-D系统中,这意味着该起搏是通过左室端电极与右室电极导线的环极或者左室端电极与右室导线的线圈构成环路,并依赖于装置和适当位置的电极导线类型。配有单极左室电极导线的CRT-D系统不可能由左室端电极与机壳构成环路,因为该装置的机壳是ICD电除颤时的一极。

尽管在一个CRT系统中利用单极左室起搏电极导线起搏通常不会有问题,但有时可能出现阳极夺获。从左室端电极(负极或称阴极)到右室环极(正极或称阳极)进行起搏时,实际上引起阳极(右室环极)夺获其周围心肌组织时即发生了阳极夺获。这使左室夺获的检测变得困难,因为尽管仅启动了左室起搏,但伴有右室阳极夺获的左室起搏使两个心室都收缩了。阳极夺获通常见于输出电压设置较高时,对患者没有危害。然而应当注意阳极夺获,尤其是将装置程控为左室起搏领先右室时(图14.10)。

捆绑的输出装置

目前厂家提供的CRT系统的左右心室输出的脉冲均为独立发放,但在临床能遇到旧的"捆绑式输出"装置。捆绑输出时,左右室共用同一个起搏脉冲和感知环路。捆绑输出可以是装置本身的线路固定化的结果,也可以是左右室电极导线通过一

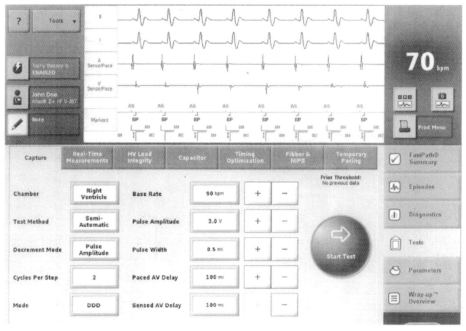

图14.7　CRT系统的右室阈值测试　医生从程控仪选定夺获的测试信息,测试通过半自动化完成。程控仪提供Ⅰ导联和Ⅱ导联的体表心电图,以及心房和心室的心内电图

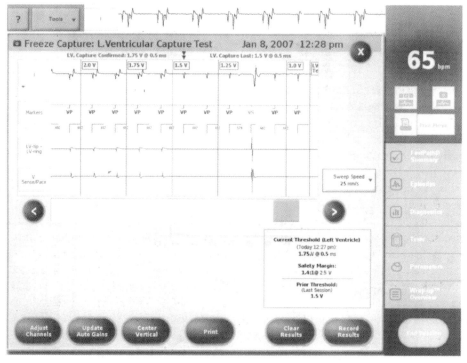

图14.8　夺获结果的冻结　程控仪能打印出夺获的测试数据作为最终的记录,打印报告包括四行记录的心电图形(Ⅰ导联和Ⅱ导联体表心电图以及心房和心室的心内电图)及详细标注

98

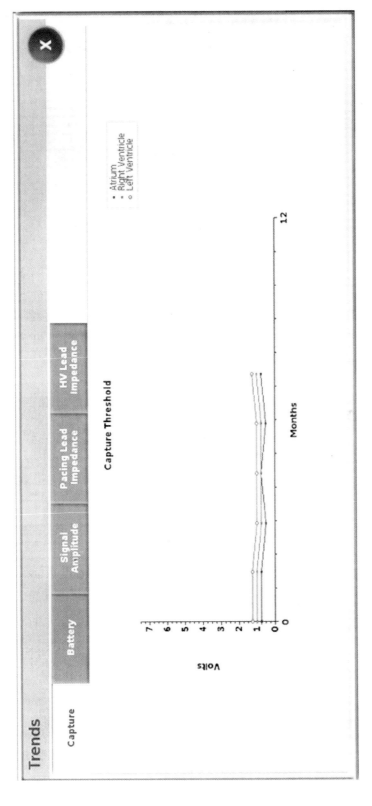

图14.9　夺获的趋势　可用随时间变化的趋势图表示夺获的数据，注意该例患者的左室起搏阈值始终高于右室或心房起搏阈值

99

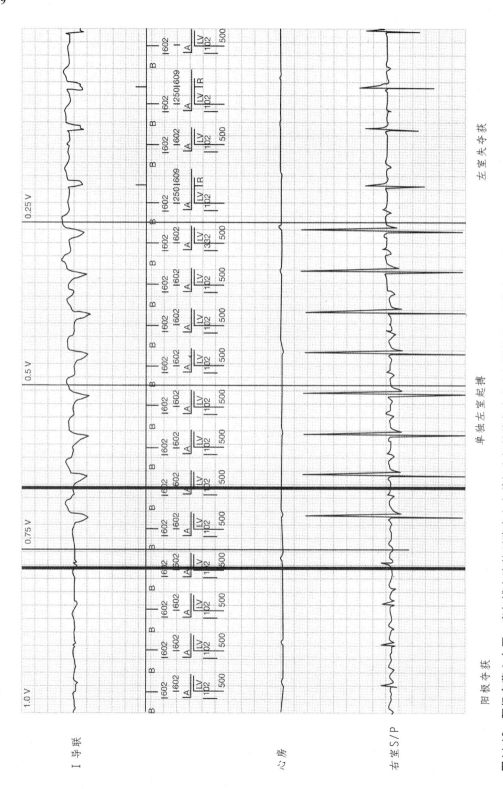

阳极夺获

单独左室起搏

左室失夺获

图14.10 阳极夺获心电图 当起搏电流的环路由左室单极电极导线与右室电极导线的环极构成时可产生阳极夺获，引起右室环极（阳极）周围心肌组织的除极，导致右室收缩。本例患者阳极夺获后出现左室起搏，然后左室失夺获

个特殊的适配器连接在一起的结果。

在捆绑输出的装置中,起搏脉冲由装置同时发放到左右心室的电极导线。两个电极导线的输出相同(意味着如果将输出设定为5V,则左右心室电极导线的输出脉冲的电压均为5V)。其还意味着测量的R波振幅是左右心室的综合结果。为确定每个心室的夺获,可逐渐降低电压直到在体表心电图上看到其中一个心腔失夺获为止。

例如,CRT双室起搏时,逐渐降低输出电压直到心电图显示由双腔起搏变为单腔起搏,例如由双室起搏变为单独右室起

100

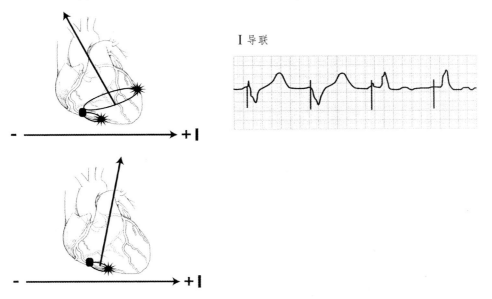

I 导联

图14.11　从双室起搏到右室起搏　本例患者植入的是捆绑式CRT装置,最初为双室起搏,但随着起搏输出电压值的逐步降低,左室先发生失夺获,这时仅有右室起搏

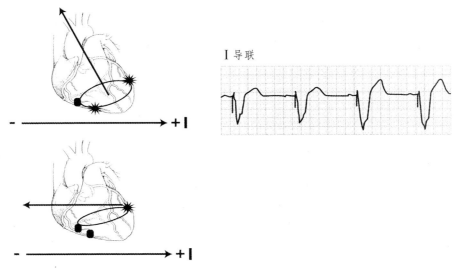

I 导联

图14.12　从双室起搏到左室起搏　捆绑式输出的CRT装置在递减起搏电压进行阈值检测中,也可以是右室先发生失夺获,使该例患者从双室起搏转换到单独左室起搏

101

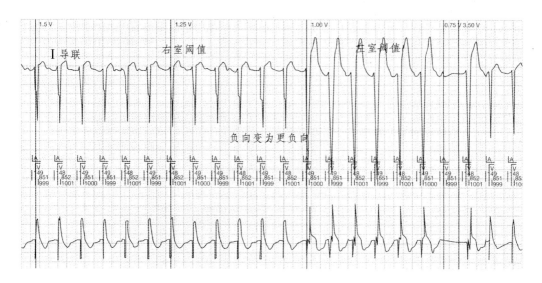

图14.13　夺获检测时的心电图形态变化　捆绑式输出的CRT系统的I导联心电图由负向变为更加负向时,提示双室起搏中的右室失夺获。在0.75V时完全失夺获,意味着左室起搏阈值为1.0V。一般来说,右室阈值比左室低,但也有例外

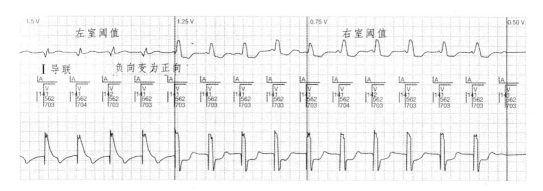

图14.14　夺获的检测　此例夺获的检测中,体表心电图监测设在I导联,最下面一行的描记为腔内电图(IEGM)。由于这是捆绑式输出的CRT系统,双室作为一个单元。因此注释仅标记A和V。I导联心电图形态在1.25V时出现显著变化,QRS波从负向变为正向,双室起搏变为单纯右室起搏。这表明左室在1.25V时失夺获。继续起搏说明在1.25V时右室仍可起搏。实际上,右室起搏直到0.5V才失夺获,提示右室起搏阈值为0.75V

搏(图14.11)。由于各个心腔的起搏阈值不同,因此也可能是右室首先失夺获。在这种情况下,临床医生可以看到双室起搏变为单独左室起搏(图14.12)。

捆绑输出系统的起搏阈值检测描记如图14.13和图14.14。

尽管CRT与普通起搏器和ICD的心电图分析明显不同,但两者机理相同:良好的心电图基础知识,鉴别心电图形态及对除极向量的认识。捆绑式输出的CRT装置工作时心电图可表现为一个心腔领先于另一个心腔发生失夺获。目前厂家提供的

CRT装置可独立程控左室和右室的输出，使医生能分别测试起搏阈值。当分析CRT心电图时应当记住，CRT装置的实际工作只有两项基本功能：起搏和感知。

本章要点

- 体表心电图测试从阳极到阴极的电传导。心电图或心内电图向量的方向决定于除极波的波峰（向量）朝向或离开阳极。向量向阳极移动的越多，图形向上的偏折越大。相反，向量向阴极移动的越多，图形向下的偏折越大。

- 多数情况下，Ⅰ导联和Ⅲ导联心电图或Ⅰ导联体表心电图和心内电图对于评价CRT心电图来说足够了。有时需要其他导联，对于更精细的评价甚至需要12导联心电图。

- 分析CRT系统的心电图时，其图形的某些变化（由正向到负向；正向到更加正向；负向到更加负向）都提示装置的工作状况已发生显著变化，如失夺获。

- 临床工作中，由于放置在心脏中的起搏电极导线的位置略有不同而实际的心电向量也有相应变化。因此每位CRT患者心电图的极性可稍有不同。

- 真正意义的CRT起搏时，综合除极向量指向上方，在Ⅰ导联和Ⅲ导联心电图中表现为QRS波的负向偏折。这些偏折波的负向程度取决于电极导线在心脏中的位置。

- CRT装置可能提供独立可程控的左室和右室输出脉冲，而能够分别测试左室和右室的起搏阈值。也可能心室起搏脉冲的输出为"捆绑"式，临床医生只能将左室和右室作为一个单元进行程控或测试。一般来说，旧式装置提供捆绑式心室输出，而新式系统提供左室和右室的独立输出。

- 左室和右室的起搏阈值可以相同，但两者常常不同。一般左室起搏阈值高于右室。

- 当电流环路从左室端电极到右室环状电极时，单极左室电极导线可能产生阳极夺获。阳极夺获有时可能出现在CRT系统失夺获之前，但不应当与真正的CRT起搏相混淆。一般来说，递减式测试起搏阈值时，从真正的CRT起搏转变为阳极起搏进而表现为完全失夺获之前就已有QRS波形态的变化。

（王龙 译）

CRT 起搏工作参数的优化

心脏同步化起搏治疗(CRT)主要通过调整电活动的同步性而试图使心脏机械收缩达到同步化。通过调整电学的计时间期进而改善心脏的机械运动的过程,称为计时间期的优化。对CRT无反应或作用不明显的患者,计时间期的优化是最好的解决方法。

CRT影响到心房和心室收缩及舒张瞬间复杂的计时。健康心脏有较长的心室舒张期使心房能够协助心室充盈。心室收缩应当迅速发生,但不应缩短舒张期。事实上,一些专家发现,某些患者从CRT治疗获得的基本益处在于改善了舒张功能[1]!

此外,左右心室应当同步收缩,而左室本身也需要作为统一的整体进行收缩,而不是节段式或波浪式收缩。在CRT患者中,这些机械活动的同步性可通过一些看似简单的参数进行控制:房室间期(AV间期)和心室与心室间期(VV间期)。

超声心动图常用来帮助临床医生更好地观察CRT的计时间期对心脏机械活动的影响。超声心动图依靠探头发出的超声波穿透软组织然后再以不同的速度反射回(回波)成像的平面。回波图像是一种对这些声波如何反射回来的视觉描绘,它可以帮助临床医生观察这些组织发生了哪些情况。

检查CRT患者时经常应用一种常见的超声即二维(2-D)或"实时"超声。尽管二维超声产生的图像是单个的,但它成像很快,医生能实时看到心脏如何运动。既然二维超声被广泛应用,就需要对其图像进行解读。二维图像能显示心脏的主要解剖结构(如心腔、间隔及瓣膜)。图像的实时更新能显示瓣膜开放和关闭时心室如何收缩(同时或分别)。

理想的机械收缩顺序是左室收缩的起始刚好在心房收缩的峰值。心室收缩期,二尖瓣应当关闭;舒张期,二尖瓣应当开放。相反,主动脉瓣应当在舒张期关闭而在收缩期开放。

另一种观察心脏运动的超声模式为M型。M型超声使用了二维超声可以更快地显示心脏运动的一个功能。M型超声来源于一个"采样线"(在超声中表现为点状白线),沿采样线的所有心脏结构的运动都能被显示。M型超声在反映运动的同时可给出一种深度的感觉。

彩色血流多普勒能依据血流的方向和速度不同,应用颜色编码来显示在采样区的血流。标准的颜色编码是朝向探头为红色,离开探头为蓝色。血流速度越快颜色越深。彩色血流多普勒对于确定二尖瓣反流极为有用。

频谱多普勒也称脉冲多普勒,也可测量心脏中特定采样点的血流速度。例如医生可以应用脉冲多普勒测量跨二尖瓣血流的流速。

超声心动图对评价心脏的收缩功能非

104 常有用,包括测量射血分数及心搏量。超声是应用迭代算法优化CRT系统房室间期的有用工具。

　　CRT患者理想的AV间期将允许心房充分完成射血过程,即在心室开始收缩之前心房能充分完成收缩(最大限度地使心室充盈)。在超声多普勒中,这些事件表现为E峰和A峰。E峰用于描述心室的被动充盈,即血液流入松弛的心室(心室舒张)。A峰是指心房收缩时产生的跨二尖瓣血流。因此,E峰在先,A峰紧跟其后(心房射血),然后是心室收缩。最早的心室收缩也被称为等容收缩期,因为这时心室的容积未变,也没有血流流出心室。同样,心室的等容舒张期是指出现血流注入心室之前的舒张期(图15.1)。

　　E峰和A峰在超声上可以融合,使协助心室充盈的心房收缩时间不适当地缩短。EA融合还能增加舒张期二尖瓣反流的机会。此外,并不少见的另一点是E峰与A峰融合时,有效充盈时间缩短(图15.2)。当超声多普勒出现E峰A峰融合时,改变AV间期可使其分开进而改善心脏的舒张功能。

　　用超声多普勒优化AV间期的目标是设置容许完整的心室充盈的最短感知及起搏的AV间期,即出现完整而清晰的E峰和A峰的最短感知及起搏的AV间期。迭代测试是指按部就班的从相对较长的房室间期(大多从220ms开始)每步减少10ms或20ms,直至A峰变得清晰可见。

　　AV间期设置为200ms或220ms时,E峰和A峰是融合的。随着AV间期的逐渐缩短,E峰和A峰开始分开。由于目标是寻求最短的AV间期,所以应当采取逐步缩短的方案。A峰如果出现被"切尾"时应当停止,当A峰轻微变短或变平时即出现切尾。理想的A峰应当对称,升支和降支形态相同,切尾的A峰开始表现为降支变陡且终末部有些变平(图15.3和图15.4)。

　　然而这项优化技术临床应用时有一些

105

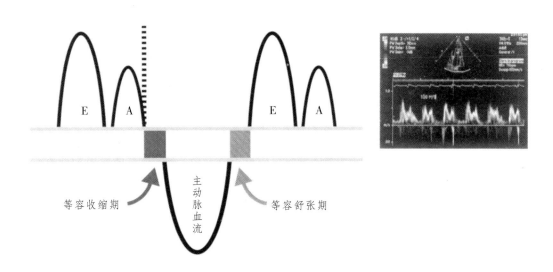

图15.1　超声多普勒记录的E峰和A峰示意图　在示意图可见,左心房收缩产生的A峰之前是左室被动充盈(E峰)。A峰在一个短暂的间期完成,其后为左室等容收缩期,在左室等容舒张期后,血液被泵到主动脉(Image used by permission from Dr. Prakash Desai MD, Amarillo Heart Group , Amarillo, Texas, USA)

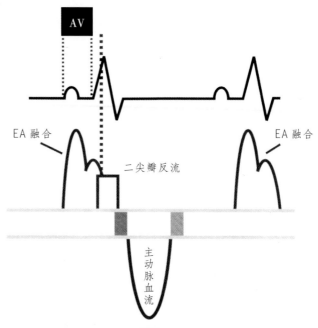

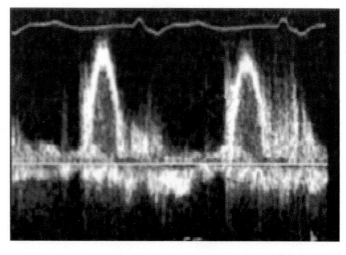

图15.2　E、A两峰的融合　超声心动图A峰与E峰的融合提示协助心室充盈的心房收缩时间缩短了,并使心室舒张期缩短。二者使流入左室的血流量减少,进而影响心输出量。而且,E、A峰的融合还能增加二尖瓣反流的发生(Image used by permission from Dr. Prakash Desai MD, Amarillo Heart Group, Amarillo, Texas, USA)

实际的限制。首先,超声检查很耗时,需要特殊的设备和培训过的人员。并不是所有的CRT专家都擅长分析超声结果。因为超声检查较贵,在实践中很难作为常规检查。针对这一问题,人们开始通过CRT装置的新算法来帮助解决计时间期优化困难的挑战。

一项自动优化计时间期的功能(St Jude医疗公司推出的QuickOpt™算法)利用植入的CRT装置的腔内电图来优化计时间期。一些研究结果证实这种算法得到的最佳AV间期和VV间期与用超声法得到的结果密切相关[2,3]。

QuickOpt™算法是基于某些机械事件与特殊的心电电位相关的理念。超声心动图能帮助医生直观地看到与装置计时间期相关的事件,QuickOpt™算法应用腔内

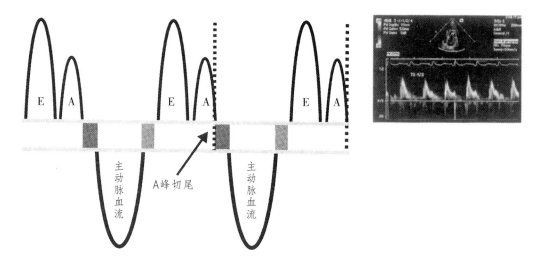

图15.3　最佳AV间期的测试　从较长的AV间期开始递减测试,E峰和A峰由融合开始逐渐分开，最后出现分开的E峰和切尾的A峰。切尾是指A峰的形态发生变化,降支被等容收缩期所切（Image used by permission from Dr.Prakash Desai # MD, Amarillo Heart Group , Amarillo, Texas, USA）

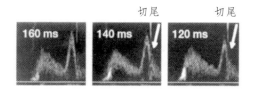

图15.4　最佳AV间期的测试实例　本图中,E峰和A峰在AV间期160ms时是分开的，但在140ms时,A峰的形态发生了变化(切尾),而在120ms时更为显著。特别是A峰的降支变陡,并且终末部有一些平。理想的A峰升支和降支对称,形态相同

电图的关键标志来计算这些事件（P波间期和R波尖峰），并由此计算最佳的AV间期值(图15.5)。

　　这个算法也能解决VV间期的优化,设定心室输出的时间让左右心室同时除极和收缩。其利用腔内电图中右室R波尖峰和左室R波尖峰的间期确定心室内的传导延迟。然后计算出补偿数值使CRT装置起搏左右心室后同时收缩(图15.6)。

　　这个算法得出的结果与通过超声心动图(特别是主动脉速度时间积分,VTI)得到

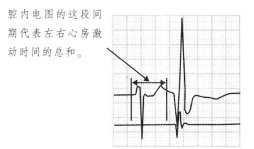

图15.5　QuickOpt™算法的AV间期优化　腔内电图来自于植入的CRT装置,注意右房的局部电激动与远场的左房激动。P波的时限用来确定二尖瓣关闭,随之也被用于计算最佳的AV间期

的结果符合率高达97.69%[4]。该算法可通过程控仪进行,全过程为半自动化。一旦启动该算法,首先进行心房感知测试、心室感知测试及右室起搏测试。这些测试完全不需要医生介入,耗时约1分钟。

　　这种算法简单便利,使计时间期的优化能够成为常规随访的一部分。目前通过超声优化仅仅针对CRT明确无反应的患者,而且最多每年一次。然而,有证据表　　**107**

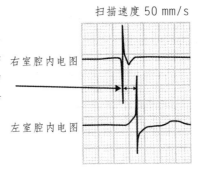

扫描速度 50 mm/s

通过腔内电图测量左右心室激动的时间差,得出补偿值。目标是调整左右心室的起搏间期,并使起搏的波峰在室间隔相遇

右室腔内电图

左室腔内电图

VV 间期=100 ms(左室跟随右室)

图15.6 QuickOpt™算法优化VV间期 这种无创方法通过在起搏及感知情况下的测试,获得两个心室的除极和收缩间期,目标是让左右心室同时收缩,QuickOpt™能测出两个心室激动的时间差,再得出补偿值,使CRT系统可以按某一方式来刺激左室和右室使其同时收缩

明,CRT患者的计时间期在某些时候是变化的。一项研究发现VV间期趋向于逐渐变短,而AV间期趋向于逐渐延长[5]。

参考文献

1. Morris-Thurgood JA, Turner MS, Nightingale AK *et al.* Pacing in heart failure: improved ventricular interaction in diastole rather than systolic resynchronization. *Europace* 2000;**2:**271–5.

2. Meine TJ. IEGM based method for estimating optimal VV delay in cardiac resynchronization therapy. *Europace* 2004;**6:** (#149/2).

3. Porterfield *et al.* Device based intracardiac delay optimization versus echo in ICD patients (Acute IEGM AV and PV Study). *Europace* 2006; **8:** (6178).

4. Meine TJ. An intracardiac EGM method for VV optimization during cardiac resynchronization therapy. *Heart Rhythm Journal* 2006;**3:** (AB30–5).

5. O'Donnell D, Nadurata V, Hamer A, *et al.* Long-term variations in optimal programming of cardiac resynchronization therapy devices. *PACE* 2005; **28:**S24–S26.

本章要点

- CRT间期的优化是指通过调整电学参数来影响心脏的机械活动(收缩和舒张)。需要设置适当的间期参数:房室间期(AV间期)和室室间期(VV间期)。

- 心脏的电活动可通过体表心电图或腔内电图来评价。但电活动和机械活动可以不匹配,间期优化的目的是使心肌的电活动和收缩舒张相协调。

- 间期优化常用的方法是超声心动图法。常用的超声类型是二维、M型、彩色多普勒或频谱多普勒超声。

- 超声能显示E峰和A峰,二者在理想情况下应当是清晰的(不是融合的)和完整的(不是切尾的)。E峰代表舒张期心室被动充盈,A峰表示心房收缩。在CRT患者中AV间期控制着这些峰的时间。

- 最佳的AV间期应当是容许E峰和A峰完整存在时的最小AV值。利用超声优化计时间期时,可以用迭代递减法,从较长的AV间期(如220ms)逐渐减至容许适宜的E峰和A峰的最小AV间期。

108

- 当E峰与A峰融合时,心房在心室完成被动舒张前收缩,缩短了心室舒张期。
- 当A峰被切尾时,心房收缩对心室的充盈作用没有完成。理想的A峰应当对称,升支和降支形态一致。被切尾的A峰,降支锐利陡峭而终末部有些变平。
- 植入的CRT装置可通过一种新的算法利用腔内电图优化AV间期和VV间期。这种新的算法(St. Jude医疗公司的QuickOpt™算法)可进行半自动检测,整个过程只需1分钟就能获得最佳间期值,而不需要进行超声检查。
- QuickOpt™算法利用P波间期(房内传导时间)确定二尖瓣的关闭,优化感知及起搏的

AV间期设置。该算法利用左室和右室的R波波峰来确定心室收缩之间的补偿值,以此计算出优化的VV间期。
- 由于QuickOpt™既不繁琐、不棘手、也不昂贵,因此可在CRT患者中经常使用。目前超声心动图的方法仅对CRT无反应的患者偶尔使用。
- 应当在CRT患者中频繁进行计时间期的优化,因为患者的最佳间期会随时间而变化。一项研究表明AV间期趋向于逐渐变长,而VV间期趋向于逐渐变短。这项研究还发现患者的计时间期经常发生变化,有时在几周或几天就有较大的变化。

（王龙　译）

CRT 治疗无反应的解决方法

虽然许多临床研究表明大多数CRT患者均能从CRT治疗中获益，但确实有一少部分心衰患者并不能从CRT治疗中获得改善[1,2]。当一位满怀希望的心衰患者接受了CRT治疗，结果却没有改善甚至病情加重时，将让医生感到十分困惑。对CRT无反应患者可采用系统的处理方法，可使他们当中的许多人变得对CRT治疗有反应（略有反应可变为反应明显）。这种系统的方法虽然不能保证所有的无反应患者均有改善，但的确能使部分无反应患者转变为有反应。

从大型随机临床试验中得知，心功能Ⅲ或Ⅳ级（NYHA）、QRS波时限>120ms、左室射血分数（LVEF）≤35%和左室舒张末径（LVEDD）≥55mm者是CRT治疗的适应证。有这些适应证的患者绝大多数对CRT治疗反应满意。由于相关研究多种多样且"治疗反应"的定义不同，因此统计比较困难。对于某些患者，CRT有反应是指患者的功能性指标得到改善，一般指NYHA分级或步行试验的改善。虽然这些是"软终点"，但仍在普遍应用。

有些研究者将CRT治疗的反应定义为达到一定的客观指标，如运动过程中无氧阈值的氧摄入变化或左室内径的缩小。这些有价值的指标不是所有医生都能进行检测。

心脏缩小也是对CRT治疗有反应的指标，特别是伴有功能改善或运动耐量的增加。实际工作中，有些研究者甚至将有反应定义为病情稳定而无须症状改善；例如，心功能维持在Ⅲ级没有进展为Ⅳ级的患者也被算为"治疗有反应者"。

我们把对CRT治疗无反应者定义为符合下列一项或多项标准者：

- 接受CRT治疗后心衰加重；
- 植入CRT装置6个月后，心功能分级未改善，心室重构恶化；
- 最初对CRT有反应，但现在症状加重。

对治疗无反应的患者应当进行系统评估，因为无反应与多种因素有关。多数专家认为CRT治疗无反应的主要原因包括：患者选择不当，电极导线的位置不佳及装置程控不适当。实际上，关于心衰我们还有很多需要再认识。尽管如此，还是有很多系统的方法能使无反应者发生转变，甚至使有反应者的反应程度加强。

第1步：患者的评估

解决无反应者的第一步就是要进一步临床评价患者状况，特别要注意房颤、血容量及心脏缺血。这三项不仅对患者健康的整体感觉有影响，而且还影响到CRT的功能状态。

有些医生遇到CRT无反应患者时，首

110 先想到的是纠正装置参数的设置。尽管程控是解决无反应的关键一步，但它不应当是第一步。有许多与装置无关的因素可以影响患者对CRT治疗的反应。

心房颤动

心衰患者出现房颤及其他类型的房性快速性心律失常的风险增大。为达到最佳的血流动力学或最好的CRT效果，患者应当保持窦性心律。这意味着对于间歇发作的快速性心房激动的患者，应当控制节律(药物治疗)而不是单纯控制心室率。对药物或电转复治疗反应良好的患者应尽量减少或消除房颤，这意味着帮助处理CRT无反应患者的方法之一是更好的药物治疗。但应当记住，许多抗心律失常药物由于有促心律失常作用及负性肌力作用而对心衰患者疗效较差。

即使通过药物治疗可以控制房性心律失常的患者，仍可能突然再发房性快速性心律失常。伴有阵发性房颤和房速的心衰患者的起搏器必须有模式转换功能，以防心室快速跟随心房率。当评估伴有阵发性房颤或间歇性房速的无反应患者时，要证实起搏器自动模式转换功能已开启，并将患者的模式转换频率(启动模式转换的心房率)设定为最佳数值。选择模式转换频率时，医生需要平衡两点：患者能耐受的最高心室率和满足患者活动需要的合理的最高心房率。例如，对于一位非常安静的很少运动的患者，模式转换频率可以设为100次/分，而对于活动量较大的患者可以设置为120次/分。

许多心衰患者患有或最终将发展为持续性甚至是永久性房颤。对于可能出现持续或接近持续的房颤患者，应将CRT系统由双腔模式(通常为DDDR)转换为单腔模式(VVIR)。尽管双腔起搏为患者提供更好的血流动力学，但在房颤时相反。单腔VVIR的工作模式耗能少，而且能避免因对心房激动的跟随而导致的快速心室起搏。

所有CRT患者都应定期检查心房活动状态。对于正常窦律的CRT患者，医生需要警惕患者发生快速性房性心律失常的潜在危险。对于有快速性房性心律失常的患者，监测房颤很重要。与心衰一样，房颤也是进展性的。即使只有短暂阵发性房颤发作的患者，随着时间的推移，房颤也不会"自愈"而往往是逐渐加重。

容量状态

对于心衰患者，没有比液体容量对其健康状态影响更急剧的了，容量问题的处理是心衰所有治疗(包括CRT在内)中的关键。利尿剂缓解充血症状最快，但利尿剂需要仔细监测，因为患者容易发生服用过量或不足。充血或氮质血症的患者对CRT反应较差，这主要与液体容量有关而与CRT装置本身没有很大关系。容量状态可以通过合理使用药物(利尿剂，尤其是袢利尿剂)来控制。

心肌缺血

CRT患者应当定期评价有关缺血性心脏病(冠心病)的情况。为心肌提供氧气和血液的冠状动脉内膜出现斑块时，就会发生冠心病。如果冠状动脉闭塞或狭窄，心脏得到的富含氧气的血液减少，就不能满足心脏的需求，这可能引起部分心肌缺血或坏死。缺血会影响患者的总体状况，引起患者的乏力和呼吸困难，恶化的缺血能抵消CRT治疗带来的益处，使原本对CRT有反应者由于冠心病的原因而变为无反应。

医生应当就这类患者咨询其他专家

(如果需要),对这类患者可能要考虑冠脉造影或血管重建。血管成形术是一种以导管为基础的技术,将一根带球囊的导管送入闭塞的冠脉血管中,然后扩张球囊,扩大血管直径。有些患者还需要植入支架撑开病变的冠脉。冠脉造影可在导管室作为门诊手术进行,也可能需要留院观察。

血管重建术涉及外科方法,是为缺血心肌重建血管。最常见的血管重建术就是冠状动脉搭桥术(CABG)。该手术是从患者的下肢或身体的其他部位取一段健康血管缝在心脏表面,跨过病变冠脉的闭塞段或严重狭窄段。两根血管的搭桥术涉及两个闭塞的动脉,当然还有三根、四根血管搭桥术。搭桥手术是有创性手术,但相对安全有效,需要住院数天。

第2步:装置查询

如果需要了解患者的总体情况,应当查寻和检测CRT装置。CRT装置和任何一种心脏节律的治疗装置一样,需要定期随访和评价,关于这部分内容详见第25章。但是,如果在任何时候患者对CRT无反应,下一步就是评价右室和左室起搏夺获以及优化房室间期(AV)和心室间期(VV)。

右室和左室的起搏夺获

尽管CRT系统应当与其他植入性心脏节律治疗装置的随访同样精心,但解决无治疗反应的问题时,需要相同的几个步骤。首先通过程控仪查询和检测CRT装置的工作状态和设置参数。工作状态的检查包括:装置是否已经被重置为备用状态或电池已经耗尽?有时装置看似处于工作状态,但应当通过胸部X线片证实电极导线是否脱位。电极导线的脱位可能出现在慢

性阶段,尤其是左室电极导线。也可能出现电极导线的损坏,可通过检测电极导线的阻抗而查出。(电极阻抗不是可程控值,查询CRT装置时可以读出。电极导线阻抗在植入后维持在一定范围,实际阻抗受很多因素的影响而能发生变化。如果电极导线的阻抗变化>200Ω,尤其发生在短期内,强烈提示电极导线损坏或电极与装置的连接松动。)

解决无反应者问题时,检测左右心室的起搏夺获尤为重要。尽管起搏夺获的评价是常规随访的一部分,但夺获评价对无反应原因的识别和解决非常关键,因为起搏失夺获时,CRT实际相当于关闭。

左右心室起搏夺获的检测可以通过程控仪半自动化进行。(心房夺获检测对解决无反应不是最关键的,但如果医生觉得心房夺获可能有问题,也应测试心房夺获。)如果需要确保夺获,应当设置新的起搏输出参数。

起搏夺获的检测应注意,因为尽管夺获是装置工作的基础,但其并不总是容易维持的。患者的夺获阈值是指能够稳定夺获心脏的最小能量,其受很多因素的影响。日常生活中,起搏阈值可有某种程度的变化,并在某种体位及进餐时也能变化。药物对起搏阈值有很大影响,已知有些药物对起搏阈值有显著影响。此外,心肌缺血和疾病的进展也能影响阈值。一台装置以前能夺获心脏,但将来可能失夺获,特别是心脏病严重的患者。因此,起搏夺获的检测是CRT患者随访时必须进行的项目。

AV间期和VV间期的优化

如同夺获的检测一样,AV和VV间期的优化也是CRT患者随访的必需内容,对

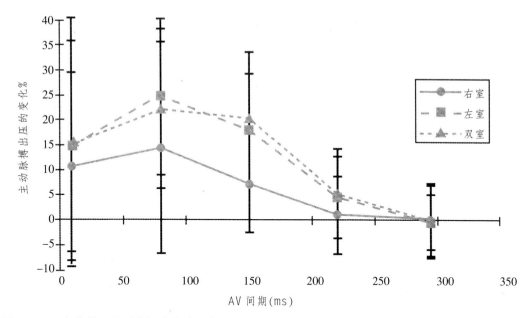

图16.1　**AV间期的设置对收缩功能的影响**　AV间期的长度影响心脏的收缩功能（定义为主动脉搏出压）并且在各个心腔不同。当AV间期过长时,左室激动延迟,二尖瓣反流机会增加,左室舒张末压增加。AV间期过短时，能导致二尖瓣收缩期前反流，出现气短和不适。AV间期过短可能破坏CRT的整体功能(Source of chart：Auricchio A, Stellbrink C, Block M *et al*. Effect of pacing chamber and atrioventricular delay on acute systolic function of paced patients with congestive heart failure. The Pacing Therapies for Congestive Heart Failure Study Group. *Circulation* 1999；**99**：2993–3001)

112　那些CRT无反应的患者尤其如此。AV间期对收缩功能有显著的影响(图16.1)。

　　AV间期优化比较好的指标是将AV间期程控到患者自然的PR间期(心房自主收缩到心室自主收缩)的75%。AV间期缩短到这种程度的目的是保证持续的心室起搏。CRT只有在心室起搏接近100%时才能更好地起效。另一方面,AV间期也不能太短。如果将AV间期程控到比适当比例(PR间期的3/4)更短,有可能导致左房还在收缩时就已起搏了左室。

　　AV间期优化的推荐方法见第15章。无论使用超声法还是QuickOpt™功能均可优化设置AV间期和VV间期。

　　优化AV间期可使心房和心室收缩同步化,而优化VV间期可使左右心室协调收缩。第一代CRT装置中,左右心室的输出脉冲同时发放。但对于某些患者来说一个心腔收缩略比另一个心腔提前时效果更好。在部分病例中,一个心腔先起搏时(称预先激动)能提高心输出量,增加CRT的益处。不幸的是,对于具体某位患者来说应如何设置尚没有简单的公式来预测。在一些患者中左室领先能增加心输出量,而另一些患者右室预先激动可达到同样的效果。

　　VV间期的优化(详见第15章)受心衰病因及可能出现的其他心脏病的强烈影响。例如,组织缺血能减缓传导,左室心肌缺血的患者比没有缺血的患者可能需要更长的VV间期(即左室更提前激动)。　113

第3步：非同步评价

CRT治疗针对的是心脏的机械不同步，特别是妨碍左室作为一个统一体收缩的不同步，其能影响时间间期（如VV和AV间期）并使心脏不能成为有效同步的泵。

用超声法评价心脏的不同步尚在初级阶段，但我们已经知道室间隔到左室后壁的延迟是观察左室同步性的良好指标。它是室间隔和左室后壁收缩的时间延迟。理想状态下，心室应作为一个整体收缩，延迟应当很小。作为一个标准，这个变量（有时简写为SPWMD）应当<130ms。事实上SPWMD值<130ms是对CRT有反应的敏感预测指标。

另一个评价CRT患者的超声指标是心室内机械延迟（IVMD），其通过超声观察心电图及主动脉流出道和肺动脉流出道而获得。IVMD是从心室电活动开始（从CRT的输出脉冲或自身电冲动）到血液开始泵出心脏（从左室到主动脉或从右室到肺动脉）的时间。作为一个标准，IVMD值应当<40ms。

如果这些数值超过标准时，下一步就要调整电极导线的位置。电极导线位置调整包括通过外科手术的方法移到更好的位置或在更好的位置植入一根新的电极导线。如果植入了一根新的电极导线，可将旧电极导线旷置在原处，另一头从脉冲发生器上拔下并封好。

电极导线的修正是很严重的一步，但可能是对部分CRT患者有巨大益处的最后一步。电极导线的损坏或与脉冲发生器发生松脱（需要通过X线或查询测试阻抗值来证实）都需要更换电极导线，而被放置在亚最佳位置的电极导线则是临床判断的难点。每次外科修正都存在着手术风险，而拔除电极则有更大的风险。

第4步：评价二尖瓣反流

二尖瓣反流是指左室收缩时，本应从左室射入主动脉的血流却反向经过二尖瓣反流回左房。二尖瓣反流能降低心输出量，严重影响患者对CRT治疗的反应。实际上，持续的二尖瓣反流可引起CRT治疗无反应。

有时二尖瓣反流能够通过优化AV间期得到控制或应对，但在有瓣膜病变或损害的患者中则不可能控制。对某些患者，需要进行二尖瓣修复。

二尖瓣修复手术由外科医生进行，可能带来各种手术相关的风险。因此认真的临床决策很有必要。并不是所有的有持续性二尖瓣反流的CRT患者都适合手术治疗。

总结

在植入CRT装置前的某些步骤有助于获得良好的反应，患者的选择是一个重要的因素，并不是每位心衰患者均适宜植入CRT。CRT的基本指征是患者存在某种形式的机械不同步，患者接受CRT装置的植入手术时，最关键的是将左室电极导线放置在最佳位置。甚至对于有CRT治疗指征的患者，如果电极导线位置不佳时也会导致对治疗的反应较差。

CRT装置植入后，许多疾病能影响CRT的疗效，并使患者成为治疗无反应者或反应较差者。这些因素包括房性心律失常（特别是房颤）、心脏缺血以及持续性二尖瓣反流。患者的血容量状态也能影响患者对CRT的反应，通过改变利尿剂的摄入可以对其进行调整。

　　如果所有导致无反应的因素都被检查和考虑，CRT治疗仍无反应时，医生应当怎样做？临床中可能遇到出现严重的心衰或心脏病的患者，一旦所有的已知因素都已排除，应当考虑替代的治疗方案，这些治疗方案包括左室辅助装置或心脏移植。

　　虽然这些治疗措施是最后的手段，但医生还应当给予考虑。心衰仍然是一种危险和复杂的综合征，有时需要极端的治疗措施。

参考文献

1. Abraham WT, Fisher WG, Smith AL *et al*. MIR-ACLE Study Group. Multicenter InSync Randomized Clinical Evaluation:Cardiac resynchronization in chronic heart failure. *N Engl J Med* 2002;**346:**1845-53.
2. Auricchio A, Stellbrink C, Sack *S et al*. Long-term clinical effect of hemodynamically optimized cardiac resynchronization therapy in patients with heart failure and ventricular conduction delay. *J Am Call Cardial* 2002;**39:**2026-33.

本章要点

- 所谓对CRT治疗无反应者应符合以下三条标准中的一条：
  心衰恶化；
  心室重构及心衰分级（NYHA）无变化；
  起初对CRT反应良好，而目前症状加重。

- 即使患者选择恰当（符合CRT适应证，有机械不同步证据），仍有1/3患者对CRT无反应。

- 应当系统解决无反应问题，包括评估患者的临床状况、程控查询CRT装置、非同步化评价以及二尖瓣反流的检查。

- 有三种临床状况能够影响CRT治疗反应，包括房性快速性心律失常（特别是房颤）、患者的血容量状态及心脏缺血（冠心病）。

- 如果CRT患者出现房颤，应当努力维持窦律。对房颤的控制应当是节律控制而不是频率控制，这种情况应当开启起搏器的模式转换功能，预防跟踪快速的心房激动而导致快速的心室起搏。如果出现永久性房颤，应当将CRT程控为VVIR模式（即根本不感知心房激动）。

- 无反应者应当检查装置的状态（电池状态）及电极导线的阻抗。如果电极导线的阻抗值在短期内（两次检查之间）波动超过200Ω，强烈提示电极导线损坏或电极导线与脉冲发生器的连接松动。胸部X线片能确定电极导线的位置和状态。如有损坏、连接不良或电极导线的脱位必须通过外科修正。

- 处理无反应者时，因许多因素都能影响到夺获，检测各心腔的起搏夺获非常重要。失夺获并非少见，尤其以前曾出现过的患者。装置出现失夺获时必须调整起搏输出参数的设置（脉冲幅度和宽度），注意左右心室的起搏阈值很可能不同。

- 对无反应者应当检查AV间期的优化设置，一般来说，良好的AV间期应当是自身PR间期的75%。相对短的AV间期有利于保证持续的心室起搏，这是CRT治疗时必须的。但如果AV间期过短，可能破坏CRT的有效起搏，使症状加重。AV间期过长时能增加二尖瓣反流。

- VV间期的优化决定了双室如何收缩。有时患者能从某一个心室略领先起搏时获益。哪个心室腔先激动为优因患者不同而不同，没有仔细的评价很难预测。某些患者因左室领先获益，而另一些则因右室领先获益。

- 组织缺血能延长传导时间，因此，如果患者由于冠状动脉病变或陈旧性心梗而出现左室缺血时，可能需要比无缺血的患者更长的左室领先的VV间期。

- 超声心动图能评价心脏机械不同步，显示心脏的物理性收缩和舒张。两个指导性参数是室间隔到左室后壁的运动延迟（SPWD）和室间机械延迟（IVMD）。

- SPWD是指室间隔收缩（两室之间的壁）和左室后壁收缩间的时间延迟。SPWD<130ms是对CRT有反应的预测指标。如果患者SPWD>130ms,应当考虑通过外科手术修正电极导线。

- IVMD是指从心室电激动开始（自身或CRT起搏）到血液由心脏泵出到主动脉(测量主动脉血流) 或肺动脉（测量肺动脉血流）的时间。IVMD应当<40ms，否则应当考虑修正电极导线的位置。

- 电极导线的放置在CRT解决机械不同步的程度中起主要作用。许多无反应患者可能需要调整左室电极导线的位置。电极导线位置的调整（尤其是电极移除）是风险和获益并存的外科手术,必须认真考虑。

- 评价CRT无反应的可能因素时，应当评价二尖瓣反流。一些有反流的CRT无反应者可能需要二尖瓣修复。这种外科干预有相当的风险,需要临床医生仔细评价。

- 不可能将所有CRT治疗无反应的患者转变为有反应者。对于那些持续无反应的患者,应当考虑左室辅助装置或心脏移植。

（王龙 译）

第十七章

除颤基础

心衰患者有发生严重室性心律失常和心脏性猝死(SCD)的危险。部分临床医生有一个错误的概念,即心衰Ⅰ级和Ⅱ级(NYHA)患者心脏性猝死的风险最大,心衰进展加重后这一风险减小。但实际上心衰越严重,SCD的风险越大。只是心衰Ⅲ级和Ⅳ级的患者死于泵衰竭的人数更多。SCD在心衰患者中有时很隐蔽,可以出现在既往没有心律失常的患者中。

SCD-HeFT试验表明对某些心衰患者预防性植入心脏转复除颤器(不带CRT功能的ICD)能降低其死亡率[1]。伴随着这项里程碑式的研究出现了新的患者群:没有致命性心律失常证据而预防性植入ICD并从中显著获益的ICD一级预防患者。

由于CRT能使机械不同步的心衰患者获益,而ICD能降低心衰患者的死亡率,因此即使是无心律失常证据的患者,工程师也很自然地想到将上述装置合二为一。CRT加ICD,有时也称为CRT-D的问世立即在临床获得共鸣。在美国,CRT-D的植入量远远超出单纯的CRT起搏器。

由于这一原因,治疗CRT患者的医生有必要了解除颤治疗的基础。CRT提供的治疗需要持续起搏或使心脏再同步化,而除颤器提供的是简单的挽救生命功能。它不能抑制或预防室性心律失常,但它能在患者出现致命性心律失常时挽救生命。

为达到这个目的,除颤器必须能够感知心脏自身的电信号、诊断危险心律失常的发生,然后放电治疗。

除颤器的感知

在开发CRT-D的过程中对工程师最大的挑战来自于除颤器可靠的感知。正常CRT的起搏信号清晰且稳定,而自身致命性室性心律失常和室颤的心室电信号通常低而不稳定。CRT-D应当对这种低而不稳定的心电信号极为敏感。但非常敏感的装置可能有感知到其他低振幅信号的危险,如T波、远场信号(即来自其他心腔的起搏信号),甚至肌电干扰。常规起搏器和ICD已经让专家了解到,可能存在超感知(感知过度)和感知低下(没有感知到心电信号)的危险。对于除颤器来说,超感知意味着感知到的信号不是真来自于室性心律失常,从而可能引发带来痛苦并且没有必要的误放电。感知低下更糟,由于装置没有感知到室性心律失常,可能连必要的放电治疗都无法进行。

CRT-D依靠自动的、动态的自我调整来应对这个艰难的挑战。每个主要的CRT-D生产商都能提供某种形式的特殊功能,本书中提到的功能是St Jude医疗公司在CRT-D中使用的。当遇到新的或不熟悉的CRT-D时,有必要参考产品手册,其内容包含了该款装置的特点。需要注意不仅不同厂商生产的装置功能不同,甚至同一厂商在不同款式的装置中也会有功能的改变。这不是厂家任意改变的,所有厂商都是在持续不断地改变和完善感知功能及其他功能,功能的改变反映出生产商在不断完善着产品。

当ICD感知采集到一个心室信号时,则会启动一个称为感知不应期的计时间期。在这段时间里,装置测量到最大幅度的心电信号也无任何反应。注意ICD感知的信号通过数字化矫正和过滤后均变为正向(在基线下没有负向偏折波)。感知不应期内测量到心电信号的峰值被保存为阈值起始值 (图17.1)。当感知不应期结束时,即确定了阈值起始值,并以百分比的方式表示,其确定了下一个心动周期的感知敏感度应当为多少。阈值起始值可以程控,通常默认值为50%。这意味着下一个心动周期的敏感度是前一个周期峰值(阈值起始值)的50%。如果峰值或阈值起始值为8mV,则下一个周期的敏感度就是4mV(8mV的50%)。从阈值起始值下降到能够感知心室信号的最大敏感度值是一个线

性衰减过程(图17.2)。

一项称为衰减延迟的可程控功能可以进一步被术者程控,使阈值起始值在降低到基线前短时间内即达到稳定平台(图17.3)。

CRT-D的感知系统能自动调整,其由相关的几个简单的参数进行控制(如阈值起始值的百分比值和衰减延迟的可程控性选择)。可以进行更基础的感知功能的程控,但这些步骤应当咨询生产厂家的代表或技术服务部门。

诊断心律失常

一旦CRT-D感知到心室电信号,则必须有一种可靠的方法对信号进行分类筛选,以确定具有危及生命或有潜在危险的室性心动过速。诊断必须快速准确,需要避免两个重要的诊断错误:正常情况下错误诊断了致命性室性心律失常及错误电治疗,导致患者的焦虑及电池耗竭或对发生的室颤未能及时诊断,也未能给予放电治疗。

118

图17.1 ICD感知的阈值起始值 阈值起始值决定于感知不应期中心室电信号的最高峰值或最大振幅。需要程控的峰值百分比确定了阈值起始值。本例的最大峰值幅度为4mV,阈值起始值程控为50%或2mV。阈值起始值呈线性衰减,常被用来感知下一个心动周期的心室电信号,为获得感知,心室信号必须高到足以在阴影之外也能被检测出

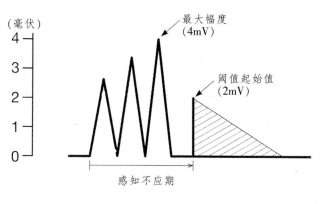

(毫伏)

最大幅度
(4mV)

阈值起始值
(2mV)

感知不应期

信号忽略

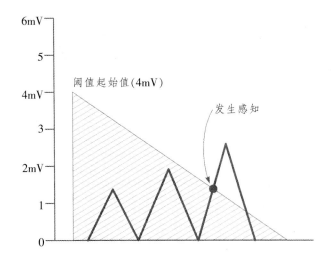

图17.2　**ICD的感知**　出现在阴影内的心室电信号将被忽略。但超出阴影区的信号被感知和计数。注意一个信号是在其升支或降支时被感知取决于哪个先出阴影区

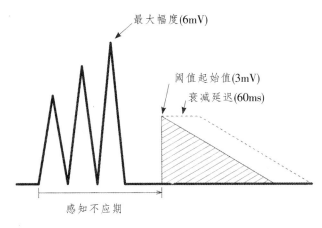

图17.3　**感知阈值衰减延迟**　本例将延迟衰减时间程控为60ms，其可使感知阈值的起始值在线性衰减前稳定并维持60ms

CRT-D能做出多种心律失常的诊断：正常窦性心律（NSR）、室颤（VF）和室速（VT），VT进一步分为VT1（慢VT）和VT2（快VT）等。与临床医生依赖频率变化和节律特征诊断略有不同，CRT-D主要依靠频率标准进行诊断。因此CRT-D的诊断分类与临床使用的标准不同。

每个诊断分类（NSR、VT、VF）都与治疗反应相关。对于NSR，装置将不会给予任何电治疗。对于VF，CRT-D将以最大的能量放电治疗。对于不是VF但属于危险的室性心律失常，医生可以选择低能量放电（所谓电转复）或选择抗心律失常的起搏治疗（ATP）。

临床医生可以设定一定的心率标准值程控和定义诊断分类的频率。例如，NSR可以定义为60~100次/分，VT可定义为100~200次/分，>200次/分定义为VF。VT

可以再分为VT1 （100~180次/分） 和VT2 （180~200次/分）。但不是所有的患者都需要如此多的分类。

对于特定的某一患者，在确定其诊断分类的标准值时，需要考虑该患者心律失常的病史，对心脏转复和ATP反应的可能性。例如，一位患者可能患有多种类型的室性心律失常，包括耐受很好的VT和更危险的快VT或VF，程控和设置多种治疗能使这位患者获益。而对于一级预防患者，常没有恶性室性心律失常的病史，应当将心律失常仅程控为NSR和VF。仅有VT病史的患者常对ATP反应良好。如果一位患者对VT耐受好，估计对ATP治疗的反应也较好，因此ATP是该患者最好的初始治疗策略。而且ATP是无痛的，也不像除颤电击那样耗电。ATP的缺点是治疗可能无效，甚至能加重或促使VT转变为更快的VT或更危险的心律失常(表17.1)。

当诊断的频率范围用次/分的方式确定分区后，CRT-D则开始测量患者心率的实时间期。如果患者已知的或潜在的心律失常趋向于不稳定，CRT-D不仅单独计数间期，还可以用平均间期进行计数。平均

间期避免了室早(PVC)或偶然出现的心室异常事件对间期测量的误判。

计算平均间期时需要观察即时间期(CI)，并与平均间期(AI)进行比较，平均间期被定义为实时间期前紧邻的4个心动周期的平均值(图17.4)。

进仓是指按预先程控的分区标准进行计数直到某一分区内达标的数目满足了诊断的规定。CI和AI落入同一个分区时进仓很容易理解。但有时，CI和AI不在同一个分区内。这时CRT-D需要确定如何对这些间期进行计数。在St Jude医疗公司的产品中，如果CI或AI落入NSR区，则这个间期被舍弃(即不进仓)。当AI与CI不同步时，装置则把该间期计在更快的分区内，因为装置会从患者的安全角度考虑(表17.2)。

一旦某一分区内达标间期的数目达到程控设置的诊断数目时，装置就会按照分区作出心律失常的诊断，并启动治疗。NSR也是一个分区，装置会将相应的间期归进NSR"仓"，但是NSR不会导致任何形式的治疗。程控时不仅需要程控满仓的间期数目，还需要为不同的分区设置不同的诊断达标的数目。例如，临床医生可以将

表 17.1 CRT - D的各种心律失常的分区法

分区类别	心电失常类别	患者情况
	(频率可程控,下列范围仅为示例)	
1区法	NSR(<200次/分) VF(>200次/分)	一级预防或对ATP或复律治疗效果不佳的患者
2区法	NSR(<120次/分) VT(120~200次/分) VF(>200次/分)	已知患者对ATP或复律治疗反应好
3区法	NSR(<120次/分) VT1(120~160次/分) VT(161~200次/分) VF(>200次/分)	患者有多种稳定、耐受性好而且对ATP或复律治疗反应好的VT

NSR:正常窦律;VT:室速;VF:室颤;ATP:抗心动过速起搏治疗

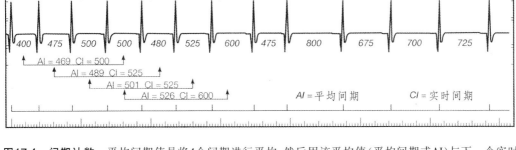

图17.4　间期计数　平均间期值是将4个间期进行平均,然后用该平均值(平均间期或AI)与下一个实时间期（CI）进行比较。本例连续4个间期分别为400ms、475ms、500ms及500ms,得到的平均间期值为468.75ms,装置将其计为469ms,下一个间期或CI将与469ms进行比较

表17.2　两区法设置的进仓原则

实时间期(CI)	平均间期(AI)	进仓
NSR	NSR	NSR
VT	VT	VT
VF	VF	VF
VT	NSR	放弃
VF	NSR	放弃
VF	VT	VF
VT	VF	VF

VT1区的诊断达标数目程控为20个间期,VT2区程控为12个间期,VF区程控为8个间期。总的来说,越快和越危险的心律失常应当设置达到诊断的间期越少。

120　然而间期不需要连续计数以达到诊断标准,他们必须出现在前面设置的诊断范围内。再次重申,这个范围可以程控。对于VT的经典诊断值是16个连续间期中有12个符合VT标准则诊断VT。一旦诊断确定为NSR区之外的任何分区时,装置将启动治疗。

治疗

ICD有三种基本类型的治疗:电击、复律和ATP。而CRT-D患者并非需要设置所有三种类型的治疗,理解它们之间的区别十分重要。

电击也称为高压除颤治疗或最强的治疗,治疗时其将医生程控设置的最大治疗电能释放到心脏。电击治疗的强度可用伏特(常为700~800V)或焦耳(30~36J)来描述。当如此巨大的电流释放到心脏时,它将"休克"和终止快速性心律失常,并使其恢复正常窦律。

转复被定义为低能量电击,即电击的能量(伏特或焦耳)低于最大设置(注意转复还有其他的临床定义,其特指在ICD中),例如转复可以是500V的电击(图17.5)。

确定适当的电击能量需根据下列三方面考虑:

- 患者的除颤阈值(DFT)是多少(如果知道)。
- 电击打算终止的是非致命性VT还是致命性VT。
- 患者对低能量电击的反应是否良好。

DFT定义为能够确定有效除颤的最低能量。DFT的测定是在植入术中,诱发VF后用除颤器(ICD)终止。依照患者和临床情况,经过几次诱发和不同能量的电击将其终止,最后确定安全有效的DFT值,也可

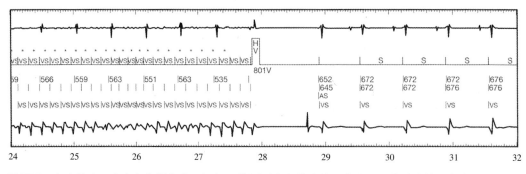

图17.5 电击治疗 在本打印报告中,显示ICD检测到室颤并发放了高电压电击治疗使患者窦律恢复

诱发终止一两次进行简单的测定。对某些患者,植入医生会在植入前测定DFT。因为DFT测定过程中需要诱发、观察、转复致命性心律失常,需要深度镇静或全麻。这对植入者来说比较复杂,而且可能需要其他科室的协助。

对于进行一级预防或CRT-D只用来终止致命性VT或VF的患者,医生可以不在植入术中测定DFT,而是简单地将治疗能量程控为最大值。

如果一个患者的DFT值的确很低,则程控为较低的除颤放电值能为患者的CRT-D节省能量。CRT-D容许临床医生设置多层治疗,可首先尝试电转复,如果它不能有效转复危险的室性心律失常,立即紧跟其后给予最大能量的电击治疗。转复治疗可节省能量,患者的痛苦少(不过患者是否能区分500V和750V之间的细微差别仍有疑问),但复律有潜在的风险,即延长了患者获得救命治疗的时间。因此,必须进行认真的考虑,一般来说,如果患者不经常需要电击治疗或不知道是否存在对低能量电击反应良好的慢室速时,可将治疗设置为仅有高能量的电击更好。

装置诊断的心律失常自行终止了会发生什么呢?短阵VT或VF自行终止时,就可能出现上述情况。CRT-D的设计是先为电

容器充电,然后很快放电。尽管如此,心律失常还是可能在放电之前自动终止。如果装置为“约定式”,即使患者心律已经恢复窦律(NSR),ICD仍会按期放电。约定式装置主要指老式ICD。如今,绝大多数ICD装置都是“非约定式”。这意味着,在已经诊断心律失常之后和放电之前,如果检测到NSR,CRT-D则会及时终止治疗。这时电容器已经被充电,装置会逐渐缓慢地无痛性释放电能,而患者不会受到电击(图17.6)。

有些患者已经知道其室速对程控的ATP治疗反应良好。ATP是无痛性治疗,实际上接受治疗时部分患者甚至都没感觉。ATP能减少引起患者痛苦的电击治疗的次数,减少了电池耗竭。但电生理实验室的ATP给人感觉有些复杂,大多数CRT-D装置容许直接设置ATP治疗的参数,甚至有时只凭经验。

ATP的最好适应证是那些折返性、单形性、血流动力学稳定、耐受性较好的室速(VT)。相反,ATP不适合治疗不稳定性室性心律失常和伴有症状及心律失常能明显影响血流动力学的患者。因此,部分CRT-D患者不适合ATP治疗。

每个分区(除NSR)均有自己的治疗程序。例如,在1区法设置时,VF用高电压电击治疗。在2区法设置时,临床医生可将

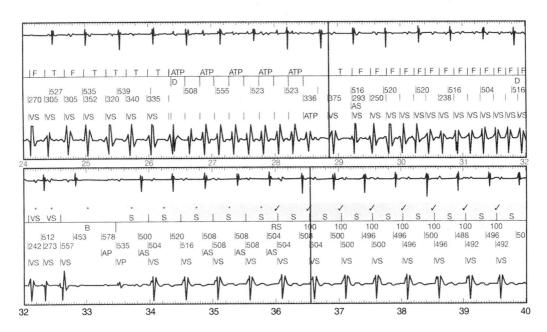

图17.6 一次心律失常的治疗记录 在这段记录中,一个非约定式ICD诊断了室速(VT),并发放了抗心动过速起搏治疗(ATP),导致VT转变为室颤(VF),装置立即充电准备发放高压电击治疗(上面一行),但在下面一行(与上一行连续描记)VF自行终止,正常窦律恢复(第5个周期)。ICD及时取消了电击治疗,患者没有被电击。如果ICD为约定式,患者将被电击治疗

CRT-D的治疗程控为VT用电复律,而VF用高电压电击治疗。在特殊的分区内,也可以程控为分层治疗,例如VT首先用电复律治疗,然后用高电压电击治疗。

一旦发放治疗,ICD会进行"再次检测"或检测是否恢复窦律。任何电击治疗之后紧随的间期内心脏都很脆弱,电击后保护性起搏参数(PSP)是在发放治疗(电休克、复律或ATP)后立即启动以的特殊参数设置的起搏。这些参数包括一个启动起搏的间期、PSP频率、PSP输出脉冲电压和脉宽的设置、PSP模式以及PSP治疗持续时间。

PSP间期是指治疗结束后到PSP启动前有多少秒,该值一般为5s。在电击后立即起搏有促心律失常的作用,推荐设置比正常心率低的PSP特定基础频率, 这也可以消除快速起搏可能发生的促心律失常作用。心脏组织在电击治疗后起搏阈值能暂时升高。所以起搏脉冲的幅度和宽度通常设置为很高的数值, 甚至是PSP设置的最大值。除频率应答外,PSP模式应当与常规的起搏模式相同。如果患者以前程控的模式为DDDR,那么PSP模式应当为DDD。此外,PSP时限的定义为PSP参数有效持续的时间,可程控范围从30s到10min。

参考文献

1. Bardy GH,Lee KL , Mark DB *et al.* Amiodarone or an ICD for congestive heart failure. *N Engl J Med* 2005;**352**:225-37.

123

本章要点

- 心衰患者有心脏性猝死(SCD)的危险,尽管心功能Ⅲ级和Ⅳ级(NYHA)的患者死于泵衰竭的危险增加更显著,但SCD的危险同样增加。

- SCD-HeFT首次明确了心衰患者的一级预防:患者没有心律失常证据,但这组患者常规植入ICD后显著降低了死亡率。

- 在美国植入的CRT系统大多数是CRT-D。CRT-D融合了CRT起搏和ICD,后者能从致命性室性心律失常中挽救患者的生命。

- 除颤器必须能感知心室激动、诊断潜在的心律失常并放电治疗。

- 除颤器感知心室激动是自动的,自我调节的感知灵敏度呈动态改变。这意味着感知灵敏度随每个心动周期而自动调整。

- 感知灵敏度自动调整对除颤器是必须的,因为室颤(VF)信号常常振幅低、不规则而难于检测,但如果将除颤器调整为能够检测低振幅信号时,它可能不适当地感知T波、肌电干扰或心房起搏输出,并将其当作心室事件进行计数。

- CRT-D按频率将室性心律失常进行分区,频率可在一定范围内程控。因此,对于ICD来说正常窦律(NSR)只是一种频率分类,与实际的节律特征无关。

- 最精细的分区设置三个区,可以设定为NSR区(正常窦律)、VT1区(慢VT)、VT2区(快VT)及VF区。1区和2区的设置在心衰患者中更常见。

- CRT-D在不同的频率范围通过间期计数诊断心律失常,并选择进仓。间期不必是连续的,但必须落在某个分区的范围(如16个当中有12个)。满仓所需的间期数可程控,不同分区可以不同。例如,16个连续间期中有12个符合室速,即诊断为室速。但16个连续间期中有8个符合VF就可诊断VF。

- 为避免偶发室早(PVC)的干扰,装置在检测实时间期(CI)的同时与前4个间期的平均值(AI)进行比较。如果两个间期均在同一区间,这个间期将进仓计数。无论AI还是CI符合NSR,

这个间期都将作废而不进仓(不被计数)。当AI和CI在不同的仓时(但不是NSR),这个间期在更快的分区进仓。

- 当任何仓(除了NSR)充满时,ICD将启动治疗。治疗可以是高压电击、复律(低压电击)或抗心律失常起搏(ATP)。可以对每个分区程控不同的治疗方案,同一分区可程控几种治疗。因此VT可先用ATP治疗,然后复律,最后高电压电击治疗。

- 为确定患者所需的治疗类型,有必要知道患者的除颤阈值(DFT)。DFT是确定有效除颤所需的最低能量(单位为伏特或焦耳)。DFT测试可在植入术中进行,但这个过程具有挑战性,有时可以跳过不做,尤其对一级预防的患者。

- 对一级预防或没有接受DFT测试的患者,一般仅设置为高压电击治疗。对于已知有多重心律失常(VT和VF)的患者或那些已知具有较低DFT的患者,有必要程控为进行先低能量转复,然后高压除颤治疗。

- 患有多种心律失常和折返性单形性VT并且具有良好耐受性的患者可从ATP治疗中获益。ATP也对有反应的VT(其通过电生理试验确定)有益。ATP对这类患者有好处也有坏处。一方面,它是无痛的,耗电少,对某些心律失常的治疗安全有效。另一方面,当ATP不起作用时,它可能使患者处于有潜在危险VT中的时间延长,甚至可能加剧VT。

124

- 非约定式ICD诊断了心律失常并准备放电治疗时,如果放电之前检测到有正常窦律(NSR),放电治疗将被取消。而约定式ICD不管怎样均会发放治疗。大多数现代除颤器都是非约定式。

- 治疗后,心脏组织受损,需要短期用特殊的参数设置下起搏。这称为电击后起搏(PSP),通常需要高输出、低频率并且采用非频率应答模式。PSP通常从放电治疗几秒后开始(可程控),持续几分钟(也可程控)。

（王龙　译）

第十八章

ICD 和 CRT-D的高级除颤功能

目前临床应用的CRT-D植入装置可以看成ICD和CRT功能的总和。植入性ICD的基本功能是：植入人体后，随时准备在患者发生致命性心律失常时自动诊断、充电并发放高压电除颤脉冲，有效终止室速及室颤，挽救患者生命。CRT-D能感知自身心律，并在确立发生了致命性心律失常时，能有效诊断并及时放电，这似乎简单明了，但多数医生都知道，真实情况很少像教科书中讲述得那样简单。这就是为什么CRT-D植入装置提供了一些高级功能而帮助临床医生更好地为患者提供更合适和更有效的治疗。

室上速的鉴别诊断

ICD是为治疗危及生命的室性心律失常而设计的。而和室性心动过速相似而常见的心律失常是室上速(SVT)，其起源于心室以上的部位。有些SVT的心电图具有室速的特征，是心室对自身快速的心房激动(房速或房颤)的反应，有时与室速不易鉴别。

CRT-D发放高压除颤治疗室速是恰当而必需的，但这种治疗不能误用于SVT的治疗。在以频率作为识别标准的基础上，CRT-D怎样区分室速和室上速？答案是主要通过SVT的鉴别诊断功能。

ICD发放"不适当"治疗的具体比例尚不清楚。一项研究报道ICD患者接受不适当治疗的发生率为14%[1]，但早期研究中(使用旧技术)该发生率更高[2]。显然，出现房速，特别是房颤是ICD不适当治疗的一个危险因素，不适当治疗对这类患者都有潜在影响[3]。

不适当治疗听起来似乎没有其实际情况那么糟。患者受到不适当治疗时，意味着他接受了一次高能量的电击治疗。尽管患者的反应各不相同，但绝大多数患者均认为放电让他们感到烦躁、焦虑和疼痛。而且，放电治疗使患者的家人十分担心患者的健康状况，需要放下工作带着患者紧急到医院就诊。不适当治疗还能给患者造成严重的心理障碍，并耗费电池能量。遭受电击治疗能使患者在一段时间内不能驾车(许多医生禁止患者在接受电击一段时间内开车)，并限制了患者的自由活动。

鉴于上述原因，精确的SVT鉴别诊断能使ICD的治疗更加特异 (特异性治疗VT和VF)，而又兼顾其敏感性(确保没有VT或VF发作被遗漏)。SVT鉴别诊断的理论基础与临床医生通过心电图和心腔内电图分析心律失常的思路相同。例如，医生看到一份心室率增快的心电图可能会考虑以下几个问题：

- 患者的心房率是多少？是否患者有某种类型的房速？(房速强烈提示是SVT而不是VT。)

- 快速心室率是逐渐开始还是突然开始？（SVT倾向于有"温醒"现象，而VT常常突然发作。）
- 心室率是否稳定？（SVT的心室律不规则，而VT常规则。）
- QRS波群形态"正常"还是变形？（心房下传的心室激动即使心率快，QRS波群形态也"正常"。因此，QRS形态正常时提示SVT，VT时QRS波形态发生改变。）

这些问题也正是CRT-D鉴别SVT和VT时需要重点识别的。目前临床应用的CRT-D均有SVT的多项鉴别诊断功能，但各厂家之间也有区别，甚至同一厂家不同型号的ICD也不同。本章讨论St Jude医疗公司CRT-D的特性，以产品说明书为依据。应当注意多数CRT-D都能提供几种SVT的鉴别诊断方法，临床医生可根据患者的需要确定应用哪种方法。有时需要启动所有的SVT鉴别诊断方法，但启动的越多，心律失常达到需要治疗的VT越困难。许多患者只开启一种或两种功能。如果所有的SVT鉴别诊断功能都不启动，意味着任何类型的快速心室率都能触发高能量的电击治疗。因此，按患者的具体情况选择SVT的鉴别诊断功能很重要。有4种主要的鉴别方法：频率关系、间期稳定性、突发性和形态鉴别。

房室率的关系

房室率的关系是SVT鉴别诊断最基础的方法，它将房率和室率分别计数并进行对比，如同医生检查患者心跳节律并观察有快速心室率的患者是否存在房速一样。房室率的关系需要一根心房电极导线感知心房电活动（多数CRT-D均有）。当CRT-D识别到快速心室率时，将房率和室率进行比较，可能出现三种情况：房率>室率（提示房速或SVT），房率<室率（提示VT），房率=室率（提示窦速，是SVT的一种）（图18.1）。

房室率的关系也可抑制治疗或引起治疗放电（图18.2），但临床上心律失常具有复杂性。例如，慢性房颤患者伴发VT时，需要启用另一种SVT的鉴别诊断方法帮助鉴别房颤时的快速心室率。

间期稳定性

房颤时的快速心房激动经房室结间断下传激动心室，使心室律不规则。间期稳定性是一项检验心律间期是否稳定的特殊功能，其理论基础是VT常有稳定的间期，而SVT的心室间期常不稳定。

CRT-D在心动过速发作时检测一定数目的心室间期。检测间期的具体数目可以程控（例如，12）。将心动过速中12个RR间

127

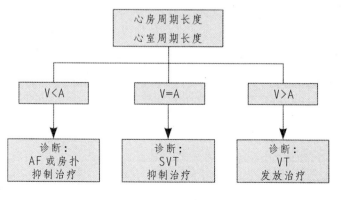

图18.1 房室率关系的比较和诊断 通过对比房率和室率而达到诊断目的。房室心率关系是SVT鉴别诊断最重要的基础，也是其他鉴别方法的基础

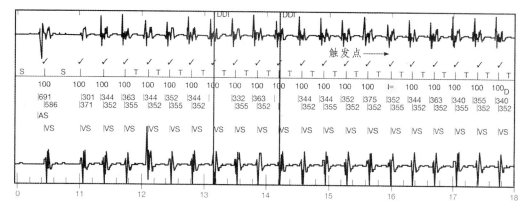

图18.2 房室率关系的比较和抑制ICD发放治疗 ICD识别心动过速后(上行),触发房室率比较的鉴别诊断功能。因确定房率=室率(A=V),诊断为室上性心动过速,进而抑制ICD的电击治疗

期心室率的变化与一个被称为间期稳定性设定值进行比较,该值的典型设置为80ms。如果12个RR间期的变化超过80ms,判断为"间期不稳定",诊断为房颤伴快速心室率反应,并抑制ICD治疗的发放。

另一方面,如果RR间期变化≤80ms,则确定为间期稳定,诊断为VT,并触发电击治疗。

间期稳定性可以单独使用,也可与房室率关系的功能联合使用。对于已知或怀疑有房颤的CRT-D患者,联合使用尤其适合。房室率关系的比较需要心房电极导线

感知心房的自身活动,而间期稳定性则不需要。因此,患者没有心房电极导线或心房异常感知时,应用间期稳定性功能仍可鉴别SVT(图18.3)。

突发性

房速和传导系统正常的患者可出现窦速,情绪激动或紧张时也可出现窦速,窦速可以是相对缓慢的房速(不是AF)。CRT-D在怀疑有窦速的患者(即传导系统完整的正在发生或发生过房速的患者)中遇到一些挑战,特别是他们"正常"的窦速频率与VT心

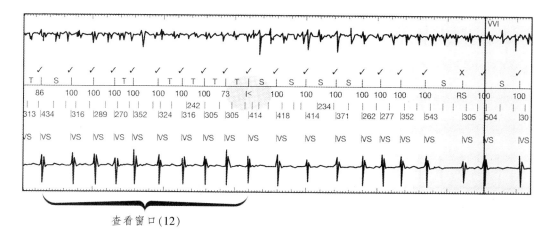

查看窗口(12)

图18.3 间期稳定性标准抑制ICD发放治疗 本例心动过速时(上行),房室率关系的比较和间期稳定性功能均开启,因房率大于室率(A>V)而确定为室上速,电击治疗被抑制

率有重叠时。例如，低频率室速的心率可在120次/分左右，但窦速频率的范围也可在100~130次/分。CRT-D怎样才能可靠地从120次/分的室速中区分出窦速？

128 已经观察到这类患者的窦速频率常随生理需求的增加而加快，但VT常突然起始。正如医生分析心电图时也要注意快速心室率是突然出现还是逐渐发生，起始突发性功能将对比非心动过速和心动过速的间期差值。例如突然起始值为100ms（可程控），起始突然功能将比较心动过速与非心动过速时的RR间期的差值是大于还是小于100ms。大于100ms时诊断为VT；小于100ms诊断SVT，电击治疗将被抑制（图18.4）。

形态鉴别

心室除极时形成QRS波群，其形态因心室激动的起源不同而不同。例如，心室起搏的QRS波宽有时有切迹，而自身的QRS波群窄、锐利且无切迹。多形性VT常有多个起源，QRS波形态多变（图18.5）。129

室上性心动过速经房室结正常下传心室，QRS波群的形态相对正常。而室速起源于心室，QRS波形态异常。室上速和室速的QRS波形态差别较大，但对某些患者来说，形态鉴别功能十分有用（图18.6）。

形态鉴别功能首先是在患者正常窦律时建立QRS波群形态的模板。一般在植入时或在早期随访时建立。CRT-D可程控

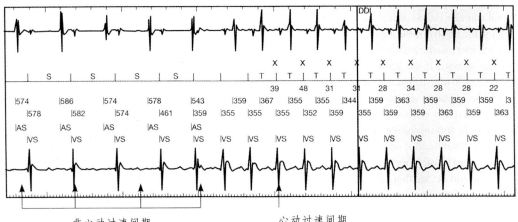

非心动过速间期　　　心动过速间期

图18.4　频率突发性的鉴别功能　突发性功能将比较心动过速与非心动过速时的RR间期。程控设置的间期差值确定了分界值。如果实测差值超过了程控的正常间期差值，则诊断为起始突然，并诊断为室速，触发电击治疗。如果差值小于设置的差值，考虑为逐渐起始，诊断为室上速而抑制电击治疗的发放

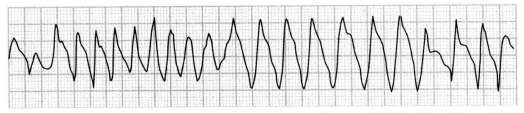

图18.5　多形性室速（VT）　多形性室速是指异位心室的起源点来源于心室的多个部位，可见QRS波群有多种形态

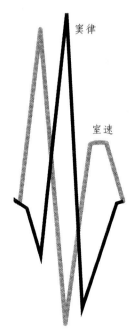

窦律

室速

图18.6 窦性心律和室速的QRS波形态比较

QRS波的形态因激动起源的部位不同而不同,室上性激动下传的QRS波比心室起源的QRS波窄而锐利

为模板定期自动更新,也可程控为手动更新。模板更新十分重要,因为QRS波群的形态可随时间的推移而变化,尤其是心衰等危重患者更易发生。

当CRT-D检测到心动过速发生时,形态鉴别诊断功能则将心动过速的QRS波形态与模板进行比较。按二者的匹配程度区分是室速还是室上速,100%即为精确匹配,60%即被认为匹配。匹配百分比的标准可程控,达到或超过该匹配百分比的间期数也可程控。CRT-D计数每一个间期QRS波的匹配值,当达到程控的匹配间期个数时,则诊断为SVT。QRS波的形态与窦律近似时,SVT的可能性大。

如果间期数达到不匹配的程控值后,QRS波的形态仍与窦律时的模板不匹配,则诊断为VT,然后启动治疗(图18.7)。

特殊功能

CRT-D最重要的治疗功能是发放电击治疗终止VT或VF。鉴别诊断、抗心动过速的快速起搏及其他功能能减少不适当的电击治疗,但患者出现致命性室性心律失常时,上述功能可能耗费时间,使室速或室颤的治疗时间被延误。因此,当使用SVT鉴别诊断功能时,某些计时周期也很重要,可以预防治疗的延误。这些功能包括VT最大治疗时间和SVT最长的鉴别诊断时间。

室速最大治疗时间

最大治疗时间是为保证患者出现致命性室性心律失常时,尽快释放高能量有效的电击治疗而设计的功能。该计时间期可程控(10s~5min),一般设置为20s。这样设置时CRT-D等待发放高能量电击治疗的时间最长为20s。

该功能设置的目的是为确保患者尽快得到充分的治疗。当这项功能开启时,医生可以设置低能量转复或抗心动过速起搏治疗,一旦这些功能不能转复室速,20s后CRT-D将发放高能量的电击治疗。

实际上,该项功能是个计时器,从诊断为室速的第一个间期开始计时,当心动过速持续达到程控设置的时间后,CRT-D将立即直接发放高能量的电击治疗。

室上速最长的鉴别诊断时间

大多数CRT-D均可设置有效的SVT鉴别诊断时间,以防患者出现SVT引起的反应性快速心室率时受到不适当电击治疗。然而,有时SVT持续的时间过长,需要帮助患者摆脱快速心室率。该项功能设定了CRT-D容许SVT持续的最大时间,该值可

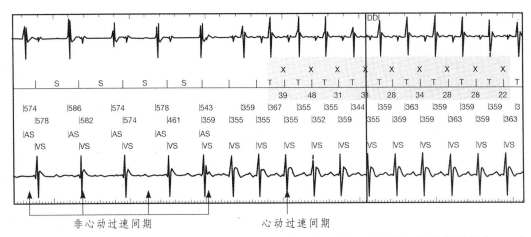

131

图18.7　形态鉴别触发电击治疗　形态鉴别在CRT-D诊断心动过速发生后开始起作用(阴影部分)。T表示VT间期。T下面一行的数字以39开始显示匹配的百分比(39%匹配,48%匹配,31%匹配等)。T上面一行,每个"×"代表该QRS波的形态不匹配的心动过速间期。本例设置为8个中有5个(达到60%)匹配则诊断为室上速。而本例患者,CRT-D没有判断出匹配的间期,因此诊断为VT,并触发CRT-D发放电击治疗

程控为20s~60min,常设置为30s。对于SVT频发、持续较长时间且耐受较好的患者,设置为10min或20min也是合适的。达到程控的时间值后,CRT-D将发放电击治疗。

上述两项功能仅用于治疗VT。发生室颤时应当立即发放高能量的电击治疗。

小结

对于尚无恶性室性心律失常病史的做一级预防的ICD患者和单纯性VF患者的治疗比较简单,但多数ICD患者有多种心律失常,且在短期内对某些心律失常的耐受性较好。高级功能的程控需要高度个体化！这些功能尽管比较复杂,但也给临床医生很大的空间,能为不同的CRT-D患者选择适合的治疗。

首先,对于单纯性VF和一级预防的患者,可仅设1个区(VF)和1种治疗(高能量电击治疗)。如果设2或3个区(VT和VF或VT1、VT2和VF区),可以开启某些功能协助鉴别SVT和VT。但是,使用SVT鉴别的功能越多,CRT-D将做的鉴别诊断也越多。开启多种要比开启一种鉴别功能的CRT-D更苛刻地诊断室性心律失常。因此,多数医生选择开启1~2个鉴别诊断功能(房室率关系的比较功能可以为基础,然后可能是QRS波的形态鉴别)。如果患者常有窦速,应当同时开启突发性功能。如果患者有房颤伴快速心室率,应开启间期稳定性功能(表18.1)。

参考文献

1. Rinaldi CA, Simon RD, Baszko A *et al*. A 17-year experience of inappropriate shock therapy in patients with implantable cardioverter–defibrillators: are we getting any better? *Heart* 2004; **90:** 330–1.

2. Nunain SO, Roelke M, Trouton T *et al*. Limitations and late complications of third generation implantable cardioverter defibrillators. *Circulation* 1995; **91:**2204–13.

3. Brugada J. Is inappropriate therapy a resolved issue with current implantable cardioverter defibrillators? *Am J Cardiol* 1999; **83:**40D–44D.

132　**表18.1　特殊功能**　医生在程控特殊功能时必须谨慎,不是所有的功能都适合每个患者。事实上,程控设置过多的特殊功能可导致装置在确定危险的心动过速时过于苛刻。同样,不设置任何特殊功能时能导致装置发放不适当的治疗。明智而谨慎地使用这些特殊功能将提高装置诊断与治疗的特异性和敏感性。

特殊功能	工作原理	程控打开	程控关闭
房室率关系	比较房率和室率	适合大多数患者,但如果患者有AF和VT,应联合使用间期稳定性	依赖正常的心房电极导线,如果电极导线损坏或心房感知不良,这项功能不起作用
间期稳定性	比较RR间期是否稳定(稳定时诊断为VT,不稳定时诊断为SVT)	对AF合并VT的患者合适,如果没有心房电极导线,它可替代房室率关系的功能。以心率关系为基础时,患者不会AF和VT同时出现	当患者的VT间期不稳定时,不要开启该功能,或谨慎设置差值。对没有房颤,且"心率关系"设置打开者,也不要程控这一功能
突发性	比较心动过速间期和正常心律间期的差值,并与设定值比较,确定心动过速是逐渐还是突然起始	对怀疑窦速(即传导正常及房速)的患者有用,尤其是窦速和VT心率接近时	对AF、房室传导不良伴房室分离的患者无用
形态鉴别	比较窦律的QRS波与心动过速的QRS波形态,按百分比判断心动过速的波形是否匹配(60%匹配是指5/8个间期匹配)	对大多数SVT患者有用,注意不需要心房电极	对无SVT患者无用
VT最大治疗时间	对室速最长的治疗时间进行限制	适于低能量转复和ATP能终止的室速,但应有最大的时间限制	不能用于VF患者或不能耐受VT或VT时血流动力学不稳定的患者
SVT最大鉴别诊断时间	限制SVT过长时间的鉴别而抑制放电治疗时间,即使是SVT持续时间过长,也应发放电击治疗	对SVT患者理想,尤其适用于有长期SVT或SVT耐受性差的患者	没有SVT鉴别功能时,最大鉴别诊断时间不能发挥作用。其可程控范围较大,对于需要尽早终止SVT的患者,可以设置得较短,对SVT耐受性好的患者,可设置长一些

注:AF:房颤;VT:室速;SVT:室上速;AV,房室;ATP:抗心动过速起搏;VF:室颤

133　**本章要点**

- 室上速(SVT)起源于心室以上的部位,室速(VT)起源于心室。二者均有快速的心室率,而除颤适用于VT治疗。
- 植入装置对SVT发放电击治疗时称为"不适当"治疗,会造成患者焦虑和痛苦并耗费装置的电能。
- CRT-D的SVT鉴别诊断功能是为区分SVT和VT。包括:房室率关系比较、间期稳定性、突发性和形态鉴别诊断等功能。其原理与医生通过分析心电图诊断心律失常的思路相近。
- 心率关系比较功能将心房率和心室率进行比较。A>V,判断为房颤或房扑;A=V,判断为窦

速,这两种判断成立时电击治疗被抑制。如果A<V,判断为VT,触发电击治疗。

- 间期稳定性是检查连续的几个RR间期判断间期是否稳定。观察Y个间期中选出的X个间期（X/Y,如12个连续间期中的任何8个间期）,如果其中X个间期的差值大于设置差值时,则判为"间期不稳定",提示诊断倾向于房颤伴快速心室率反应,而不是VT。如果间期不稳定,放电治疗被抑制。

- 房室率关系加间期稳定性十分适用于已知房颤且同时伴有VT的患者。这种情况下,仅靠心率关系不能区分SVT和VT(A>V),但加上间期稳定性则很容易识别出RR间期不稳定的房颤伴快速心室率。

- 突发性功能可确定心律失常的起始是突然的(VT可能性大)还是逐渐的(SVT可能性大)。观察连续间期中一定数目的间期变化(X/Y)与可程控的间期差值比较。如果变化比差值大,为起始突然(诊断为VT,发放电击治疗),如果变化比差值小,为逐渐起始(诊断为SVT,抑制电击治疗)。

- 突发性功能对频率可能出现在VT范围的不适当窦速患者尤为适用。例如患者运动时的窦速可以达到120次/分,而VT的频率也可以是120次/分。

- 形态鉴别功能将心动过速时的QRS波形态与窦律时自身的QRS波的模板相比较。这项功能基于心房下传的自身QRS波的形态与心室起源的QRS波形态在心电图上有所区别。"正常"波的形态更尖、更窄,而VT的QRS波形态更宽而且可有切迹。

- 形态鉴别功能是将心动过速时的QRS波形与窦律时QRS波形态模板对比,用百分比表示二者的匹配程度。例如设置二者形态相似≥60%为匹配。如果QRS形态鉴别中匹配的数

目足够多(例如10个中有6个匹配)则判断为SVT,电击治疗被抑制。如果达不到设置的匹配数目,则被视为VT,触发电击治疗。

- VT最大治疗时间是指电击治疗前心动过速存在的最大容许时间,可以避免无效治疗时间过长。例如,如果诊断为VT,可用抗心动过速起搏(ATP)或低能量电击治疗。该项功能是指CRT-D识别心动过速发作又持续一定时间后(如20s),自动发放高能量电击治疗。

- SVT最大鉴别诊断时间是为防止SVT的鉴别时间过长而抑制放电。例如,将该值程控为5min时,容许SVT鉴别并抑制放电5min,随后CRT-D将发放电击治疗。该项功能的目的是为避免快速心室率持续的时间过长,即使是房性心动过速伴快速心室率持续也不宜过长。

- 程控SVT鉴别诊断功能和特殊功能(VT最大治疗时间和SVT最大鉴别诊断时间)时应谨慎。每个SVT鉴别诊断功能的开启均使CRT-D诊断VT更加特异,但会推迟电击治疗的时间。恰当使用SVT鉴别功能和特殊功能可以减少不适当的电击治疗,增加患者对CRT-D的耐受性。

- SVT鉴别功能仅在设置心动过速2区、3区时才起作用,在诊断VF时从不启用。当室颤诊断成立时,CRT-D立即以最大能量发放电击治疗。

- 对一级预防的患者可能不需要SVT鉴别功能,装置仅设置为简单1区,如室颤区。

- 很少有患者需要开启所有的SVT鉴别功能。最基本的鉴别诊断功能是房室率关系功能,然后是形态鉴别。患者窦速的频率与VT的频率重叠时启用突然起始功能有助鉴别。间期稳定性有助于鉴别房颤伴快速心室率与房颤合并室速的情况。

(王龙 译)

第十九章

CRT 起搏心电图高级分析

CRT 起搏心电图的分析主要包括以下 3 方面:

- 是否双室均能起搏夺获?
- 左室电极的位置是否合适? 有无微脱位或显著脱位的证据?
- 有无需要特别注意的心律异常?

医师必须能正确分析体表心电图,包括右室起搏心电图、左室起搏心电图和双室起搏心电图。例如在阈值测试时,CRT 开始是双室起搏,随后左室失夺获,心电图则由双室起搏演变为右室起搏心电图。当左室重新夺获时,心电图又从右室起搏变回双室起搏。

心电图的多样性取决于 CRT 的工作模式。右室起搏时 I 导联 QRS 波群为正向波(除极波在基线上);双室起搏时为完全负向波(除极波在基线下)。事实上,双室起搏的 QRS 波群几乎是右室起搏 QRS 波群的镜像倒置(图 19.1)。在 III 导联,左室起搏比双室起搏的 QRS 波群主波向上的振幅增加,有时如同镜像倒置(图 19.2)。心电图 QRS 波的形态改变取决于心脏除极顺序的改变(图 19.3)。与单独右室或左室起搏相比,双室起搏的 QRS 波更多表现为负向,这是因电极位置的原因,I 导联 QRS 波群的形态反映右心除极, III 导联 QRS 波群的形态反映左心除极。

单独右室或左室起搏的 QRS 波的时限比双室起搏的 QRS 波时限长。心室收缩

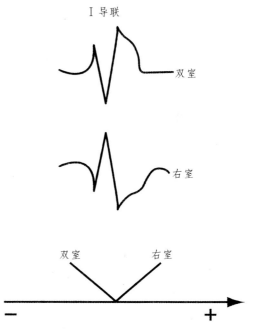

图 19.1 I 导联 QRS 波形态 双室起搏时比右室起搏的 QRS 波在 I 导联更加负向。实际上,双室起搏的图形如同倒过来的右室起搏图。I 导联反映了大部分右心的电活动

可从右室或左室起搏开始,电能在两室间传导并引起除极的时间比两个心室都起搏或同时起搏的时间更长。因此,双室起搏的 QRS 波时限更短、振幅更高。

QRS 波的形态在不同的起搏方式(右室起搏、左室起搏、双室起搏)、不同的导联(I、II、III 导联)和不同患者中各不相同 (图 19.4)。故推荐在随访过程中记录 I、II、III 导联左室、右室、双室起搏的心

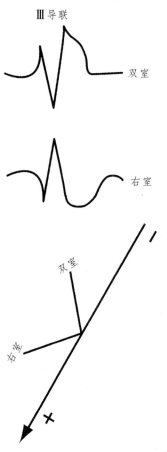

Ⅲ导联
双室
右室
双室
右室
Ⅰ

图 19.2 Ⅲ导联起搏的 QRS 波 Ⅲ导联反映了大部分左心室电活动。双室起搏比左室起搏的 QRS 波更负向。同样,二者似乎形态相反

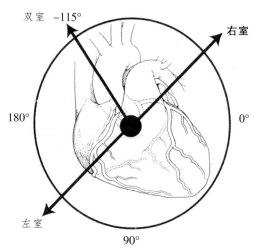

双室 -115°
右室
180°
0°
左室
90°

图 19.3 右室(RV)、左室(LV)、双室(BV)起搏的 QRS 波形 心电图能反映心脏的电活动。任何起搏心电图中 QRS 波群的形态因心室起搏点不同而不同。双室起搏产生了比右室和左室单独起搏更负向的 QRS 波形

电图。如果以后出现起搏QRS波的形态改变(特别是左室和双室起搏),要考虑左室电极脱位的可能。

分析 CRT 患者起搏心电图时,观察 QRS 波的形态十分重要。当某导联 QRS 波形态改变时,可以很容易地判断起搏位置的变化(图 19.5)。

QRS 波形态的突然改变,提示电极失夺获,可能是预期(如阈值检测时)或自发的。有时失夺获呈间歇性出现(图 19.6 和 19.7)。

在 CRT(CRT-D)或传统起搏心电图中,真性和假性融合波往往带来各种困惑。心室

起搏与自身心室除极波相遇时,前者引起心室除极因遇到自身除极而不能完成,结果二者融合,表现为"杂交"的 QRS 波群,既不是完全的心室起搏图形也不是完全的自身除极波形。真性融合波时,起搏器发放的起搏脉冲夺获心室,但这是"无用的能量",因为心脏自身已经开始除极(图 19.8)。

起搏脉冲落在自身 QRS 波时,发生假性融合波,心电图表现为 QRS 波中有一个起搏脉冲。假性融合的 QRS 波形态类似自身的 QRS 波形态,起搏脉冲是无效的,对心室除极没有任何作用,只是浪费起搏器的电能。

临床医生应能准确地识别和解释真性和假性融合波。第一,真性和假性融合波并不少见,医师要有这一意识。第二,真性融合波意味着存在起搏的心室夺获,融合波的出现意味着起搏脉冲夺获了心室,引起心室除极。假性融合波既不能证实也不能排除起搏夺获。第三,最重要的是,真

137

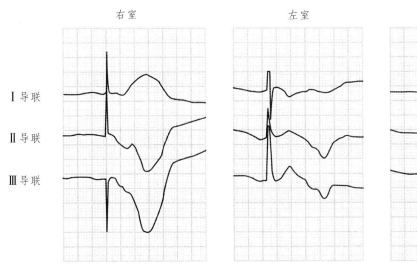

图 19.4　QRS 波在不同导联和不同心腔的表现　上面 9 个心电图波形是 1 次心室除极的不同反映（QRS 波群）。QRS 波形态因导联和起搏位置不同而不同（左、右心室不同，双室起搏时不同）

图 19.5　捆绑式 CRT 双室起搏转变为左室或右室起搏　图中描记中，前两个间期为双室起搏，后两个为单独右室或左室起搏。如果左室失夺获，则 CRT 从双室变为单独右室起搏，在 I 导联表现为 QRS 波正向振幅增加，但Ⅲ导联可能没有改变。如果右室失夺获，则起搏从双室变为单独左室起搏。I 导联无明显变化，而Ⅲ导联QRS 波的正向振幅增加

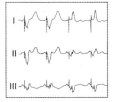 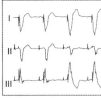

导联	双室起搏变为右室起搏	双室起搏变为左室起搏
I 导联	QRS 波正向振幅增加	轻微或无变化
Ⅲ导联	轻微或无变化	QRS 波正向振幅增加

性和假性融合波只说明心室激动的时间问题而不是输出问题。真性和假性融合波出现时，植入装置可能没有故障。但当真性和假性融合波持续出现时，需要注意起搏频率与自身心率十分相似，对 CRT 患者，一种方法是提高起搏频率（如融合波频率为 60 次/分，则需把起搏频率上调到 70 次/分）。另一个办法是缩短 AV 间期，因为理想的 AV 间期对 CRT 很重要。故为避免融合波而缩短 AV 间期时，要考虑到不影响 CRT 有效的治疗作用。

　　有时由于左室电极位置的缘故，CRT 装置能错误地把心房起搏当作心室起搏。

传统双腔起搏器和 ICD 均有"远场 R 波感知"，即心房电极导线感知到高振幅的心室信号，将其作为心房信号而感知。CRT 的现象与之类似，表现为"远场 P 波感知"，即左室电极导线误感知自身的心房激动并将其认为是心室事件（图 19.9）。

　　"远场 P 波感知"在传统的双腔起搏器中不会出现，因为右室只有一个电极且右室电极距心房电极导线较远，不能感知到心房电活动。远场 P 波感知是 CRT 左室电极导线的位置靠近右房所致，属于 CRT 的特有现象。如将左室电极导线放置在冠

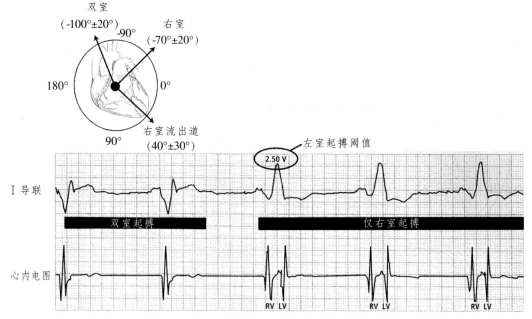

图 19.6　左室起搏阈值测试时的失夺获　本图系捆绑式 CRT 的阈值测试。第 1 个 QRS 波为双室起搏,I 导联的 QRS 波突然变为正向提示左室失夺获而仅有右室起搏夺获,体表心电图上可见右室起搏时感知左室激动的证据。右室起搏脉冲起搏右室(引起了主要除极),然后激动传导到左室,引起一个稍延迟的感知事件

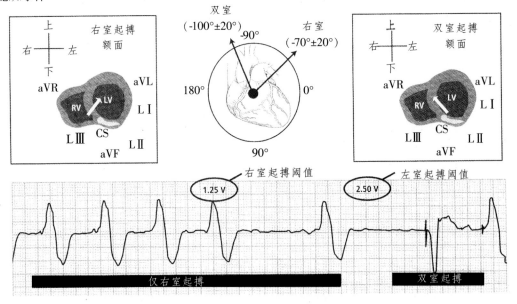

图 19.7　捆绑式 CRT 的夺获测试　CRT 的夺获测试可以半自动或手动进行,右室和左室常有不同的夺获阈值,需要不同的输出设置(脉冲幅度和宽度)。本例右室起搏测试直到失夺获,注意右室起搏的 QRS 波宽而圆,脉宽为 0.4ms 时,右室起搏阈值为 1.25V。CRT 试图恢复双室起搏,但左室阈值为 2.5V,意味着最初的设置只能保证右室起搏。当左室脉冲输出增加到 2.5V 时恢复了双室起搏,双室起搏的 QRS 波窄而锐利,负向振幅更大

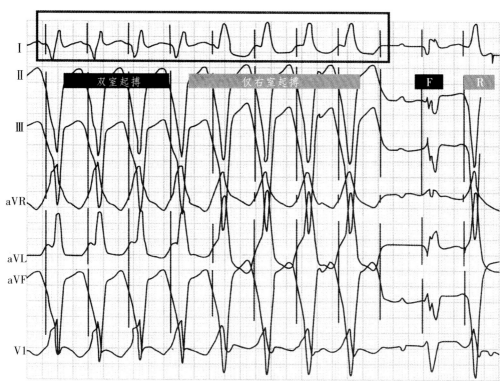

图 19.8 捆绑式 CRT 的阈值夺获测试 标记 F 的 QRS 波形态与其他不同，与右室起搏不同，与感知的 QRS 波也不同，其是融合波，是起搏脉冲夺获心室的证据。融合波是心室起搏的 QRS 波和自身心室波相遇的结果，这种情况常见，不需处理

140 状静脉内，可能靠近心房下部，甚至在心房内。而 CRT-D 的左室电极导线因为没有感知功能，所以不会出现这一现象。

远场 P 波感知有两个风险。第一，心室电极导线感知到 P 波后抑制 CRT 起搏，而 CRT 要求尽可能 100% 起搏，故任何抑制 CRT 起搏都不利于 CRT 发挥其治疗作用。

第二，植入 CRT 者，远场 P 波感知可导致"双重计数"。双重计数不是真正的计数结果，它反映了 CRT 可能错误识别没有发生的心室事件，结果 CRT-D 可能会在患者发生阵发的快速心房激动时，进行不适宜的放电治疗。

141 远场 P 波感知是左室电极导线感知过于灵敏的缘故。与心室波比较，心房波和起搏心房波振幅均较低。因此，应慎重设置心室电极导线的感知灵敏度，以避免误感知。

总之，读取 CRT 的心电图是一项挑战，但也是基本的。医生需要识别 QRS 波的形态，并认识到双室起搏 QRS 波的形态改变（包括形状或正极、负极形态）意味着 CRT 功能的改变。因此，医生随访中要注意基础节律，并在每次随访中做细致的比较。如有 QRS 波形态的改变，应高度重视可能出现的问题。

CRT 的 QRS 波形态的改变需要综合判别，需通过几个导联来看。Ⅰ、Ⅱ、Ⅲ导联可为医生提供需要的信息。

要记住的是，在 CRT 心电图中也可能出现正常的心电图图形，这意味着可以发生真性和假性融合波，室性早搏有时也可表现为类似正常的心电图（图 19.10）。

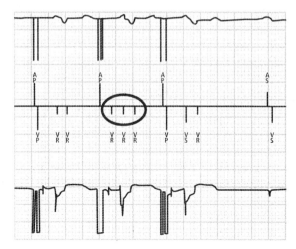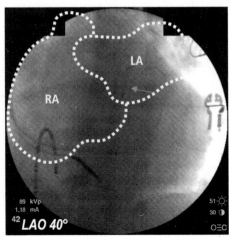

图 19.9 远场 P 波感知 图中的圆圈显示左室电极感知到远场 P 波并引起双倍计数，确定远场 P 波感知最好的方法是检查心内电图的标注，明确标注的心室激动是否与 QRS 波相对应(本例中第 2 个感知到的心室激动是真实的，而第 1 个是远场 P 波感知)。左室电极导线感知到来自左房的起搏脉冲称为远场 P 波感知，这种情况常在左室电极导线位置太靠近右房时出现(见心脏图)

RV=仅右室起搏　　　　　　　　　　PF=假性融合波
LV=仅左室起搏　　　　　　　　　　PVC=室性期前收缩
I=自身节律(正常的窦性心律)

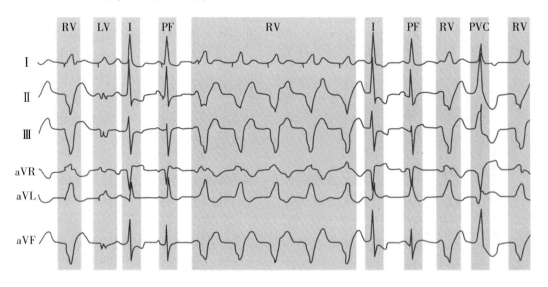

图 19.10 CRT 心电图 CRT 心电图比较复杂，涵盖了所有的心电图分析基础。本图中有 5 种不同形态的 QRS 波,RV 是单独右室起搏，标记为 LV 的第二个波是左室起搏，两个标记 I 的 QRS 波为正常窦律，即自身心搏。两个标记为 PF 的是假性融合波,看起来像自身心跳,但有起搏脉冲信号。PVC 为室性早搏

本章要点

142

- 分析 CRT 心电图时,要仔细检查是否是双室起搏,左室电极导线的功能是否正常。另外,还要评价心电图是否有异常的心电现象。

- 双室起搏的 QRS 波形态不同于单纯右室起搏和左室起搏,通常 QRS 波的时限更短,更多导联的 QRS 波主波向下。

- 捆绑式 CRT 的心电图从双室起搏转为右室起搏时,意味着左室起搏失夺获;相反从双室起搏转为左室起搏,意味着右室起搏失夺获。

- 与双室起搏比较,右室起搏时,I 导联 QRS 波的主波正向振幅进一步增加,而III导联的 QRS 形态几乎没有改变。左室起搏时,III导联 QRS 波主波正向振幅进一步增加,而 I 导联的 QRS 波形态几乎没有改变。

- 评价心室起搏时,I、II、III 导联是必须的,其他导联的综合应用也能提供更多的信息。

- CRT 心电图可以表现为真性或假性融合波。当 CRT 起搏夺获心室与心脏自身除极波相遇时出现真性融合波。真性融合波的形态奇特,表现为真正心室起搏和自身 QRS 波的混合。当自身除极引起心脏收缩时,起搏器发放脉冲信号未能夺获心室而出现假性融合波,使起搏脉冲常落在自身 QRS 波中。

- 真性融合波证实有心室夺获(心室起搏改变了 QRS 波形态,提示有心室夺获)。但假性融合波既不能证明也不能否定有心室夺获。真性和假性融合波都能浪费电能,如偶然发生,不需要调整 CRT 参数。真性和假性融合波是心室起搏的室波和自身心室波相遇的时间问题,增加起搏频率或缩短房室延迟时间可能

有帮助(但只能适当调节房室间期,对 CRT 来说,调整理想的房室间期是关键)。

- CRT 系统的阈值夺获检测应采用递减方式,从高输出电压开始逐步递减。

- 现代 CRT 可提供独立输出和半自动检测夺获心室的阈值。然而在临床实践中,也会遇到捆绑式 CRT。

- 右室和左室有不同的阈值,捆绑式 CRT 的递减阈值夺获测试中,通常顺序为双室起搏到右室或左室起搏,到停止起搏。

- 左室电极导线距心房较近时,可能感知起搏或自身的心房信号,造成误感知。这称为"远场 P 波感知",可能发生在CRT 系统中,但不会发生在传统的双腔起搏器或ICD 中。

- 医师需要确认 CRT-D 患者没有"远场 P 波感知",因为"远场 P 波感知"会导致"双重"计数心室事件。CRT-D 双重计数会导致装置认为有室性心动过速而误放电除颤。

- 解决远场 P 波感知最好的办法是调整左室电极导线的感知灵敏度,使之不能感知 P 波,仅对更大的心室信号敏感。

- CRT 需要 100% 的心室起搏,但目前仍不能确定常见的室性早搏对 CRT 起搏功能的影响。

143

- 保留既往随访时的心电图记录作为模板,将随后的 QRS 波形态与之进行对比十分必要。QRS 波形态的改变可能与电极导线的问题、脉冲发生器问题或其他设置的值相关,需要进一步明确原因。而且不同患者的 QRS 波形态也有所不同,所以医生最好给每位患者做好模板的备案。

（赵志宏 王龙 译）

CRT-D 装置的除颤阈值管理

144 除颤阈值是指心脏除颤时所需要的最低能量。CRT-D 不仅有双室同步起搏功能，也可在室速等致命性快速室性心律失常或心脏性猝死事件发生时，通过除颤挽救患者的生命。但除颤时需足够的能量才能使心脏转复为正常心律。由于各种原因，除颤阈值是医师尤为关注的，只有发放超过除颤阈值的能量才能成功除颤。

除颤阈值的检测可在植入术中进行，测试时需要诱发致命性室性心律失常，并及时放电除颤。通过递减程序进行除颤阈值的检测（逐步减少输出直到无效，然后升高到实际的除颤阈值）。但除颤阈值检测是危险的，需要操作者有足够经验。因此，除颤阈值检测时需要特别慎重。例如，某患者植入术时 10J 的能量可以除颤，则把它定为标准的除颤阈值，而事实上真正的除颤阈值可能更低。

对于除颤阈值有 3 个重要问题需要考虑：

- 部分患者在植入 CRT-D 时，有较高的除颤阈值。
- 部分患者在植入 CRT-D 时，除颤阈值正常，但随后除颤阈值会增高。
- 上述情况均不能预测。

除颤是通过一次放电使所有心肌细胞同步除极，使心脏所有心肌细胞电活动被"重整"。除颤能量释放后，短时间内心脏恢复正常电活动。尽管恢复之初的"正常电活动"可能不稳定，但很快就会恢复正常心律。重整能打断心律失常的折返环路，致命性室性心律失常才能终止。

很多潜在的因素能影响除颤阈值。临床经验表明，除颤阈值不是静止不变的，目前还不能明确所有影响除颤阈值的因素，已经明确的因素包括以下方面：

- 除颤阈值在不同疾病状态时发生改变，如心肌损伤、严重心肌缺血、心脏收缩功能不全等。
- 老年患者的除颤阈值增加 [1]。
- 肥胖者除颤阈值增加。
- 宽 QRS 波群、高 NYHA 分级、低 LVEF 均与除颤阈值的升高相关。
- 左室扩大，除颤阈值也随之增加。
- 一些药物能影响除颤阈值，如胺碘酮 [2]。

虽然目前尚无研究说明，CRT-D 的除颤阈值比 ICD 更高，但 CRT-D 患者中确实有许多与除颤阈值增高有关的因素。因 145 此，没有足够理由认为 CRT-D 比 ICD 除颤时的风险更小，而且有可能风险更大。

已知一些危险因素能使除颤阈值潜在性增高。通过回顾性分析 122 例 ICD 患者的资料发现，其中 18 位患者有 24 次"特殊情况"，包括除颤阈值增加≥25J。因此，尽管患者在植入 CRT-D 时有正常的除颤阈值，也不能保证其一直能维持正常阈值。

管理除颤阈值最好的方法是了解相关资料及如何应对具体的问题。第一，选择合适的 CRT-D 系统,对除颤能量、产品标签和其他参数进行识别, 包括储存能量和释放能量。储存能量反映高能放电时,有多少能量贮备。理论上,工程师对储存能量可能感兴趣,但对临床医师却没有太大意义。临床医师关注的是释放的能量, 它反映多少能量可释放到心肌细胞。储存能量总是高于可释放能量, 这是一些厂家喜欢突出储存能量的原因。但重要的是,患者能够接受到多少能量,这是通过释放能量表现出来。绝大多数 CRT-D 的最大释放能量超过30J,通常,植入高能量放电的 CRT-D 系统是明智的选择,因为不可能预测患者是否需要高能量除颤。

但最有经验的医师也认为选择最高输出能量的 CRT-D 不一定最适当。幸运的是,也有其他一些技术能帮助临床医师管理高能量除颤阈值。

除颤脉冲的程控

目前,我们已经知道起搏信号和除颤信号类似,当起搏脉冲传导到心肌,能量达到阈值时,则能夺获心肌并引起心电活动,产生除极(称为输出参数)。起搏时,输出参数被称作输出振幅(电压)、脉宽或脉冲间期(毫秒),这些均用于衡量有多少能量输送到心肌组织。

除颤波形类似于起搏器的脉冲输出波,只是数值更大,医生通过程控电压和脉宽调控起搏器的输出;通过程控输出能量(焦耳)调节除颤的波形。计算输出能量更需要数学计算而不是通过医师的主观判断,其取决于电压(振幅)、脉宽、电阻和其他因素。但令人困惑的是,除颤脉冲的振幅和脉宽的程控却和起搏脉冲不一致。

除颤方面的最新进展表明,在某些电压和脉宽水平时,除颤最有效。也就是说,"总能量"并不是影响除颤效率的主要因素,而能量公式中的电压和脉宽却是最重要的。其中合适的脉宽尤为重要,脉宽是指除颤脉冲持续的时间,需要维持足够时间,以保证除颤波对所有的心肌细胞进行电的"重整",但同时也不能过长。

最初的除颤器使用单相除颤波,即波形类似起搏器的输出脉冲, 但幅度更大。目前已知双相波形的除颤效果更好,其包括两个相反的时相(图 20.1)。双相波形除颤效果更好的原因包括:第一时相并不能作用于所有心肌细胞,与脉冲邻近的心肌可能得到更多的能量,其他较远的心肌细胞可能得不到足够的能量使之完全除极。而双相波的第二时相,作用于不完全除极的心肌细胞, 确保了所有的心肌细胞均能

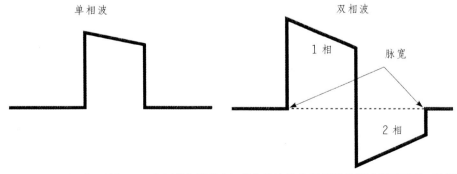

图 20.1　单相波与双相波　最初 ICD 使用单相波除颤,现今普遍认为双相波除颤心脏更有效,双相波由前面的向上的波和紧随其后向下的波组成

除极。有的学者将这种现象称为双相除颤波的"暖气"效应[3]。

并非所有的 CRT-D 都允许医师程控除颤波的脉宽,医生可以通过调整斜率改变除颤波的脉宽。除颤波形的斜率是指输出衰减时,能量如何快速释放。斜率设置为 65% 时（常见且在某些设备中为默认值），双相波在第一时相能量将衰减到65%。斜率设置为 50% 时(某个厂商的出厂标准)，双相波在第一时相结束时能量将衰减到 50%。斜率会影响脉宽,50% 比65% 斜率的脉宽短(图 20.2)。

理想的除颤是尽可能用低的输出能量得到最大的除颤效果。研究表明,第一时相 4ms 除颤波比 8ms 除颤波的除颤效率更高,第二时相应比第一时相更短[4]。据此,可以减少总能量而获得同样的除颤效果。

除颤波脉宽的重要性在一些特殊情况时也能表现出来。一项研究发现,服用胺碘酮的患者,尽管除颤阈值增高,但如果第二相除颤波的脉宽从 5ms 减到 2ms,除颤需要的能量也会显著减少。事实上,减少双相波形第二相的脉宽能降低所有患者的除颤阈值,在对照组也如此[5]。

一些程控仪提供了程控斜率的设置,可以调控斜率,特别是调整第一时相 4ms 内的脉宽,使波形更加理想化。某些装置(St Jude 医疗公司）还提供了程控脉宽的功能,这样可以更好地控制这些关键性优化指标。在这种装置中,可程控脉宽(4ms是很好的起始参数）并调整相应的斜率。很多情况下,除颤不充分的单相脉宽在设置不同的脉宽时可能更有效,甚至在同样的电压下也如此,理想化的程控能量值很重要,应作为首要措施。

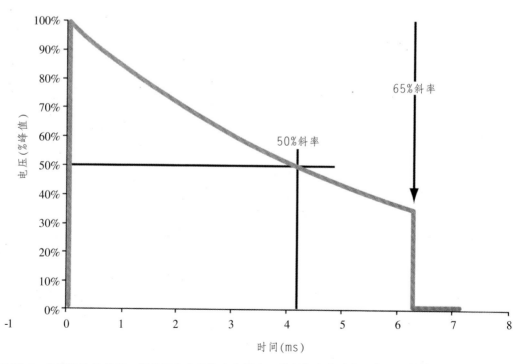

图 20.2 除颤脉冲的斜率 斜率用来定义输出能量在一段间期内衰减的百分比,尽管医生可以通过程控斜率而调整脉宽,但斜率值的细微调整并不简单

电极导线与极性

除颤能量通过右室电极导线传送到心肌，电极导线的位置是除颤成功的关键。因此，当出现除颤阈值慢性增高时，需检查右室电极导线是否出现了故障。一些装置设有检查电极导线及其阻抗的功能(St Jude 医疗公司装置了"高压电极完整性检测"功能)。该功能在确定电极导线的有效性时十分重要，但检测时，电极导线释放的电能可能引起患者的不适甚至疼痛。

固定在远端的右室电极导线的除颤效果最好。然而，CRT-D 系统的右室电极导线同样有起搏功能，意味着右室电极导线应该贴近室间隔，但如果位置太靠近间隔，可能会影响除颤的效果。

其他检测电极完整性的方法是连续观察电极阻抗的改变。绝大多数厂家的电极阻抗的正常值范围较大，很多因素都能影响电阻，通常电阻有几百欧姆的变化很常见。但通常认为，电极一旦植入，其电阻应该相对稳定，在整个应用期间，电阻轻度的改变可以接受，但阻抗突然改变≥200Ω 时，强烈提示电极导线的损坏。包括电极位置的改变 (电极位置细微或显著移位)或电极的断裂。有时电极与脉冲发生器的连接处出现松脱，或绝缘体划破而被损害。对怀疑有损害的电极导线可用 X 线进行检查。

电击能量通过右室的正极 (阳极)或负极(阴极)释放。在一些 CRT-D 系统中可以程控，医生因有高除颤阈值而程控高的电击能量。然而有数据表明，程控右室作为阳极(St Jude 医疗公司的 CRT-D 系统的设置)除颤有效率达88%，效果更好[6]。这意味着对于绝大多数患者，右室作除颤的阳极是正确选择。

如同其他电能一样，除颤能量需要在电路中传送。右室电极导线的远端和脉冲发生器之间可形成单极环路，右室电极导线的远端和上腔静脉线圈(右室电极导线更近端的电极圈，因其位置在上腔静脉附近而命名为上腔静脉线圈)之间可形成环路。除颤能量从右室电极导线的远端到上腔静脉线圈的过程类似于双极环路(小天线)。改变上腔静脉线圈(开或关)可能会影响除颤阈值的有效性。一些厂家的 CRT-D 植入时，需要改变上腔静脉线圈。但另一些 CRT-D 系统可通过程控仪程控上腔静脉线圈，甚至在植入后也能程控(St Jude 医疗公司的装置)。早期研究报道，程控上腔静脉线圈能增加除颤的有效率[7]。但并不清楚其是否能影响除颤的波形，可能改变除颤能量的向量或途径会使除颤波形更加理想化。

高除颤阈值的处理

高除颤阈值通常无法预测，无论在植入时或随访过程中均可发生，并可能导致除颤失败。植入 CRT-D 时，当除颤阈值检测结果为高除颤阈值时，植入者可采取的补偿方法包括：

- 选用高输出 CRT-D 装置，程控输出能量到最大值。
- 重新放置右室电极导线，在很多情况下，电极导线的位置能影响除颤效率。
- 调整除颤波形，程控双相波的第一相除颤脉宽为 4~5ms，第二相理想脉宽为 3ms。
- 打开或关闭上腔静脉线圈。

植入 CRT-D 时除颤阈值正常(甚至一

直正常），并不意味着除颤阈值不会突然（且无症状）增高。其处置策略包括：

- 调整除颤波的脉宽（双相，第一相为 4~5ms，第二相为 3ms）。
- 如有可能，增加除颤的能量输出。
- 改变上腔静脉线圈（打开或关闭）。

可能需要重新调整电极导线的位置、植入更高输出能量的 CRT-D、改变上腔静脉线圈的位置（在非 St Jude 医疗公司的 CRT-D）等，但仅在非侵入性策略不能解决慢性阈值升高时，才选择上述的有创性治疗。

CRT-D 对除颤阈值有何影响？

这个问题正在研究中，十多年来，很多研究报道了高除颤阈值和慢性除颤阈值增加的现象及处理方法。但 CRT-D 患者是否与植入其他装置的患者有不同的临床过程尚不清楚。

从已知的高除颤阈值的危险因素来看，植入 CRT-D 的患者均属于高除颤阈值风险者。尤其是收缩功能异常、高 NYHA 分级和应用胺碘酮等是公认的增加除颤阈值的因素，这些情况在植入 CRT-D 的患者中最常见。然而，却没有临床数据支持这一观点，仅仅是推论而已。

CRT 治疗带来的益处可以抵消高除颤阈值的不利因素。例如，尽管高 NYHA 分级常伴有高除颤阈值，但 CRT-D 系统能改善患者的心功能，降低 NYHA 分级，这是否能稳定除颤阈值？CRT 治疗能增加左室射血分数，改善收缩功能，同样有助于稳定除颤阈值。虽然目前仍没有相关的证据证实，但却可能。

对高除颤阈值和慢性除颤阈值增加的管理是成功除颤的重要组成部分，无论是传统的 ICD 或当今的 CRT-D 系统均如此。幸运的是，目前已经应用的除颤波形管理和高除颤阈值管理已使患者获得了很大程度的益处。

参考文献

1. Tokano T, Pelosi F, Flemming M *et al*. Long-term evaluation of the ventricular defibrillation energy requirement. *J Cardiovasc Electrophysiol* 1998;**9**: 916-20.

2. Pelosi F Jr, Oral H, Kim MH *et al*. Effect of chronic amiodarone therapy on defibrillation energy requirements in human. *J Cardiovasc Electrophysiol* 2000;**11**:736-40.

3. Kroll MW. A minimal model of the single capacitor biphasic defibrillation waveform. *Pacing Clin Electrophysiol* 1994;**17**:1782-92.

4. Swerdlow CD, Brewer JE, Kass RM, Kroll MW. Application of models of defibrillation to human defibrillation data: implications for optimizing implantable defibrillator capacitance. *Circulation* 1997;**96**:2813-22.

5. Merkely B, Lubinski A, Kiss O *et al*. Shortening of the second phase duration of biphasic shocks: effects of class III antiarrhythmic drugs on defibrillation efficacy in humans. *J Cardiovasc Electrophysiol* 2001;**12**:824-7.

6. Kroll MW, Tchou PJ. Testing of Implantable Defibrillator Functions at Implantation in Clinical Cardiac Pacing and Defibrillation. Philadelphia: WB Saunders 2000.

7. Gold MR, Olsovsky MR, DeGroot PJ *et al*. Optimization of transvenous coil position for active can defibrillation thresholds. *J Cardiovasc Electrophysiol* 2001;**11**:25-9.

本章要点

- 除颤阈值是心脏除颤时所需的最低能量。但除颤阈值不是静止的，而是受疾病状态、年龄、药物等其他因素的影响。

- CRT-D 患者存在导致除颤阈值增加或升高的因素（包括收缩功能异常、低射血分数、高 NYHA 分级），有观点（未得到证实）认为 CRT-D 可能有助于减少这些危险因素（改善收缩功能、稳定射血分数、改善运动耐量）。

- 药物可影响除颤阈值，特别是胺碘酮能增加除颤阈值。

- 除颤能量的单位是焦耳，但实际上，除颤波形由电压（脉冲振幅）和时间（脉冲时限）决定。

- 除颤波形可以呈单相或双相，双相除颤波更有效。

- CRT-D 系统要标注出存贮的能量和释放的能量。存贮能量指 CRT-D 电容器中存贮了多少焦耳的电能，释放能量指除颤时 CRT-D 释放的能量，释放能量对临床医师更有指导价值。

- 除颤波形可通过调整脉宽达到最理想状态，绝大多数患者理想的除颤波形是第一相脉宽 4～5ms，第二相脉宽 3ms。

- 并非所有的 CRT-D 都需要直接程控和调整脉宽。在某些病例中，脉宽可通过调节斜率间接调节。斜率是指电压降低的速率。程控 65% 的斜率是指在任何脉宽下除颤的波能量将衰减到 65%。因此，50% 比 65% 斜率的脉宽更短。

- 除颤能量通过电的环路释放，这个环路可能是右室远端电极和脉冲发生器形成的环路，或右室远端电极和上腔静脉线圈形成的环路。改变除颤环路能改变放电方向，改变通过心脏的除颤波形，除颤波向量的改变能提高除颤效率。

- 绝大多数患者（88%）除颤放电时右室远端电极作为阳极（正极）。通常，不把右室远端电极作为负极。

- 当患者有高除颤阈值时应检查电极导线的完整性，因为电极导线的问题是除颤阈值突然增高的最主要原因。

- 除颤阈值能够、也确实可以改变，并受多种因素的影响（可能还有未被识别的因素），定期检测除颤阈值十分重要。

（赵志宏 王龙 译）

第二十一章

心房颤动

　　从事心血管专业,无疑会碰到很多的房颤患者,房颤是比室性快速性心律失常更为常见的心律失常。流行病学的统计数据显示,10%~30%的心衰患者合并房颤,但该数据仍然有一些争论,严重心衰患者更易合并房颤[1,2]。对医生来说,房颤治疗本身就是一种挑战,而房颤合并心衰患者的治疗更是双重的挑战。

　　尽管房颤是一种常见的心律失常,但我们对房颤的认识仍不十分明了,临床仍有一些困惑。房颤是指快速的、杂乱而无规则的异位房性激动,可引起快速和不规则的心室反应(图21.1)。不同患者的心室率对房颤的反应不同,主要取决于患者传导系统的功能是否正常。根据持续的时间可将房颤分为三大类:阵发性、持续性和永久性房颤。阵发性房颤正如名称所示,发作呈突发突止,可能持续时间很短而无症状,或持续时间长伴有症状,药物转复能够成功。持续性房颤的持续时间较长,不能自行终止,需要治疗才能转复(药物和电转复),持续性房颤多数伴有症状,而永久性房颤很难用药物转复。

　　房颤的第一个"神奇之处"是,三种房颤都具特异性而各不相同,临床分类不明时能以此为指导。可以认为,三类房颤分别是房颤自然进展的不同阶段,虽然初始阶段房颤持续时间短,无症状且可治疗,但最终将进展为药物难治性、永久性房颤。

　　房颤的另一个"神奇之处"是,有多种关于房颤形成的学说。第一个是房颤的多子波假说,最早由 Moe 提出,他认为心房内有多个起源点同时产生电活动,这些子波发出的同时互相撞击,产生心电而激动心房。同时,心房在这些子波的作用下除极并形成多个小子波,其经房室结下传心室,形成快速的心室率[3]。

　　以多子波折返理论为基础,出现了"迷宫手术"治疗房颤的方法。该方法通过外科手术对心肌组织进行分段隔离,破坏多子波的传导路径进而治疗房颤。更为精密且创伤较小的一种手术称为"导管迷路—射频消融术",其原理也是通过破坏心肌组织而达到治疗房颤的目的(图21.2)。

　　近期,法国心脏病学家发现房颤的异位起源点是单个起源点,而不是多个起源点[4]。他们成功地用射频消融的方法消融单个起源点而治疗房颤[5],房颤的单个起源点在肺静脉内,而不在心房内。

　　心电图无法识别房颤来源于多个还 是单个起源点,二者都能产生相似的心电图表现和临床症状,对患者产生相似的危险。房颤的发生机制尚未阐明,多子波折返在维持房颤的过程中起重要作用[6]。

　　房颤的最后一个"神奇之处"是,房颤是一种相对无害的心律失常。有研究发现,

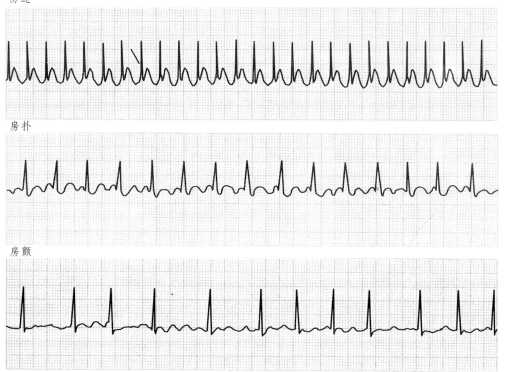

图 21.1 房速、房扑及房颤 房速比房颤频率慢，房颤的特点是快速而不规律的心房激动伴不规整、且常是快速的心室反应

心衰合并房颤患者的死亡率比单纯心衰患者高 34%[1]。另一项研究发现随访心衰患者 1 年，如果患者合并了房颤，死亡率将更高 [7]。现在还不清楚房颤是否能增加死亡率，以及房颤是否是心衰加重的一个标志。

心衰患者容易产生房颤是因疾病的进展累及心房肌组织或心室容量和压力的超载使心房扩大变形，心房发生解剖学重构。心衰和房颤形成恶性循环，房颤使心衰恶化，同时心衰加重房颤，而快速的心室率可导致心肌病。

临床医生对于心衰合并房颤治疗策略的认识非常重要。房颤的治疗主要包括两类方法，即恢复窦律（中止房颤）和减慢心室率（忽略房颤只控制心室反应），分别称为"节律控制"（适用于想恢复窦律的患者）和"心率控制"（适用于只管心室反应的患者）。临床医生凭直觉认为，心律控制可能更有益，但尚没有临床证据。而且，部分患者无法实现心律控制，那么怎样治疗房颤合并心衰的患者呢？

药物仍然是房颤的一线治疗方法，合并心衰时怎样进行药物治疗呢？奎尼丁是唯一证实可用于治疗心衰合并房颤的抗心律失常药物，但其他Ⅰ类（普鲁卡因胺、丙吡胺、普罗帕酮、氟卡尼）或Ⅲ类抗心律失常药物（索他洛尔、胺碘酮）仍在使用。应用上述抗心律失常药物的最大顾虑是其致心律失常的作用，一些药物同时还有负性肌力作用（减弱心脏收缩强度）。不可否认，一些抗心律失常药物能增加房颤合并心衰患者的死亡率 [8]。胺碘酮是唯一不

152

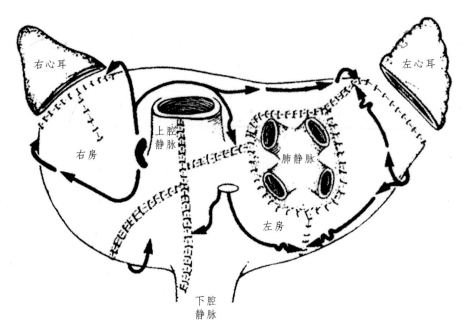

右心耳

左心耳

上腔
静脉

右房

肺静脉

左房

下腔
静脉

图 21.2　导管迷宫手术　图中黑线代表激动在心房内的传导路径，缝合线显示导管迷宫手术后可能形成的瘢痕

增加心衰合并房颤患者死亡率的药物，已被证实在心律失常的治疗中有显著疗效。尽管在美国的房颤治疗中未被证实，但胺碘酮也被超适应证地用于治疗房颤合并心衰的患者。然而，胺碘酮的毒副作用使许多患者不能应用。在随机试验中，胺碘酮常被中途中止（41%），即使已有疗效[9]。目前，多菲利特是一种很好的替代品。

另一个治疗房颤的方法是减慢心室率，可应用地高辛，虽然地高辛没有转复房颤的作用，但能缓解患者的症状，减慢心室率。

由于房颤能增加患者中风的概率，所以持续性或永久性房颤的患者需要进行抗凝治疗（使用华法林）。中风与房颤之间的关系早已被证实，即使不伴心衰的房颤患者也可能出现。房颤会导致血液淤积在心房内而没有泵出，一段时间后，这些血液就会凝结成块。当形成的血块停滞在某处就形成了血栓。如果血块破裂并随循环

系统而流动，就可形成栓塞。血栓和栓塞都可通过阻挡含氧丰富的血液流向大脑而导致中风。血栓会像塞子一样堵住某动脉，血栓会随血流流动至大脑内或大脑附近并阻塞血流。华法林和其他抗凝药物可以预防血栓的形成。

中风不是心衰合并房颤唯一严重的后果，房颤时心房辅助泵功能出现障碍，无法帮助心室充盈，使心输出量减少。快速心房率引起的快速心室率能引起心室充盈时间缩短，冠脉灌注减少。房颤的快速心室率可能通过缩短心脏收缩和舒张时间而减少心搏量，进一步加重心衰。房颤伴快速心室率也是扩张型心肌病的原因之一。事实上，心衰伴扩张型心肌病的患者中，快速心室率的治疗比转复房颤为窦性心律更重要。

即使消融房室结阻断房室传导，进而减慢心室率，永久性房颤也依旧会存在（详见第 22 章）。

153

在治疗心衰患者合并房颤时的一个棘手的问题是,每一种有效的治疗方法都能带来比房颤本身更严重疾病的风险!现已明确,心房起搏有助于抑制心衰合并房颤患者的快速房性心律失常。

与单腔起搏相比,双腔起搏可减少房性心律失常的发生率。虽然尚未证实,但多数学者认为心房快速起搏抑制房性心律失常的机制在于减少了"心房有效不应期的离散度"。在每个心动周期中,心房顺序进行除极和复极,心房率较快的除极过程中,心房组织的有效不应期缩短。然而,在快而不规则的心房激动时,不同部位的心房肌不是处于统一的不应期之中,心房肌的不应期变得不规则,进而影响了心房自身的电传导。这种不应期的不规则被称为"不应期离散度",它与房性心律失常的发生关系密切。而快速的心房起搏恢复了规整的心动周期,从整体看使心房有效不应期正常化。

双腔起搏能控制某些高频率的心房活动,任何时间的起搏频率均高于自身频率。一些传统的起搏器和ICD配有"超速起搏的算法",保证心房较高频率的起搏,即使以略高于基础频率起搏心房时,也能抑制房颤的发生。另外,需要协调心房起搏与

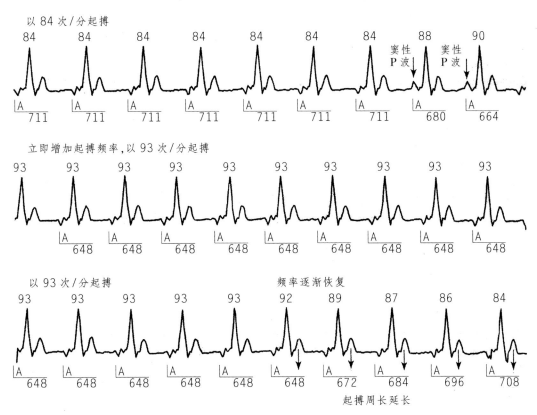

图21.3 房颤的抑制算法 本例植入普通起搏器,心房起搏从84次/分开始(A标记是指心房起搏)。前几个心动周期中超速起搏足以抑制自身的心房激动。当出现两个自身心房激动(上行末,标记为P)时,房颤的抑制算法立即自动将起搏频率上调到93次/分,再次超速抑制心房。当程控的超速抑制的间期数结束,房颤的抑制功能自动恢复(下行)。如果自身心率允许,AF抑制算法会逐渐延长计时周期并回到最初84次/分的心房起搏频率

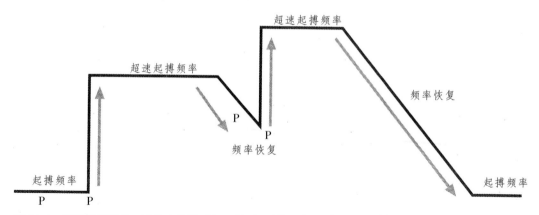

图 21.4　房颤抑制算法　当植入装置感知 P 波时,开始观察 16 个周期。如果此期间另一个 P 波被感知,AF 抑制功能将触发一个比自身心房率稍快的频率超速起搏抑制自身的心房激动,超速心房起搏的数量可程控(通常是 15 个),然后起搏频率逐渐下降。但如果在恢复过程中再次出现自身的心房波(2/16),超速起搏重新开始

心室的电活动。超速起搏的缺点在于需要设置比基础心率更高的心房起搏频率,该项功能应用时,将一直处于快速的起搏频率,可能导致间歇性快速性房性心律失常患者的不适,并能增加起搏器电池的耗竭。

幸运的是,现在一些 CRT-D 的算法有助于高频心房率的管理,包括房颤抑制算法(St Jude 医疗公司)在房颤发生前抑制房颤的功能。

房颤抑制算法是动态心房超速抑制法,其使心房起搏率总是稍高于患者的自身心房率。当患者自身心房率缓慢或正常时,房颤抑制算法的功能将关闭。如患者的心房率突然上升,该算法立即被激活,但又是以比自身心房率稍高的频率起搏。如果患者自身心房率降低,此算法迅速回退甚至关闭。这种动态而自动的调控法使心房起搏率永远不会超过患者自身需求的心率(图 21.3)。

房颤抑制算法可程控为打开或关闭状态,医生可根据患者的具体情况并结合其他参数进行调整。植入的装置滚动观察16 个心动周期,在任何 16 个心动周期中出现 2 次自身心房事件(P 波)时,则开始启动超速起搏功能。动态超速起搏的频率比自身心房率稍快 5~10次/分。该算法在一个可程控的周期范围内作用。如果在此期间自身心房率超过该起搏频率,自身 P 波再次被感知(符合 2/16 的标准),超速起搏的频率将继续提高,超速起搏持续一段时间后,将缓慢降低起搏频率,直到恢复初始设置的起搏频率(图 21.4)。

在 ADOPT - A 临床试验中,房颤抑制算法又称为动态心房超速起搏,起搏次数设置为 15。对多数患者来说是较好的默认值,该研究发现房颤抑制算法能有效降低房颤负荷。到目前为止,这是超速起搏能有效抑制植入 CRT-D 患者房颤发作的唯一证据。

应用超速起搏功能抑制房颤,需注意以下几点:

- CRT-D 最大的感知频率(MSR)依旧是设定的 CRT-D 的"频率上限",心房超速起搏的频率不能超过 MSR。
- 双腔起搏器心房超速起搏时,心房起搏频率的加快将伴随心室起搏率

154

的加快,不能分别设定心房和心室的起搏率。因此,要保证患者能耐受设置的心室起搏频率。

- 当 CRT 感知到 1 个 P 波时,开始观察 16 个周期,其中如果另一个 P 波被感知时(2/16)将触发一个比自身心房率稍快的超速频率起搏,抑制自身的心房激动。

CRT 或 CRT-D 的房颤抑制算法与传统起搏器和 ICD 的频率滞后功能相反。频率滞后功能鼓励更多的自身心搏,而 CRT 需要100%的心室起搏,心房抑制算法尽量保持心房起搏。

除了在房颤发生前能抑制或预防房颤发生外,房颤抑制算法还能减少 CRT-D 对患者不适宜的放电。CRT-D 对室速发放治疗,但有时快速的心室率是房颤引起的快速心室反应。房颤抑制算法能有效抑制室上速,减少 CRT-D 误识别和误放电的概率。

CRT-D 反复放电者,通常有多种心律失常合并存在,需要房颤抑制算法抑制室上速,减少 CRT-D 对室上速的不适宜放电,甚至有人建议在没有房颤时也应打开该功能。很多患者在 CRT-D 植入时就有房颤,另外也有很多没有房颤病史的患者也会在某些时候突然发生房颤。不适宜放电提示可能存在室上速引起的快速心室反应,尽管有时可能不是典型的房颤发生,但房颤抑制算法依然有效。

对上述患者,房颤抑制算法应与其他室上速鉴别算法协调应用,如房室率的比较、QRS 波的形态鉴别和间期稳定性等。当心房超速起搏时,装置不会发放治疗。应当指出,房颤抑制算法的起搏频率不能超过 CRT-D 的最大感知频率(MSR),并要保证患者能耐受相应的心室起搏频率。有

时,心房自身心率可能大于超速起搏的最高频率,此时,SVT 的鉴别诊断功能开始工作,鉴别室上速,防止出现不适宜放电。

心衰合并房颤的患者,可能出现心房率超过设定的超速起搏的频率,但这个现象并不经常发生。房颤抑制算法识别每一次心房激动,超速驱动心房起搏,从而预防房颤的发生,但也不能保证完全能够预防房颤的发生,房颤发生后则需要室上速的鉴别功能发挥作用。另外,ADOPT-A 研究表明,对阵发性房颤患者,起搏器的房颤抑制算法能显著减少房颤负荷。

心衰合并房颤的治疗是一个挑战,需要持续监测,调整治疗,需要患者对治疗有良好的依从性,积极配合治疗。药物依旧是一线治疗方法,要注意药物之间的相互作用。抗心律失常药物有助于控制房颤,但心衰患者应谨慎应用。

外科手术可治愈房颤,但并非所有房颤患者都适合外科手术治疗。到目前为止,局灶消融技术依旧是地平线升起的一线曙光。外科消融和导管迷宫手术可能对一些心衰患者有效,但严重心衰患者并不适合任何类型的外科手术治疗。

实际上,CRT 或 CRT-D 抑制快速心房激动的功能有助于心衰合并房颤的治疗。第一,快速有效的心房起搏能抑制房性心律失常,CRT 起搏本身也能减少快速心房率。第二,快速心室反应是房颤患者产生心悸、眩晕、乏力、头晕等临床症状的主要原因,并促进扩张型心肌病的发生。自动模式转换功能可以防止过快的心房跟踪,避免快速心室率反应的发生。因此,自动模式转换可作为房颤管理 "心室率控制" 的方法。最后,心房超速起搏功能,特别是房颤抑制算法有助于房颤的预防。

CRT(CRT-D)装置的进步鼓励着临床

医生在心衰合并房颤的治疗中努力寻求新方法。

参考文献

1. Dries DL, Exner DV, Gersh BJ et al. Atrial fibrillation is associated with an increased risk for mortality and heart failure progressions in patients with asymptomatic and symptomatic left ventricular systolic dysfunction: a retrospective analysis of the SOLVD trials. *J Am Coll Cardiol* 1998;**32**:695–703.

2. Stevenson WG, Stevenson LW, Middlekauff HR et al. Improving survival for patients with atrial fibrillation and advanced heart failure. *J Am Coli Cardial* 1996;**28**:1458-63.

3. Alessie A. Experimental evaluation of Moe's multiple wavelet hypothesis of atrial fibrillation. In: Cardiac Electrophysiology and Arrhythmias. Zipes DP, et al., eds. Orlando, FL: Grune and Stratton 1985:265–75.

4. Haissaguerre M, Marcus FI, Fischer B, Clementy J. Radiofrequency catheter ablation in unusual mechanisms of atrial fibrillation: report of three cases. *J Cardiovasc Electrophysiol* 1994;**5**:743–51.

5. Jais P, Haissaguerre M, Shah DC et al. A focal source of atrial fibrillation treated by discrete radio frequency ablation. *Circulation* 1997;**95**:572–6.

6. Zipes DP. Atrial fibrillation: a tachycardia –induced atrial cardiomyopathy. *Circulation* 1997;**95**:562–4.

7. Middlekauf HR, Stevenson WG, Stevenson LW. Prognostic significance of atrial fibrillation in advanced heart failure: a study of 390 patients. *Circulation* 1991;**84**:40–8.

8. Stevenson WG, Stevenson LW. Atrial fibrillation and heart failure. *N Engl J Med* 1999;**341**:910–11.

9. Amiodarone trials meta-analysis investigators. Effect of prophylactic amiodarone on mortality after acute myocardial infarction and in congestive heart failure: meta - analysis of individual data from 6500 patients in randomised trials. *Lancet* 1997;**350**:1417–24.

本章要点

- 心房颤动是临床最常见的心律失常之一（发生率超过室速）。
- 房颤合并心力衰竭时，二者互相加重形成恶性循环。10%～30%的心衰患者合并房颤,心衰越恶化,越易合并房颤。
- 房颤的分类包括阵发性房颤（自行终止）、持续性房颤（需要治疗干预）、永久性房颤（慢性）。
- 房颤病程呈进行性发展,意味着会逐渐恶化。阵发性房颤可向持续性房颤、永久性房颤转化。
- 永久性房颤是顽固的,阵发性和持续性房颤可以治疗。
- 房颤发生机制包括两个理论:Moe 的多子波折返假说（房颤同时在心房多个部位开始）和局灶假说（房颤起源于单个位点,通常是肺静脉）。
- 常需应用抗心律失常药物治疗房颤，但其负性肌力作用（特别是Ⅰ类抗心律失常药物如普鲁卡因胺、丙吡胺等）和致心律失常作用会对心衰患者造成潜在危险。
- 一些房颤患者需要外科治疗,如迷宫手术（侵入性,需开胸）和导管迷宫手术（侵入性较少）。手术可消融心房很多部位,以消除心房多个起源点及异位心房激动的传导。
- 其他治疗房颤的手段包括房室结消融和局灶消融（后者在美国没有被批准,但似乎有希望）。
- 房颤治疗的主要手段包括节律控制（恢复窦律）和心率控制（不管房颤而减慢房颤时的快速心室率）。药物如地高辛可减慢心室率。
- 在美国,胺碘酮没有被批准用于房颤治疗,但有时在合并其他心律失常时应用，包括合并室速时。与其他抗心律失常药物不同的是，胺碘酮不增加心衰患者的病死率。

- 因为中风的风险增加，持续性或永久性房颤患者应接受抗凝治疗。
- 植入装置可能对一些房颤患者有效，传统双腔起搏器植入者比单腔起搏器植入者的房性心律失常发生率更少。心房起搏有助于抑制心房自主心率。
- 起搏器的超速起搏功能已应用了很多年，起搏器以比自主心房率更快的频率超速抑制心房自主心率。

- 很多厂家的 CRT 或 CRT-D 都有心房超速起搏算法。房颤抑制算法通过动态和自动调节，用比自身心房率略快的频率起搏心房。
- 心房起搏或超速起搏通过减少心房长间歇（PP 间期）和减少心房有效不应期的离散度而预防房颤和其他房性心律失常。
- ADOPT-A 临床研究发现，房颤抑制算法（St Jude 医疗公司）能减少房颤负荷。在房颤发作前抑制房颤。
- 植入 CRT-D 的患者，房颤抑制算法和其他超速起搏算法能抑制房颤（最常见的是抑制室上速），有助于减少不适宜放电。

（赵志宏 译）

第二十二章

房室结消融后患者的CRT治疗

最近,"房室结消融术后"被列为植入CRT的新适应证,2005年的PAVE研究为这项新的适应证提供了试验依据。该研究的入选患者并非全是心衰患者,植入的是没有除颤功能的CRT,患者因慢性房颤消融房室结并植入CRT。房室结消融后,房室的分离使心脏丧失了正常的房室传导,心室节律为自身节律,其属于医源性完全性房室阻滞,绝大多数患者必须植入永久性心脏起搏器治疗。

房室结消融并植入永久性起搏器是安全有效的,可显著改善房颤患者的症状[1,2],该方法属于控制心室率的治疗。既然快速心室率是造成患者显著症状的主要原因,该方法消除症状的有效率为98%~100%[3]。

房室结消融并不是所有房颤患者的最佳选择,其适应证为药物治疗无效的慢性房颤伴快速心室率的患者。患者先要进行房室结消融(在导管室通过射频导管完成),然后植入永久性起搏器。2003年,美国仅有2%的房颤患者接受了这种治疗[4]。这样少的数量可能与经过专门训练的医生数量和患者的整体情况有关(较为虚弱的患者可能不愿接受导管和装置植入手术)。

PAVE研究之前,房室结消融联合起搏治疗时常植入单腔起搏器(VVI),而双腔起搏器似乎多余,但也有医师考虑到部分患者可能恢复窦律,而建议植入双腔起搏器[4]。

目前关于这种治疗方法仍有很多问题需要考虑。尽管给患者植入了双腔起搏器,绝大多数人的房颤仍然持续,需要终身抗凝治疗。外科消融术增加了发生多形性室速的风险[2],消融术后一个月或两个月内,通常要设置较快的起搏频率,如80次/分或90次/分,该起搏频率可以有效预防多形性室速的发生。房室结消融术后的患者依赖心室起搏,如果没有及时有效的心室起搏可能出现心脏停搏。

PAVE研究是第一个使用CRT-P起搏系统的研究,所有入选患者均为药物治疗无效的慢性房颤患者。慢性房颤常导致心动过速性心肌病,许多患者都有一定程度的左室功能异常。最近DAVID研究[5]和其他一些证据[6]强烈揭示右室心尖部起搏的治疗能使心衰患者的收缩功能恶化(尽管MADIT Ⅱ研究不是心衰相关研究,但其亚组分析表明CRT可减少左室收缩功能不全患者的病死率,却增加心衰患者的住院次数,从而引起广泛讨论。然而,MADIT Ⅱ研究没有表明右室起搏使心功能恶化,其亚组分析结果的可靠性已引起广泛争议。)

PAVE研究入选的患者并非一定有左室功能受损或心衰,NYHA Ⅳ级的患者被排除在外,对入选者的LVEF没有特殊要求。入选者平均LVEF为46%,绝大多数医生认为其在正常范围内。

对于这些患者,试验的目的是研究左

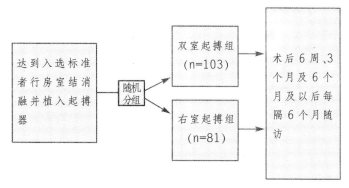

图22.1　PAVE研究的设计　患者先行房室结消融术,然后植入起搏器,随后患者被随机分为两组,在6周、3个月及6个月时进行随访

室+右室起搏是否比单纯的右室起搏疗效更好。PAVE研究设计的终点是判断心功能的功能性指标的变化。如6分钟步行试验和标准生活质量评分调查。当然也观察LVEF等指标。

PAVE研究中,将房室结消融术后的患者随机分为两组:传统的单腔起搏器组和CRT组。研究中,CRT为双室起搏(CRT-P)。需要注意,PAVE研究的目的并不是观察这种治疗方法的病死率和死亡率,只是比较消融房室结+起搏治疗后患者生活质量的改善。研究设计简单而直接(图22.1)。

PAVE研究随访6个月,入选患者均植入心脏节律控制设备(传统单腔起搏器和双腔起搏器,即CRT-P),植入起搏器4周后程控打开频率应答功能,基础频率设置为80次/分。

6个月后,双室、右室起搏均能增加患者的6分钟步行距离。双室起搏组的6分钟步行距离提高31%,比右室起搏组更加显著(图22.2),但植入VVI起搏器也是安全有效的。

6个月时,双室和右室起搏患者的生活质量评分均得到改善,但没有显著性差异。生活质量评分是主观的(只简单报告患者的感受),而所有患者均报告自身感觉更好,其主观性过强,难以定量客观评估。

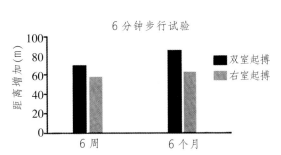

图22.2　PAVE研究的一级终点　6周和6个月时,双室、右室起搏都能增加6分钟步行的距离,双室起搏组比右室起搏组改善更明显

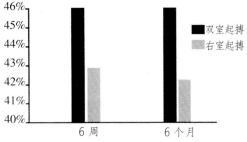

图22.3　PAVE研究中的左室射血分数(LVEF)　6个月后随访时,双室起搏患者的平均LVEF值稳定维持在46%,而右室起搏患者LVEF恶化,二者的比较有差异性显著

PAVE研究的第二个终点是左室射血分数(LVEF)评分,植入起搏器前(部分患者无)、6周、6个月时分别评价LVEF。6周和6个月时,双室起搏与右室起搏患者的LVEF出现显著差异(图22.3)。双室起搏患者LVEF没有显著改善,而右室起搏患者的LVEF却显著降低。事实上,右室起搏组的LVEF在6周时平均降低3.1%,6个月时平均下降3.7%。PAVE研究证实了其他研究的结论:右室起搏能使心脏收缩功能恶化。

PAVE研究按左室射血分数值将患者分组,结果显示LVEF值越低的患者,越能从CRT治疗中得到改善。LVEF≤45%的双室起搏组与右室起搏组比较,6分钟步行试验显著改善者超过73%。LVEF>45%的双室起搏患者的LVEF值没有显著改善。NYHA Ⅱ、Ⅲ级的双室起搏患者中53%有6分钟步行试验结果的显著改善,而NYHA Ⅰ级的双室起搏患者没有显著改善。因此,我们认为收缩功能异常患者(LVEF低、NYHA分级高)能从双室起搏中更多获益。

对所有房颤+房室结消融的患者均应考虑植入CRT-P,特别是左室射血分数≤45%或NYHA Ⅱ、Ⅲ级的患者。临床建议有类似病理生理的患者都应植入CRT-P,甚至不做房室结消融的房颤伴心衰时也应考虑植入CRT-P。这种患者常有严重的房室传导障碍(即完全性房室阻滞)并符合缓慢性心律失常的起搏器植入适应证。

PAVE研究中,心功能正常者与心衰患者比较,右室起搏使心衰患者的心功能恶化,而双室起搏能使心功能得到改善。

此项结论提示心功能正常者,可以单纯行右室起搏。

PAVE研究拓展了我们对慢性房颤患者行房室结消融并植入CRT-P治疗适应证的认识,CRT的益处远远大于我们最初的设想。将来双室起搏可能要替代右室起搏。

参考文献

1. Kay GN, Ellenbogen KA, Giudici M *et al*. The Ablate and Pace Trial: a prospective study of catheter ablation of the AV conduction system and permanent pacemaker implantation for treatment of atrial fibrillation. APT Investigators. *J Interv Card Electrophysiol* 1998; **2**: 121–35.

2. Morady F. Radio-frequency ablation as treatment for cardiac arrhythmias. *N Engl J Med* 1999; **340**: 534–44.

3. Queiroga A, Marshall JH, Clune M *et al*. Ablate and pace revisited: long term survival and predictors of permanent atrial fibrillation. *Heart* 2000; **101**: 1138–44.

4. Queiroga A, Marshall JH, Clune M *et al*. Ablate and pace revisited: long term survival and predictors of permanent atrial fibrillation. *Heart* 2003; **89**: 1035-8.

5. Wilkoff BL, Cook JR, Epstein AE *et al*. Dual-chamber pacing or ventricular backup pacing in patients with an implantable defibrillator: the Dual Chamber and VVI Implantable Defibrillator (DAVID) trial. *JAMA* 2002; **288**: 3115–23.

6. Karpawich PP, Rabah R, Haas JE. Altered cardiac histology following apical right ventricular pacing in patients with congenital atrioventricular block. *PACE* 1999; **22**: 1372-7.

本章要点

- PAVE研究拓展了慢性房颤患者行房室结消融并植入CRT的适应证，包括那些做过房室结消融并植入心脏节律管理装置的患者。简称为"消融加起搏治疗"。

- 传统方法是给消融房室结的患者植入单腔起搏器（右室心尖部起搏）。

- 通常是在导管室通过导管介入技术消融房室结，大约2%的房颤患者接受此手术，但并非所有房颤患者均适合房室结消融。

- 房室结消融术已成功应用了很多年，是安全有效的。

- 房室结消融后导致房室分离，心房颤动仍然持续，但不会下传心室，从而消除快速的心室反应，患者将依赖心室起搏。

- PAVE研究入选的人群是做过房室结消融的慢性房颤（药物治疗无效）患者，并随机分为两组，一组植入传统的单腔起搏器，一组为双室同步起搏或CRT-P系统。

- PAVE研究的入选标准并不设置具体的数值（如LVEF数值，NYHA分级），不过NYHA IV级患者被排除。

- 尽管PAVE研究入选患者并不一定有心衰，而且其LVEF可能正常，但慢性房颤与心动过速性心肌病和收缩功能障碍相关。因此，许多PAVE患者左室射血分数低于左室平均射血分数。

- PAVE研究的一级终点是患者6分钟步行距离的变化，二级终点是生活质量评分和左室射血分数的改变。这些均属于功能学特征，不包括发病率和死亡率。

- PAVE研究中，尽管双室起搏和右室起搏患者均能显著增加6分钟步行距离，但双室起搏（如CRT-P系统）患者显著高于右室起搏患者。

- PAVE研究中，双室或右室起搏患者生活质量均显著改善，但没有显著差别。

- 6个月时，双室起搏患者的射血分数没有明显变化，右室起搏患者的射血分数恶化。

- PAVE研究表明，与LVEF>45%者比较，LVEF≤45%者从双室起搏中获益更大。同样，NYHA II 或 III 级者比NYHA I 级（或无心衰者）者从双室起搏中获益更大。

- PAVE研究的意义在于，不仅仅是消融加起搏人群适合CRT-P治疗，对高度房室阻滞（如完全性心脏阻滞）需要植入起搏器的患者，也应当考虑植入CRT。

162

（赵志宏　王龙 译）

第二十三章

CRT的特殊功能

心脏节律管理装置总是从基本功能不断向高级功能发展,这些高级功能可使治疗更加有效,对植入装置的管理更加便捷,最理想的是二者兼有。CRT得益于整合了许多起搏器和ICD的高级功能,其体积更小、更符合生理需要的外形和高能量的电池都归功于早期起搏器和ICD的进展。一些特殊的功能和算法,如预防心房颤动的超速抑制、模式转换、心腔内电图存储、诊断计数和半自动测试等,都已成熟地用于起搏器和ICD,并已整合到CRT系统中。

患者的远程监测系统

随着新功能和新算法在其他心脏节律管理装置中的应用,医师希望将这些先进的功能也整合到CRT中去。其中最令人欣喜的新功能是远程医疗或远程监测。远程医疗的概念是患者无需亲自去诊所,而由医师通过远程通讯系统完成植入装置的检测。

实际上,在远程医疗概念提出之前,起搏器工程师就发现并应用了这一功能。远在20世纪80年代,一些起搏器公司就能通过普通电话线接收患者传输的起搏器相关数据,即所谓的经电话监控(TTM),患者无需亲自到诊所就能检查其植入装置。

初期TTM的设计理念来源于早期起搏器的双向遥测功能,外部程控设备可从体内植入装置中调取信息,并能在体外向植入装置输入新的设置参数而改变植入装置的工作状态,即"双向遥测"。双向遥测实际是空间技术的延伸,与绕地球卫星同地面接收站之间的通信技术非常相似。TTM目前仍广泛用于起搏器的远程随访,患者经手腕电极或电极片及固定电话线将起搏器的信息传输到接收站。TTM不允许调整或程控起搏器参数,只有与医师面对面时才可以,TTM允许诊所医生检查起搏器的功能和电池状态,医生根据检查结果,再建议患者是否需要就诊。

ICD患者的远程监控更具挑战性。20世纪90年代早期,Housecall™系统及其现代版Housecall Plus™允许患者通过家中的特殊发射器同诊所或监控站的接收器联系。Housecall Plus™系统使用普通电话线发射信号,同TTM一样,其也不允许对植入装置进行远程程控(图23.1)。CRT-D也可使用这类远程监控技术。

虽然远程监控技术可能有很多潜在的用途,但对CRT-D患者来讲最需要的是术后监控。仅有部分患者察觉不到高能量电击,多数患者能够感到电击的不舒适,有时是痛苦的、紧张的,电击(通常是毫无先兆)引起的恐慌常常影响患者本人甚至整个家庭。即使患者一般情况都正常,但遭受电击后也会迅速到急诊科就诊。电击后立即就诊是明智的策略,但不一定所有诊所都能承受。

163

164

图23.1 远程监控设备 Housecall Plus™远程患者监控系统是具有除颤功能的心脏节律管理装置远程监控系统的最新一代产品。如今,Housecall Plus™系统可以监控ICD和CRT-D

远程监控允许患者在接受电击治疗后及时咨询专家,以确保植入装置一切运转正常。通过Housecall Plus™系统,医师可以查看导致发放电击治疗的事件,并确定该项治疗是否合适,还能证实患者当前心律是否稳定等。这样有助于早期发现问题,并建议那些可能受到不适当治疗或起搏器需要调整的患者与他们的医师进行面对面的随访。

远程监控技术发展的同时,还存在伦理、法律和社会问题需要解决。患者发生事件后,通过远程监控系统与医师取得联系,但并没有真正与医师对话。但如果患者确实需要紧急医疗救助而远程发射发生丢失、混乱或未被及时查看怎么办?其实远程监控系统应用之初本来可以利用强大的计算机网络,但关系到隐私问题而没有采取这种方法。那些对网上输入信用卡号都很谨慎的患者应该怎样通过网络传送个人医疗记录?精明的远程监控系统的制造商知道这些系统最终要由身患疾病的、有恐惧心理的人来使用。这些年龄大于60岁的患者愿意使用远程监控设备吗?繁忙的诊所还将面临如何处理新信息流的问题,政府官员需要处理这种新医疗方式的赔偿问题。

无疑远程监控系统今后会有巨大的进展,进一步解决许多相关问题。网络安全性的提高使之成为信息传输的可靠途径。赔付范围的问题正在解决。越来越多的患者不仅接受了远程监控,而且在某些情况下已经不愿意去诊所就诊。远程监控最新的进展是无线连接,其技术原理与笔记本无线上网一样。

无线远程监控还有很多衍生技术,但不是完全没有风险。至少,从无线电站对患者进行远程监控简单易行,但部分患者无法接受将植入的装置连接到家庭发射器上。无线技术使自动随访成为可能,例如,患者在卧室就可以检测"热点"问题,可以在夜间患者睡眠时进行程控随访,接收站可以在患者不用参与的情况下进行远程监控。

虽然可以自动随访,但也使患者可能在不情愿的情况下被监控,接收站可能会随便获得患者的医疗信息。虽然这些问题有些遥远,但它们已经使部分律师忙得不可开交。

更直接的问题是无线技术的应用空间已非常拥挤。手机、笔记本及其他使用电磁波设备的增加,将带来严重的干扰问题。FDA和制造商已决定为医疗设备保留一定的频段。远程监控相关的设备面临同手机一样的干扰,如果每个有植入装置的患者都突然进入无线网络中,我们能可靠地定位和监控他们吗?有些远程监控会不会像手机一样"掉线"?

目前,还没有技术可以远程调整参数,需要进行优化程控的患者必须到诊所进行程控。如果技术上允许远程程控,调整参数的设置,这一过程对患者来说也存在一些潜在的危险。因此,最好有专业人员在场时进行参数的调整。

毫无疑问,CRT将不断整合新功能,有些独特的功能已经快速整合进CRT中了。

整合监控系统

既然是永久性植入装置,人们早就想到CRT不仅能进行治疗还能进行监控。一种新功能(OptiVol;Medtronic)可以通过跟踪经胸阻抗的变化,评价患者胸腔液体的潴留情况,并向医师提供诊断信息。所有现代CRT系统都能提供许多长期信息的趋势资料,包括高频心房活动及起搏比例等。这些数据不会自动调整治疗,但能被下载,有助于医师做出程控的决定。

QuickOpt™算法

一项新算法 (QuickOpt™算法;St Jude医疗公司)可帮助优化植入CRT患者的AV间期和VV间期。表面上看患者适合植入CRT,但疗效不明显的患者相对较多。截至目前,处理这类问题最有效的方法是优化AV间期(心房、心室起搏的时间差)和VV间期(左、右心室起搏的时间差)。然而,优化这些间期常需要进行昂贵费时的超声心动图检查。由于优化程控依赖于取得并分析超声资料,而这些常需1个小时以上才能完成,所以超声优化法只适用于CRT治疗效果不明显的患者。

然而,对CRT治疗"反应"和"无反应"的界限没有想象的那么清楚。许多CRT治疗已有一定疗效的患者可从优化上述间期中进一步获益,然而超声心动图对这类患者而言显得过于精细。近期证据提示这些优化的间期并不是静止的,而是经常变化的[1]。这项特殊研究中的所有18例患者每次随访都需要调整这些间期,每次随访时

的超声心动图检查就是巨大的负担,更不用说随后这些间期的调整过程。

QuickOpt算法利用心腔内电图(IEGM)和自动测试来自动计算AV和VV间期。QuickOpt算法的理念是如果正确分析IEGM,这些资料在优化CRT间期方面可以与传统的超声心动图优化法相媲美。事实上,在2004年法国尼斯的Cardiostim会议上,有报道认为QuickOpt功能与传统超声法的相关性超过97%[2]。既然QuickOpt功能是优化CRT间期的简单而有效的方法,那么对所有CRT患者都有潜在的益处,而不是只对典型的治疗效果不明显的患者。实际上,几项CRT优化的研究发现,与双室同步起搏相比(左、右室同步起搏),大部分植入CRT的患者更获益于双室顺序起搏(即双室间有计时的延迟)[3-6]。

这种算法可在医师指导下自动进行起搏和感知测试。优化AV间期的理论基础是P波时限能反映出房间传导时间 (右房起搏信号扩布到左房的时间) 的最好指标。这首先通过进行"感知测试"(心房感知测试),然后进行"起搏测试"(心房起搏

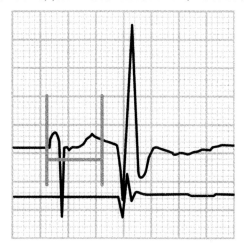

图23.2 QuickOpt™算法 QuickOpt™算法计算所有被测量的8个P波时限的均值,计算房间传导时间,最佳AV间期=实际测量的P波时限+Δ值

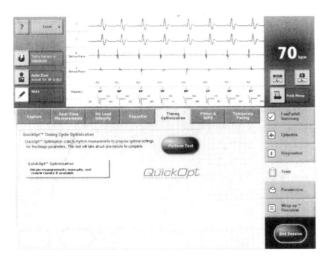

图23.3 QuickOpt™算法的程控　Quick-Opt在多次自动检测并计算相应值之后，可通过简单的程控步骤优化AV和VV间期

测试)来完成。每次测试将记录8个心腔内电图，然后取其均值。通过一个专门算法计算最佳的感知和起搏的AV间期(图23.2)。

优化AV间期的目的是使心脏前负荷最大化，让二尖瓣在心室收缩前有足够的时间关闭。CRT治疗成功的关键是优化AV间期，这项功能也能用于双腔ICD，实际上，制造商的最新一代产品都有该功能。

VV间期的优化是CRT独有的，最早的CRT同时起搏左右心室。虽然这在部分患者中效果不错，但后来发现心室顺序起搏(先起搏一个心室)对大多数患者更有益。有趣的是，首先起搏哪个心室或室间延迟多长时间并没有固定规律。不仅在患者间，即使同一个患者的不同时期时变异都很大。QuickOpt™算法测量8个IEGM事件，计算均值，需要进行以下测试：

- 心室感知测试：测量左室和右室间的自身延迟(室间传导延迟)。
- 右室起搏测试：测量从右室到左室的传导时间。
- 左室起搏测试：测量从左室到右室的传导时间。

此算法基于这些平均值计算适宜的VV间期(图23.3)。毫无疑问，未来CRT将整合越来越多的算法来优化这些间期，并将进行其他必要的调整以使CRT能发挥最大的治疗作用(见第15章)。

参考文献

1. O'Donnell D, Nadurata V, Hamer A, Kertes P, Mohammed W. Long-term variations in optimal programming of cardiac resynchronization therapy devices. *PACE* 2005; **28** (Suppl.1): S24–6.

2. Meine TJ. IEGM based method for estimating optimal VV delay in cardiac resynchronization therapy. *Europace Supplements* 2006; **6**:14912.

3. Jarcho JA. Resynchronizing ventricular contraction in heart failure. *N Engl J Med* 2005; **352**: 1594–7.

4. Cazeau S, Leclercq C, Lavergne T *et al*. Effects of multisite biventricular pacing in patients with heart failure and intraventricular conduction delay. *N Engl J Med* 2001; **344**: 873–80.

5. Bristow MR, Saxon LA, Boehmer J *et al*. Cardiac-resynchronization therapy with or without an implantable defibrillator in advanced chronic heart failure. *N Engl J Med* 2005; **350**: 2140–50.

6. Abraham WT, Fisher WG, Smith AL *et al*. Cardiac resynchronization in chronic heart failure. *N Engl J Med* 2002; **346**:1845-53.

本章要点

- 植入性心脏节律管理装置的远程监控系统已应用多年,包括经电话监控(TTM)和当代远程患者的监控系统。

- 远程患者监控系统可以使用普通电话线或互联网或联合使用二者,将数据从植入装置传送到接收站。接收站可设在诊所、医院或某一特定地点。

- 可通过远程监控检查植入CRT患者接受治疗后的状况。这可减少急诊量或医生接诊量,特别是当放电恰当而不需进一步处理时。

- 远程监控面临的问题有隐私、无线传输、法律和赔付等。

- 远程患者监控允许远程下载患者和装置的信息,但不允许远程调整参数。

- 有些CRT-D系统通过经胸阻抗的测定监控胸腔积液的情况。数据可通过程控仪下载,数据趋势有助于指导治疗。

- QuickOpt™算法通过心腔内电图的自动测试帮助医师优化AV间期和VV间期。AV间期优化适用于CRT和双腔ICD,而VV间期优化仅用于CRT。一旦计算出最佳参数可通过程控仪进行程控。

- 传统优化需要昂贵和费时的超声心动图的检查。超声指导下的间期优化仅适用于CRT治疗无反应者。

- QuickOpt™算法简单、有效,可用于所有患者。文献报道每次随访都需要进行检测和调整CRT患者优化的间期。

- 多数CRT患者可受益于参数的优化,即使是对CRT治疗有反应者。

- 房间传导时间(从心房起搏到左房除极)有助于优化AV间期。房间传导时间允许心脏前负荷最大化及二尖瓣在心室收缩前完全关闭。

- 室间传导时间(左、右心室间除极的时间差)有助于优化VV间期。部分患者右室领先除极为佳,另一部分左室领先除极为佳。不仅在患者间,即使同一个患者的不同时期,室间传导延迟的变异都能很大。

- 文献提示优化VV间期有益于CRT患者,即使是对CRT治疗反应明显的患者。

（刘元伟 译）

第二十四章

CRT的诊断功能

植入装置的诊断功能可以将特殊的信息保存在存储器里,例如发生心律失常事件的数目或波形,并允许医生以各种方便的形式下载分析(条形图、普通图和线条图)。虽然诊断功能提供了大量而详细的关于随访期间患者与装置相互作用的信息,但其中仅部分与临床相关。患者无症状时,通过诊断功能可以证实患者病情确实稳定,没有事件发生,或揭示一些潜在的无症状问题。患者有症状时,诊断是解决问题的第一步。

实际上CRT和CRT-D的诊断功能与传统起搏器和ICD的诊断功能大同小异,熟悉起搏器和ICD的医师可能了解这些诊断功能,但其在CRT中的应用有所不同。例如,50%的心室起搏对植入普通起搏器的患者可能是好事,但对CRT-D患者则是不允许发生的,只有保证100%的起搏CRT才能发挥使双室同步激动的功能。

高效使用诊断功能

任何植入装置的存储能力都是有限的,虽然制造商不断努力完善其储存能力,但需要储存的数据依然可能超出计数器的容量。多数装置简单地按FIFO规则(先入先出)覆盖旧数据。而有些计数器在达到最大容量时可冻结存储数据,可以保留原来的数据而不能记录新数据。

任何时候对植入装置程控一个新的参数都会自动清空诊断计数器(不适合存储的心内电图或某些"永久"数据)。因此,在程控任何参数前都需要打印和审阅所有的诊断数据。诊断分析是每次随访首先要做的第一步,而不是最后一步。这样做有很多好处,因为不论怎么说,都需要诊断数据的帮助才能实现最佳的程控。

即使随访时不程控任何参数,随访结束时仍要手动清空诊断数据,这样才能在下次随访时获得最新和最有用的信息。

许多现代程控仪在记录新的或重要信息时会作出醒目的标识而提醒医师。虽然随访医师要审查所有的诊断记录,但这个警示系统有助于随访医生不遗漏任何重要信息。

任何市场销售的CRT和CRT-D都能提供良好的诊断信息。然而,不同制造商的数据格式、各种诊断功能的名称及数据提交方式都有所不同。另外,并不是所有装置都有最高级的诊断信息,诊断功能也各不相同(如CRT-P不具有心动过速的诊断功能)。以下是对诊断功能的概述。对某种植入装置的特定信息要查询相关的手册或咨询生产商,生产商为他们特定的产品将提供优质的培训。

起搏诊断

虽然CRT明显不同于传统的起搏器,

但其诊断功能相似。对熟悉起搏器的医师来讲，也会熟悉CRT的诊断功能。然而，CRT的基本目的是尽可能保证100%的心室起搏，而传统起搏器的目的是在十分必要时才行心室起搏治疗。因此，必须从不同的角度分析CRT和起搏器的诊断报告。

最有用的报告之一是事件的直方图，对每次心搏都按类型和起搏状态进行分类计数（图24.1）。事件直方图提供事件的绝对数（事件总数）、条形图（直方图）和非常有用的百分比（各种状态时间占总时间的比例）。

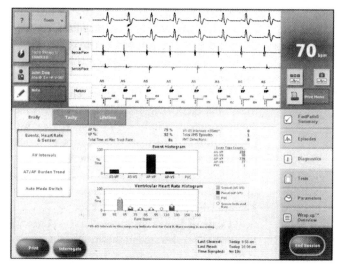

图24.1　CRT-D的事件直方图
事件直方图记录前次随访后每次心跳并按起搏状态分类，可以按绝对数和条形图的方式查看，这种诊断报告对CRT治疗是否成功很重要，因为CRT的治疗目的是尽可能获得100%的心室起搏

表24.1　起搏状态及在CRT中的意义

起搏状态	发生的事件	意义
AP-VP	心房起搏脉冲夺获心房，然后发放心室脉冲夺获心室	CRT最佳起搏状态，心室起搏最好接近100%
AP-VS	心房起搏脉冲夺获心房，下传心室前心室自发除极	心室自身心搏，没有CRT起搏治疗，这种状态应该为0%
AS-VP	心房为自主心搏，发放心室脉冲夺获心室	发生在患者自身心房率快于基础起搏频率时，虽不是理想状态，这种状态的患者仍可从CRT治疗中获益
AS-VS	心房和心室自主心搏，没有起搏	没有CRT治疗，这种状态应该为0%
PVC	心室自主心搏没有心房激动或心房起搏事件的干预，也称室性早搏	偶发室早不用干预，但室早可以触发折返性VT/VF，应注意频发性室早

CRT以首位字母表示起搏状态。AS是心房感知事件，AP是心房起搏事件，VS是心室感知事件，VP是心室起搏，PVC是心室期前收缩（表24.1）。

通过事件直方图可评价起搏状态，尽可能保证100%的心室起搏。事件直方图和其他诊断工具仅提供信息，后面章节（随访和排除故障）中，我们将讨论参数调整的方法。

另一个有用的诊断工具是心率直方图（图24.2），它显示心脏自身电活动的频率范围而不是起搏状态。心率直方图也可显示为颜色编码的起搏和感知事件的条形图。心率直方图仅显示心室活动（即使植入了心房电极导线），这排除了任何房性快速性心律失常可能造成的干扰。阅读心率直方图时，应查看：

- 起搏事件与感知事件的比例。
- 心率是否与患者的活动相符,活动少的患者如果出现大量快速性心室事件,提示疾病在进展、房性快速心律失常伴快速心室率或可能存在所谓的"慢室速"。
- 如果患者植入具有频率应答功能的装置,传感器参数的不适当设置能引起起搏心率的升高。

171

如果患者植入具有频率应答功能的CRT,传感器直方图能显示传感器控制的起搏所占的比例(%)。传感器驱动的起搏

频率是指传感器(通常是加速器)驱动的起搏率,该直方图显示患者需要起搏器发放高于基础起搏频率的起搏所占的时间。例如基础频率程控为70次/分,直方图显示传感器驱动频率占80%,其意味着在80%的时间内患者需要高于70次/分的起搏 (图24.3)。

没有便捷的公式帮助医生决定起搏频率设置多少更为合适,因为每个人的活动量都不同。实际上,每次随访都应查看传感器参数,因为生活方式的改变、生活中发生的事情和季节等都能改变患者的活动量和频率应答的需求。总之,相对健康、活动量较大的患者传感器直方图应比少动或虚弱的患者有更多的传感器驱动起搏。

如果患者植入的装置具有AF Suppression™算法,诊断将能显示该算法发挥作用时的频率。自动模式转换(AMS)可提

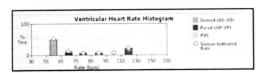

图24.2 心室率直方图 CRT患者事件直方图很重要的一部分就是颜色编码的心室事件直方图,该图以频率分组,圆圈表示传感器驱动的频率

172

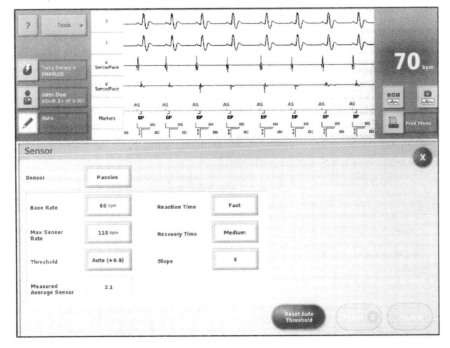

图 24.3 传感器参数 传感器有PASSIVE模式,允许医生在无传感器频率的情况下观察传感器如何自动进行起搏频率的调整,PASSIVE功能有助于调整适当的传感器相关参数

供快速房性心律失常的重要信息。当患者心房率超过程控的上限时，AMS功能将有效停止快速心房活动时的心室跟踪。诊断数据将包括自前次随访后患者发生AMS事件的数目，并提供所有记录中最大、最小心率及持续时间(图24.4)。

如果AF Suppression™算法打开，模式转换的次数应该锐减。AMS事件对患者是不利的，因为它使患者失去房室同步，部分患者能察觉到这种转换，甚至感到不适。然而，它确实可以保护患者避免对高频心房事件发生快速的心室反应。

173

存储的心腔内电图

许多CRT具有储存心腔内电图的功能，储存的自动开启常被一些触发事件触发。触发可以是程控的，也可由治疗触发

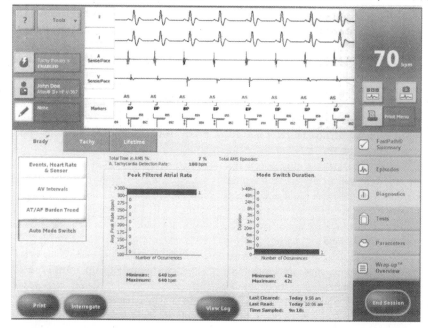

图 24.4 自动模式转换功能(AMS)的诊断 该AMS界面显示了AMS活动，包括最大心房率，AMS的次数和持续时间

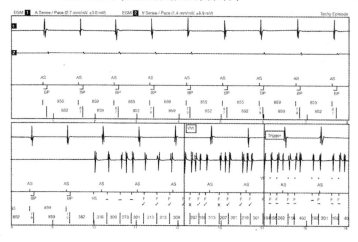

图 24.5 储存的心腔内电图 本例中，室颤治疗触发了储存心腔内电图。这是打印的诊断报告中的一部分，图中"Trigger"提示室颤的诊断成立并触发了治疗，发放电击治疗的心腔内电图在此未显示

(CRT-D系统),或者由自动模式转换、超过转换阈值的快速心房率等触发（图24.5）。随访时可以下载查看储存的心腔内电图。同其他形式的诊断数据不同,程控时不能自动清除储存的心腔内电图。

然而,储存的心内电图占用大量储存空间,装置无法储存很长的心电图。多数植入装置依照FIFO"先入先出"的原则储存心内电图, 这意味着储存最新的数据,较早的数据将被覆盖。某些植入装置允许医生程控心腔内电图的记忆容量,当容量已满时冻结存储。这样可以保存已经储存的资料,但是不能再储存新的信息,而这些新的信息又可能很重要。

优化储存心腔内电图的策略:

1.选择一或两个通道心腔内电图(心房、心室或心房和心室)。双通道电图能耗用更多的储存空间, 但可提供更多的信息。只有当心房通道对患者的治疗十分重要时,才选择双通道。

2.选择开启或关闭某些触发因素,因为开启的触发因素越多,越有可能记录到有用的心腔内电图。选择需要的触发因素(例如对有快速房性心律失常的患者,选择AMS触发记录),但不要将所有触发因素都打开。

3.选择记录"触发前"心腔内电图,又称缓冲信息。缓冲信息是指触发事件前的一段心腔内电图,常为医生提供重要信息。触发前心腔内电图的记录长度可以程控,虽然这些记录会占用储存空间, 但通常是值得的,可以程控为记录触发前数秒的心腔内电图。

4.心腔内电图的记录长度可以程控,虽然因患者不同,记录长度可有变化,但是通常不需要特别长的记录以观察触发前后及触发时的情况。

5.选择心腔内电图存储的触发条件时,

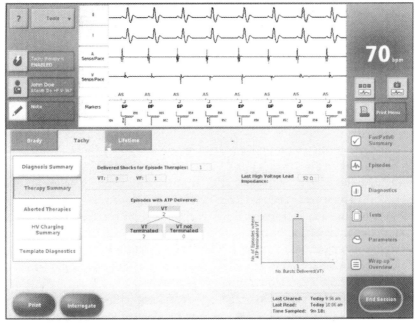

图24.6　治疗总结　该界面显示从前次随访开始,患者高频室性心律失常发作的总数,分类诊断和治疗情况。虽然植入CRT-D的患者可能明显感觉到高能量电击治疗带来的不适,但不要依靠患者报告的发作次数,因为部分患者对高能量的电击毫无知晓,患者也不易察觉抗心动过速起搏,有些事件在被患者察觉前就被识别,而且得到有效的治疗。本例患者有两次室速发作,经ATP治疗有效,CRT-D放电一次,即转复室颤

应考虑患者可能会发生什么事件,而做出相应的选择。想了解可能的高压放电？还是快速房性心律失常？或者室性早搏？可以根据医生想了解的情况和患者有可能发生的事件而选择触发条件。

从主界面或特殊程控界面都可以下载心腔内电图,对排除故障尤其有用。

心动过速的诊断

植入CRT-D的患者在发生致命性快速室性心律失常时,CRT-D能启动电击除颤治疗。快速性心律失常的诊断为治疗的启动提供线索,治疗总结(图24.6)提供了从前次随访开始患者心动过速发作的次数,CRT如何对其进行识别和诊断以及如何治疗等信息。

阅读这些快速性心律失常的诊断资料时应考虑以下几点:

1.心动过速诊断区的设置是否合适？例如,尽管抗心动过速起搏(ATP)或低能量转复可以有效终止心动过速,但由于仅设置了室颤区,当患者心动过速发作时,只能接受高能量的除颤治疗,而失去了接受有效的ATP及低能量转复的机会。

2.室上性心动过速鉴别诊断标准是否合适？患者可能因室上速诊断标准不恰当而接受多次不适当的电击治疗(储存的心腔内电图有助于发现问题)。如果诊断为室上速,而且电击治疗被恰当地抑制了,说明室上速的诊断标准设置合适。

3.如果患者因室速反复接受高能量电击治疗,而室速的频率在低频率室速区内,可设置ATP进行分层治疗,减少高能量电击治疗的次数。

4.如果ATP设置为开启,应分析ATP治疗的成功或失败的情况,再决定是否需要对ATP进行调整甚至停止。总之,如果ATP治疗经常失败或将室速加速为室颤,则应关闭ATP治疗。另一方面,如果ATP治疗成功的比例占大多数,偶尔有失败,则需要分析患者室速的具体情况,调整ATP设置,使之更加有效。

心动过速的诊断报告还包括充电次

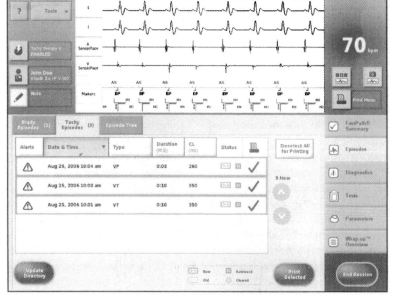

图24.7 心动过速事件记录 本诊断报告显示了所有按时间顺序记录的快速性室性心律失常。波形标注对应于同步的心腔内电图,可以选择打开显示任一事件的详细数据。本例患者发生持续8秒的室颤,室颤前还有两次室速。医师可以打印储存的心腔内电图及事件更详细的信息

数、充电电压、流产治疗的次数及每次事件报告。事件报告包括心动过速的诊断、心律失常的分类（分区）、计时周期、发放治疗的类型及治疗结果（图24.7）。有些报告还包括事件发生时的心腔内电图。

诊断资料的使用技巧

诊断功能在不断完善发展的过程中也伴随着一些弊病，制造商正在设计能提供大量诊断信息的植入装置。但不同制造商应用不同的名字命名各自植入装置的诊断功能，而且相似的技术之间也有细微的差别。另外，多数随访中心的工作节奏很快，大量诊断信息能造成信息过载，医生在很短的时间内不能充分了解植入装置提供的所有信息。这时可以利用一些"小窍门"。

1.总是在程控前打印所有的诊断信息。

2.检查程控仪是否有任何报警或警告信息。各厂家程控仪不同，但都非常直观，可以通过屏幕的提示较快地操作一个不太熟悉的程控仪。

3.程控仪能提醒有新的心腔内电图的储存。如果医生觉得有意义，即可打印出来。

4.首先大体查看诊断报告，然后进行具体分析，查看总体起搏数和治疗的总结，虽然所有的诊断数据都记录在内，但并不需要查看所有的资料。

5.储存的心腔内电图可能包含最有临床意义的信息，但最好首先浏览基本诊断后再查看心腔内电图。这样可以有目的地寻找有意义的心腔内电图，而不需要把时间浪费在大量意义很小的图形上。

6.有任何疑问都将其打印出来。

7.需要注意的是，CRT不同于起搏器，CRT需要尽可能保证100%的心室起搏。

本章要点

- ICD、起搏器和心脏再同步化治疗（CRT）的诊断原则基本相似，必须明确 CRT 的目标是尽可能获得 100% 的心室起搏。
- 随访程控前必须查看和打印所有的诊断信息。程控新参数将自动清空所有的诊断信息。
- 最好的方法是首先掌握最高级别的诊断信息，然后根据需要分析具体事件。存储的信息可能远远大于临床医师的随访需要。
- 为保证CRT有效工作，应检查起搏的诊断信息。事件直方图按起搏状态分类，而频率直方图按频率分类起搏和感知事件。CRT应保证尽可能多的心室起搏。
- 如果CRT有频率应答功能，则传感器直方图提示传感器控制起搏频率的时间以及传感器驱动的频率。需要程控适当的频率应答参数。
- 自动模式转换（AMS）列表显示AMS的次数和持续时间，以及AMS时最大、最小心率及

持续时间。
- 存储的心腔内电图包含最有意义的随访信息。可以程控心腔内电图记录的触发条件、事件发生前心腔内电图的记录时间和心腔内电图记录方式（一个或两个通道）。程控心腔内电图时，既要考虑临床需要，又要兼顾有限的储存容量。
- 治疗总结显示诊断快速心室率的总数以及治疗措施。仔细分析将能发现诊断依据、治疗措施、心动过速频率的性质（包含计数器的资料和同步储存的心腔内电图），甚至充电总数。
- 心动过速的诊断特别能说明治疗的有效性及合理性。可从中获得程控的室上速鉴别诊断标准的类型和数量、程控模式的合理性（一、二或三区）及对某个患者抗心动过速起搏的有效性。
- 记录，记录，再记录。打印所有你认为有用的信息！

（刘元伟 译）

第二十五章

CRT的随访指南

植入CRT装置的患者，随访是日常生活的一部分。由于常规随访对CRT患者和医院来说已非常熟悉，因此随访过程中更容易忽视患者的整体病情变化和护理等方面的问题。随访可以明确CRT装置的工作是否正常，调整参数以尽量延长CRT的使用寿命，确保最优化的参数设置，排除患者的焦虑，排除故障，搜集患者和CRT装置过去互相作用的信息。系统随访使工作紧张而繁忙的医生能够快速而可靠地完成各项随访。而系统随访是植入装置，特别是CRT治疗成功的关键。

通常，具体的随访程序是建议性的，每个医生可以根据自己的目的、经验和患者的需求而采用不同的随访程序。但系统化随访非常重要，可以确保没有任何事件被遗漏（具体工作中容易发生），或揭示隐匿性的问题，或避免遗漏有助于解决问题的信息。

询问患者病情

对于任何植入装置的随访，询问患者病史及病情变化都是第一步。尤其对CRT患者这一过程又有特殊要求，应详细询问患者的药物治疗情况。大多数心衰患者在植入CRT的同时还要接受其他多种治疗方案，其用药情况也需要随病情变化而调整。对于服药情况不十分明确的患者，应要求其在随访时携带所服药物的药瓶或说明书，最好携带完整的病历资料。尤其是胺碘酮、β受体阻滞剂、地高辛等对CRT治疗有影响的药物。

要详细询问患者的症状及其变化。心衰是逐渐进展性疾病，而且大多数植入CRT的患者都是老年人，他们可能有许多症状。但需要注意，并不是所有的症状都和CRT相关，有些症状可能与药物的副作用有关（例如，β受体阻滞剂常见的副作用是乏力）。必需认识到许多植入CRT的患者会把所有的症状归咎于CRT，而很少考虑病情或药物等其他原因的影响！

但有些症状可以通过优化和程控CRT得到改善，如重新调整和优化AV间期和VV间期等参数，可以提高心输出量并改善患者部分症状。可能与CRT相关的症状包括：

- 头晕、眩晕、晕厥；
- 心悸、心慌、胸部重击感；
- 气短；
- 疲乏。

相关的体征有皮肤颜色改变、呼吸频率加快和水肿。

检查植入部位的皮肤有无发红、感染和破溃；检查颈静脉（有无颈静脉充盈）；测量血压，记录心率，听诊心肺。

许多心衰患者可能就诊于多个医生，一定要了解其他医生的治疗方案，了解患者的整个病程和治疗方案。心衰患者的理想治疗应该是全面的。

问询

首先，记录体表心电图并加以分析：

- 有没有起搏信号？
- 起搏信号有没有夺获？
- 感知功能是否正常（可能没有）？
- 是否有任何异常现象？

将心电图和以往的任意一份心电图进行比较，分析QRS波形态是否有变化。若起搏的QRS波形态比以往发生变化，表明CRT的起搏有变化！这提示CRT起搏可能存在问题，但此时注意到变化即可。

把程控仪的探头放在CRT上面，通过问询功能开始程控。许多程控仪具有半自动功能，能显示下载的基本数据和参数、某些提示和警告（显示在对话框）提醒医生注意某些新信息、新的心腔内电图或一些重要情况。可以直接先从这些警告信息开始随访，然后了解和解决这些重要的问题。这种方法对于放电后立即就诊的患者十分必要。然而，对于常规进行完整随访的患者，医生可以先回顾这些警告信息，然后再按常规步骤开始系统随访。

程控仪能显示低电量或电极导线阻抗超出正常，但解决不了上述问题。

如果出现电池低电量，应尽快更换CRT。如果是首次更换，应叮嘱患者在更换时需要注意的事项。多数CRT在电池耗竭前有相当长的警觉期，及时更换电池，确保CRT发放可靠的治疗是明智之举。

利用遥测技术获取或打印系统参数时，应特别注意电极导线的阻抗。对许多CRT来说，问询过程中都能自动检测阻抗，而检查电极导线的阻抗对进行随访的医生来说至关重要。电极导线阻抗是电极导线和血流之间的阻抗，是不可程控的。阻抗值因患者不同，电极导线形状不同和植入时间的不同而不同。某些程控仪能储存以前的电极导线的阻抗值，并能和当前的值进行比较。如没有这一项功能时，就应当记录每次随访时的电极导线阻抗值。

评价电极导线阻抗应作为常规随访的一项内容，医生不能只注意一个特殊的阻抗值，更要注意阻抗值的明显变化。多数电极导线阻抗都有一个可接受的范围，范围内的波动是正常的，而突然或巨大的变化（>200Ω）则强烈提示电极导线有损坏。

- 电极导线的阻抗突然升高≥200Ω，提示电极导线断裂。
- 电极导线阻抗突然降低≥200Ω，提示电极导线的绝缘层破裂。

电极导线的阻抗值必须与原数值对比。例如，电极导线阻抗的可接受范围是200~800Ω，患者的电极导线阻抗是400Ω，单独看该值在正常范围内，但上次随访时的电极导线的阻抗是750Ω，而此次却是400Ω，电极导线阻抗突然降低>200Ω，强烈提示电极导线有问题，最大的可能是绝缘层破裂。可见，即使这两个值都在正常范围，也要计算出二者的差值后，才能反映电极导线是否存在问题。任何超出正常范围的阻抗值都应引起重视，而且，对于阻抗值都在正常范围内，差值发生很大变化者，更应该给予充分的重视。

如果发现电极导线阻抗值突然变化，应进行下面的随访：

- 再次获取阻抗值加以证实。
- 拍胸片常能显示电极导线存在的问题。
- 检查起搏心电图有无异常起搏。许

多电极导线的故障可引起起搏和感知异常,然而,起搏和感知正常并不能排除电极导线存在的潜在问题。

- 如果胸片和起搏均正常,而电极导线阻抗仍有明显变化,应警惕患者的电极导线可能确实存在问题。对这类患者要进行详细检测及密切观察。

一旦检测出故障,应咨询CRT设备专家,多数情况下应更换电极导线。

下载诊断信息

诊断信息可用多种报告和表格显示。有时医生会认为这些数据过多,并将其作为多余的信息删除,但将诊断信息下载备用至关重要。首先最重要的是,随访中任何程控都会自动清除诊断信息,造成数据的丢失;其次,有些数据初看多余,其实非常重要,对随后的随访很有帮助;第三,搜集详细资料,确保患者随访资料的完整性非常重要。

有些医生习惯在随访过程中分别回顾涉及的诊断信息,而不是在随访开始时首先回顾所有诊断信息。医生应坚持系统化随访,而不是非要按某种建议的固定程序进行随访。因此,医生按不同的次序下载诊断信息无可非议,而对于不同患者医生应坚持用相同的程序随访。依经验而论,应当在早期下载诊断信息,这有助于及时保存数据以防丢失,还可以给医生很多提示以指导进一步随访。当然,早期下载诊断信息并不意味着不再参考这些数据,在接下来的随访过程中,医生还需要对这些诊断信息进行更详尽的分析。

诊断信息的种类繁多,其命名也因生产厂商的不同而略有不同,甚至同一厂商生产的不同型号的CRT都可能有不同的名称。其主要类型包括:

- 心率直方图(记录起搏和感知的次数及起搏和感知时的心率);
- 模式转换直方图、AT/AF趋势图、AF转复记录(记录CRT如何处理快速心房率事件);
- 感知直方图(限于有频率应答功能的设备);
- 快速心律失常树状图(CRT-D除颤事件);
- 储存的心腔内电图。

程序化随访要一步一步地完成,对不同的患者按相同的步骤下载诊断信息。根据患者的临床情况及CRT的参数设置,带着问题回顾诊断信息:

1.诊断信息与CRT设置的目标是否一致?应尽量保证100%的心室起搏,植入CRT-D患者的致命性快速室性心律失常应得到诊断和治疗。

2.诊断信息与程控设置是否一致?开启的室上速鉴别诊断的功能是否能减少不恰当的电击治疗?起搏频率是否足够保证双室同步起搏?AMS和房颤抑制算法应能避免快速性房性心律失常发生时伴有快速心室起搏跟随。

3.诊断信息中是否能提示存在某些异常?检查任何发生率较高的特殊情况(如室性早搏、模式转换、电击治疗等)。其中一些非正常的电活动反映参数程控不合理,而有些则没有临床意义。

4.所有设置的功能是否正常?检查模式转换功能、AF抑制算法,SVT鉴别诊断功能、频率应答功能及其他参数的设置。例如,出现快速性房性心律失常时,模式转换功能是否正常发挥作用,使心室不应再跟踪快速的心房激动。室上速鉴别诊断功

180 能应能减少不适当放电,但不会减少特异性放电(治疗性放电)。频率应答功能可以灵敏地增加频率以适应机体需要,但对于习惯久坐的患者,不应有过多的高频起搏。

5.诊断信息能否为调整某些功能或解决某些问题提供线索?应注意寻找这些事件:快速心室跟踪,持续时间较长的阵发性房速,传感器驱动频率过快或过慢,起搏频率过慢或心室起搏低于100%。回顾所有显著或异常事件的诊断信息十分重要。与前两次随访资料比较,当前资料是否有显著变化?例如,单独考虑几次模式转换似乎意义不大,但如果了解到患者以前没发生过模式转换,则提示患者最近发生了较多的房性心动过速。

证实起搏夺获

CRT(CRT-D)与起搏器或ICD的随访程序没有显著不同,关键是随访早期检查其起搏和感知功能是否正常。

目前CRT的起搏阈值测试并不比其他植入装置复杂,本书第12章已详细介绍了如何进行上述测试,但还需强调以下几点:

- CRT的起搏是双室起搏,需要测试夺获左室和右室的起搏阈值,即临床医生必须确定左右心室起搏均能夺获。
- 左右心室的夺获阈值可能不同,事实上也常常不同。
- 证实CRT夺获功能的最好方法是半自动检测法。捆绑式CRT的测试比较复杂(第15章),这种装置是老式的,目前临床仍可遇到。
- QRS波的形态能很好地反应心室的活动情况。双室起搏、右室起搏、左

室起搏时的QRS波形态各不相同,与心室自身心搏的形态也有区别。

程控仪显示的对心脏节律的标注功能是另一种证实起搏夺获的重要方法,它可以准确地向医生提供CRT能“看见”的心脏电活动。标注并不总能准确反映心脏发生的情况,但可准确地表述CRT是怎样识别输入信号的。

测试夺获阈值之前,首先要确定起搏脉冲是否能够夺获心肌。通过观察心内电图的标注可以确定起搏脉冲是否能夺获心肌。如果夺获是可疑的、间断的或无夺获,应谨慎地增加起搏频率。通常采用递减测试的方法,将起搏脉冲电压逐渐降低。例如CRT在正常起搏状态下,起搏脉冲降低到某一点时会发生失夺获,半自动夺获阈值检测可以记录心腔内电图及刺激脉冲的电压数值。

记录左右心室的起搏阈值,如有必要应重新程控左右心室的输出脉冲以确保心室持续夺获。一般来说,提高起搏电压(幅度)比延长脉宽更省电和有效。通过提高起搏脉冲的电压来确保夺获功能的一个弊端就是起搏阈值不稳定。许多因素能影响起搏阈值,包括药物的相互作用、时间、体位变化以及疾病进展等。因而,医生必需确定起搏脉冲电压的安全范围,以保证其能可靠地起搏心脏。毕竟CRT只有起搏心脏才能达到治疗目的!起搏的安全范围是起搏阈值的2~3倍。例如,如果患者的右室起搏阈值是1V,按2:1的要求,起搏脉冲电压要程控为2V,而按3:1的要求,则应程控为3V。医生可以在1.8~5V之间选择。

181 如果CRT也同时起搏心房,则应检测心房的起搏阈值。心房起搏阈值有时不能检测,因为检测此值必需要求起搏心房。对于持续性房性心动过速患者,不可能或

没有必要起搏心房。如果有心房起搏,可以采取半自动方法检测起搏阈值。检测应自动递减进行,屏幕显示结果。2~3倍的起搏安全范围比较理想。总体而言,心房的起搏阈值比心室起搏阈值低。

检查感知功能

证实CRT确能夺获后,应立即检查感知功能。感知阈值的定义是CRT能稳定地感知心室活动的最低感知灵敏度的设置(与直觉不同,是最高mV设置)。为检测感知阈值,观察和测量心脏自身电活动至关重要。

有些CRT能自动检测P波和R波振幅,医生可根据这些值判断感知参数设置是否恰当。例如患者的R波振幅为2.5mV,感知参数应设在1mV左右,可以保证任何大于1mV的R波都能被感知(如2.5mV的QRS波)。由于心脏自身心搏的振幅并不总是一致,应当容许有一个安全的感知范围。一般来说,感知参数应小于或等于自主波振幅的1/2。

如果不能自动获取自身心搏的振幅,传统的作法是降低起搏频率至足以显露心脏的自身心搏。如果CRT能感知到心脏自身活动,在心腔内电图的标注上将显示出自身心律是否被感知。

如果患者没有心脏的自主心律,很难甚至不可能检测感知功能。自身心率很慢或几乎没有自身心率的患者不应进行这种检测。此时,最好检查心腔内电图的标注和程控参数的设置。应将这种情况记录在患者的随访档案中,给以后的随访和其他医生提供这方面的提示。

心腔内电图的分析

本书第19章已详细地讨论了起搏心电图。随访时开启心腔内电图的标注功能并回顾过去的标注很重要。标注是非常有用的工具,可以提供可靠的信息,包括CRT"看"到了什么,是怎么"想"的。但心腔内电图本身比标注更重要。心腔内电图显示的才是"真实的情况"。CRT过感知(抑制起搏)或感知不良(过度起搏)时,标注会漏掉一些问题。比如标注显示有心脏自身心搏,而心腔内电图却没显示,提示过感知;或标注未显示,但心电图却显示自身心搏,提示感知不良。

使随访过程系统化非常重要,同样,系统化评估心腔内电图也很重要。分析心腔内电图的关键点包括:

1.程控的参数设置是否和心腔内电图表现一致?检查心率、特殊功能及起搏活动等。

2.是否每一个起搏电位后均有心肌除极电位?有则提示脉冲刺激能可靠地夺获心肌;没有则提示尽管起搏了,但起搏脉冲不能夺获心肌。

3.CRT是否能持续起搏心室?只有尽可能保证100%的起搏心室,才能达到CRT治疗的目的。

4.具有双腔起搏功能的CRT,心房起搏是否正常?没有心房起搏原因是什么?如果有心房自身心搏或快速性房性心律失常,心房起搏则会被抑制。

5.QRS波的形态是否提示双室起搏?由于每个患者的情况不同(甚至同一患者的病情也会随时间而发生变化),回顾患者以前的心腔内电图很有帮助。QRS波群形态的显著变化表明起搏功能可能有故障,或者某个心室的起搏失夺获。

6.感知功能是否正常?并不是所有起搏心腔内电图都能观察到感知功能,但应注意是否有心脏的自身电活动,心房自身电活动能否抑制起搏脉冲的发放。

7.如果CRT有心房电极导线,是否正常同步化起搏?换句话说,是否每一次心房起搏都跟随一次心室起搏?注意是否存在孤立的心房或心室电活动。

8.开启的功能是否和设定的参数一致?例如,如果开启模式转换功能,且心电图显示快速房性心律失常,模式转换功能应确保快速心房活动不被心室快速跟踪。

9.同样的道理,是否有应当打开的功能(如模式转换)尚未打开?

除颤功能

在美国,植入的绝大多数CRT均为带有高能量除颤功能的CRT-D,这要求随访时应查看除颤相关的参数和功能设置。打开治疗的小结界面时,可以显示发生了多少次室性心动过速,以及CRT-D采取了何种治疗措施。如果发放电击治疗,植入装置会自动保存心腔内电图。仔细分析当时的心腔内电图,查看电击治疗是合理(即患者确实发生VT)还是不合理(错误放电治疗SVT),以及治疗是否成功。

在回顾评价治疗情况时,医生应注意以下问题:

1.患者是否发生过VT?如果发生过,应了解发生次数和室速的特征,并优化CRT设置。如果患者既发生"快"的室速,同时也有"慢"的室速,最好程控为三区:慢室速区、快室速区和室颤区。

2.如果发生电击治疗,是否合理?如果发生不适当的电击治疗,医生应检查SVT

的鉴别诊断参数。

3.低能量转复对慢室速是否有效,结果如何?如果有效,这种设置很合适。如果低能量转复无效,或者使室速频率加快或变成室颤,应当选择高能量的电击治疗。

4.抗心动过速起搏(ATP)对慢室速是否有效,结果如何?ATP可能是成功终止心动过速的第一道防线,尤其是对一些耐受性较好患者的慢室速。然而,ATP并非对所有类型的室速都有效,有时甚至有可能使室速加速。如果ATP治疗不成功,应当重新设置ATP参数,或将其关掉。另一方面,如果ATP治疗有效,由于其无痛性且耗能少,对植入CRT的患者来说十分有益。

5.是否应当进行除颤阈值(DFT)检测?这在第20章已经讲述,但仍有几个需要考虑的问题。对于心衰患者,除颤阈值会随时间、药物作用、疾病进展及其他许多因素的变化而变化,从理论上说,经常检测DFT是最理想的。但临床实际情况不可能经常进行常规检测,因为DFT检测耗时而且能给患者带来痛苦。因此,对除颤阈值的变化保持警惕的观点是明智的。回顾治疗发放的情况,患者是否需要多次、高能量电击治疗?是否有证据表明患者除颤能量不足?如果是,此时需要再次进行DFT检测。如果患者没有或很少接受电击治疗,或对目前的除颤能量反应很好,则不必进行DFT检测。应根据具体情况进行判断。

为证实右室除颤电极导线工作是否正常,需要进行高压电极导线的完整性检测。检测时,程控装置放发12V的电能,放电时,程控仪将显示除颤电极导线的阻抗值。注意此时的阻抗值可能和实际放电治疗时的阻抗值不同,后者能量更大。医生应仔细观察,并确定电能是经电极导线传导至患者心肌的,这样可以证实电极导线的完整性。

检测前要向患者讲明检测时可能会引起胸部不适。有些患者会感到疼痛,甚至呕吐。因此,医生应决定多久进行一次该项检测。12V并不是很高的能量(许多起搏器可程控输出10V的脉冲电压),但足以让患者感觉到!

对有形态鉴别诊断功能的CRT-D患者,医生应确认CRT程控为自动更新模版。模版更新快速而且无痛苦,患者察觉不到。如果没有开启自动更新模版功能,可以手动进行。总之,为安全和方便起见,多数患者应开启自动更新模版的功能。

储存心腔内电图

大多数CRT具备储存心腔内电图的功能,并可以在程控仪上识别。如果储存心腔内电图是由某些程控的触发条件触发,应回顾这些触发条件的设置是否合理。例如,AMS可以程控为触发条件,但这并不适合所有患者(例如无房颤患者)。

医生应当回顾储存的心腔内电图,并将有用部分下载。这些心腔内电图不仅有助于了解患者是否发生过事件以及CRT的治疗情况,还可以指导程控。

1.查看储存的心腔内电图时,程控设置的参数正常吗?

2.如果患者接受了不适当的放电治疗,SVT的鉴别诊断参数是否需要调整?

3.如果有很多次模式转换,是否可以设置其他储存心腔内电图的触发条件?例如,如果患者长期处于模式转换状态下,可能将工作模式永久性地程控为无心房跟踪模式。

程控

随访工作的大部分内容是进行探察,医生应尽可能搜集所有线索,以了解患者是否发生事件以及CRT的治疗情况。下一步,医生要决定是否更改参数和功能设置,使CRT为患者提供更好的治疗。

首先进行的应该是CRT间期的优化。设定感知和起搏的房室间期(AV)、左右心室起搏之间的间期(VV)是CRT治疗成功的关键。事实上,多数情况下,间期优化是将CRT无反应者转化为有反应者的最好方法。如果CRT有QuickOpt™算法(详见第15章),间期参数能被快速而无痛地确定。此项功能可在随访的最后提供优化的参数设置。

如果CRT不具备QuickOpt™功能,间期优化要依赖超声心动图。因此,医生必须评价间期优化的必要性,在常规随访的基础上,采取合适的步骤获取超声心动图的指导。

其他程控步骤要取决于医生在随访中的发现。医生应检查工作模式、起搏频率、间期参数、特殊功能、SVT的鉴别诊断、起搏输出参数、放电输出参数和储存心腔内电图的触发条件等。总之,医生应查看目前的参数设置是否合理,是否需要改变。新设置的参数需要输入和程控。每次程控的内容都要记录。

需要注意,大多数可程控的参数都有较宽的优化范围。有时医生倾向于程控时进行较大幅度的参数调整,而不喜欢细微的改变。然而,对于已经选择植入装置治疗的患者,即使很小的参数改变都可能会对患者产生很大的影响!除非有很强烈的理由,应避免大幅度地改变参数。

应当注意，程控某一项功能参数时，可能会使其他的参数失去作用。如果发生这种情况，程控仪将会提示医生这两种参数不能兼容。

可以打印两份最终的参数设置，一份放入患者的随访档案，另一份交给患者。应提醒患者随身携带，以便突然需要时使用。

最后步骤

每次随访开始时应先打印参数，结束时也应将参数打印出来。每个有意义的事件也都应打印出来存档，应遵循"有疑问，打出来"的原则。随访的难易取决于前面的随访步骤中医生获取的信息中有多少是有用的。

大多数心衰患者可能就诊于多个医生，可能服用多种药物，注意病历中的这些信息可能十分有用。许多抗心衰药物可能会对CRT产生影响。例如：β受体阻滞剂和地高辛可减慢心率，胺碘酮可以抑制异位心动过速、I类抗心律失常药物有致心律失常作用，CRT可以减少此类药物的副作用。事实上，起搏器可以消除β受体阻滞剂致心动过缓的副作用。

随访结束时，一定要和患者交谈，询问一些问题。虽然CRT治疗在世界范围内越来越普遍，但还是一个相当新的领域，患者对CRT有很多不了解。CRT生产厂商提供了很好的指导资料，应该发给患者。每次随访结束时，应当鼓励患者多提问题，许多患者可能有许多顾虑和问题，但就诊时却不太敢提出。稍微鼓励一下，患者就会把问题说出来。尽管还没有统计学的支持，依个人经验，受教育多的患者会有更多问题，对CRT的治疗也更加关注。

本章要点

- 随访的目的是检查心脏再同步化治疗（CRT）功能是否正常，优化参数，检测目前或潜在的问题，并向患者做出解释。
- 应建立随访程序并坚持应用，这一点非常关键。本章为建立系统随访程序提出了一些观点。掌握系统随访的方法往往比具体掌握某些步骤更重要。
- 系统随访有助于保证不会有任何步骤被忽略或漏掉，医生应按步骤随访，而不是匆忙地处理一些表面问题。许多随访可能发现"小问题"，在其引起症状前就能得到解决。
- 大多数CRT患者可能就诊于多个医生，服用多种药物。尽可能地搜集其他医生、其他治疗方法的信息，尤其是正在服用药物的信息。一些抗心衰药物（尤其是β受体阻断剂、地高辛）可减慢心率，I类抗心律失常药有致心律

失常作用。
- 询问CRT系统和检查电极导线的阻抗，电极导线阻抗是不可程控的，要保持在正常参考值范围内（产品说明中可以找到正常参考值）。即使阻抗值仍在正常范围内，短时间内变化 > 200Ω（前后两次比较）也强烈提示电极导线可能损坏。
- 当程控仪提示CRT电量不足时，应更换脉冲发生器（不是电极导线）。
- 任何程控都将清除诊断信息，因而程控前要下载诊断信息，诊断信息有助于指导程控。
- 一些重要的诊断信息包括心率直方图、模式转换直方图、感知直方图（针对频率应答设置）、心律失常分类图、治疗总结以及储存的心腔内电图。
- 随访时，要证实起搏夺获和感知功能是否正

185

常,检测夺获和感知阈值,并确定参数设置是否合理。

- 获取心腔内电图并分析标注,了解起搏和感知功能是否正常。

- 对于CRT-D要分析除颤时的心腔内电图,详细了解除颤时的情况。检查高压电极导线的完整性和检测除颤阈值是有用的。但这两项检测能引起患者不适,医生必须慎重考虑后才能进行。对多数患者来说,频繁检测是不必要的。

- 回顾CRT除颤的相关资料,检查储存的心腔内电图以证实放电除颤是否合理、确定SVT的鉴别诊断参数是否合理。

- 改变参数后应进行程控,新参数程控进入CRT后将立即发挥作用。

- 如果CRT有快速间期优化(QuickOpt™)功能,无需借助其他设备(超声心动图)就能进行AV和VV间期的优化。如果CRT有这项功能,随访时应常规设置为打开。如果间期优化必须在超声指导下进行,医生要判断间隔多长时间进行这种参数的调整。

- 调整参数的幅度要小,变化不要太大。

- 记录,记录,再记录!

- 鼓励患者提问或说出对治疗的顾虑,患者可能有各种顾虑而不敢向医生提问。应有一定的时间与患者交流。

(王龙 秦小奎 译)

第二十六章

CRT故障及排除

排除CRT故障并不像有些医生认为的那样困难,一般常采用"三步法":

- 确定问题;
- 确定产生问题的可能原因;
- 从最可能的原因开始,用"鉴别诊断"的方法逐个排查每一个原因。

事实上,任何接触CRT患者时间较长的医生,都会偶尔遇到难以捉摸或非常棘手的问题。遇到这种情况时,要毫不犹豫地与生产厂家取得联系和技术支持,可以是销售代表、技术服务人员或24小时技术热线服务。然而多数故障都有明显原因,事实上,一旦你知道常见故障的原因,排除故障就将变得相对容易。

从经验来看,有几种情况是CRT专业人员常常碰到的。

CRT治疗无反应

许多患者属于所谓的治疗"无反应"者,有证据表明,至少其中一部分患者能转变为"有反应"者。以下几种情况可能降低CRT的疗效:

1.CRT没有夺获双室 需要证实双室夺获。

2.AV间期和VV间期尚不是最优化 有时这些参数很小的变化都能提高CRT的疗效。如果CRT具有QuickOpt™(间期快速优化)算法,间期优化将按程序而自动进行。若CRT不具有此项功能,应在超声指导下进行AV间期和VV间期的优化调整。

3.心室起搏不足100% 与传统起搏器(感知心脏自身激动时抑制起搏脉冲的发放)不同,CRT只有在心室起搏状态下才能发挥双室同步激动的作用,因此应当尽可能保证起搏心室。需要设置足够快的基础频率、适当的AV间期和心室起搏值。

4.电极的完整性问题 查看电极导线阻抗是否有明显变化或超出正常范围。胸片能显示电极导线的情况。对于有破损、折断或有裂缝的电极导线,必须手术更换。

5.电极导线植入部位问题 如果电极导线植入部位有问题,会很早就表现为左室电极导线不能稳定夺获心室。众所周知,起搏的成功与否与电极导线的植入部位密切相关;即使植入部位有很小的变化,都可能引起起搏阈值的显著变化。如果电极导线位置不合适,应当及时加以纠正,甚至需要通过手术重新放置电极导线。

CRT治疗有反应(至少在一定程度上),但心室起搏低于100%

如果CRT不能持续100%的起搏心室,可能由于自身心室电激动的干扰。

1.若可能的话,选择高于自身心室率的基础起搏频率,或评价患者自身心室率的高低,进而调整基础起搏频率。

2.优化AV间期 依据心房频率逐步调整心室起搏脉冲的发放，使心室尽可能失去自身电活动，形成完全性心室起搏心律。

3.证实夺获 可能起搏频率适当，但不是所有起搏脉冲都能夺获心室。要证实夺获功能，可以用半自动阈值检测功能，检测起搏脉冲的两个参数，即脉冲幅度(V)和脉宽(ms)。

4.是否存在远场P波感知 当左室电极导线感知到心房信号时，会将其误认为心室的自身激动而抑制心室起搏。表现为只有右室起搏(没有左室起搏，也就没有双室起搏)，心房起搏脉冲的出现在某种情况下抑制了左室起搏脉冲的发放。可以通过降低左室电极的感知灵敏度解决（对心房信号感知的敏感性降低）。在有些病例，远场感知心房波是因左室电极导线的位置不恰当，此时应改变左室电极导线的位置。

5.患者可能经历了室速的发作 房性心动过速时，心室跟踪能导致快速的心室起搏，故需要了解心房活动的情况。如果患者存在频繁的快速性房性心律失常，则要开启自动模式转换功能、AF抑制算法或程控为非心房跟踪模式(DDDI，DDIR，VVI或VVIR)。患者可能有慢频率室速，因此得不到抗心动过速起搏（ATP）或除颤的治疗。应根据患者的临床情况确定正确的临界心率。例如，患者的室速频率是100次/分，CRT就应程控起搏频率为105次/分，或程控起搏频率为90次/分，然后在CRT-D系统中设置三区模式，一区室速的临界心率设置为100次/分。这样CRT对室速的治疗能做出很好的选择。

6.电极导线问题 电极导线可能会被损坏(检测电极导线的阻抗值，然后经胸片证实)，或植入部位不当而需要手术重新放置电极导线。

双室夺获不稳定，间断性夺获或失夺获

双室夺获是指CRT能成功地起搏左、右心室。由于这两个腔室由不同电极导线起搏，而且一般二者的起搏阈值不同，因此比传统的起搏更容易出现问题。

1.夺获的问题 进行起搏阈值测试，确定双室起搏阈值。确定CRT的起搏脉冲(起搏电压和脉宽)是否适合于夺获心室，应当有2:1或3:1的起搏安全范围。

2.电极导线问题 尽管起搏脉冲的电压很高，但仍有一个或两个心室不能夺获时，提示脉冲传导到心脏的通路有可能出现问题。检测电极导线的阻抗，如果电极导线阻抗存在可疑时(或突然变化)，应拍胸片检查电极导线。电极导线位置也能影响夺获，此时需要手术重新放置电极导线。

3.感知问题 过度感知能减少起搏，过度感知就是"感知"到不存在的自身电活动，此时CRT认为存在自身电活动，从而抑制CRT起搏脉冲的发放。这种情况时，需要检测感知阈值，检查阈值参数的设定。需要记住感知灵敏度的设定和直观的感觉恰恰相反：振幅(mV)设置越高感知灵敏度越低。另一个问题是CRT感知到心房起搏脉冲时，能将其误认为是自身的心室激动。远场P波感知是左室电极导线的过度感知，应降低左室电极导线的感知灵敏度。

CRT-D不适当的放电治疗

当CRT-D把室上性心动过速当作室速发放高能量电击治疗时，将引起患者的恐惧和痛苦。此时，应回顾储存的带标注的心腔内电图。通过标注可以明确CRT-D

188 "看"到了什么,再通过分析记录的心内电图则能了解患者心律失常的真实情况。

1.CRT-D"看"到快速心室率,但未能识别出SVT 如果没有合理的程控,CRT并不总是能正确鉴别SVT和VT。此时,治疗总结将显示CRT-D识别到室速或室颤,而实际上是SVT。此时有必要检查SVT的鉴别诊断参数的设置,并作适当的调整。确定房室率关系比较和QRS波的形态鉴别功能已打开(自动模版更新),除此,一些患者可能还需要开启突然起始或间期稳定性功能。突然起始功能对有窦速的患者有意义,而间期稳定性功能对阵发性房颤患者有意义。

2.CRT将非室速误诊为室速 这种情况可因"双倍计数"造成,CRT将一些信号(非心室的电活动)误判为心室电活动。当发生远场P波感知(P波被感知为心室电活动)或其他形式的过度感知(例如T波被误感知为心室波)时,可能出现"双倍计数"现象。其他情况包括潜在的干扰,例如患者进入有电磁干扰的环境(要询问患者发生不适当治疗的地点),查看储存的心腔内电图及标注,对电磁干扰最好的解决办法是避开磁场。对双倍计数和过度感知应调整感知灵敏度,也可能需要进行感知阈值的测试。

CRT未能适时发放除颤治疗

发生恶性室性心律失常时不能及时除颤是CRT-D最危险的故障之一,尽管此类情况不常发生。此时若不及时治疗,患者就面临死亡的危险。这种情况常常是因为CRT不能识别和诊断这种心律失常。

1.感知不良 感知不良可使CRT-D不能识别或计数所有的心室活动。通过回顾储存的带有标注的心腔内电图可以确定

CRT-D是否"看到"和准确计数心室波。如果没有,就应测量自身心房和心室除极波的振幅,并与感知灵敏度进行比较,评价感知灵敏度的设置是否合适。大多数除颤器能自动调整感知参数,如果确信感知参数对应于患者自主信号的幅度合适,但CRT-D仍有感知过度,应和生产厂家技术服务部联系。CRT-D的感知灵敏度可以再次程控,但需要由专门的技术人员协助医生谨慎地调整。但不主张医生单独调整感知灵敏度,尤其是不熟悉CRT-D的医生,在没有厂家技术指导的情况下,不能调整感知灵敏度。

2.参数设置和SVT鉴别诊断参数设置不当 检查CRT-D是如何程控的,室速诊断的频率是否恰当?如果频率设置过高(如200次/分),慢频率室速(如190次/分)将得不到治疗。SVT鉴别诊断条件太严格或参数太多,可能会把真正的室速诊断为室上速,通过查看治疗的信息就能得到证实。如果真是这种情况,应当回顾和重设SVT的鉴别诊断参数。

3.电极导线问题 如果CRT-D能正确诊断VT,放电治疗也无误,但就是治疗无效时,应考虑电极导线存在的问题。需要进行高压电极导线完整性的检测,注意电极导线阻抗的变化。如果阻抗超过正常范围或有较大变化,则提示电极导线发生损坏,应拍胸片进一步证实,损坏的电极导线应更换。

4.电击输出设置过低 如果CRT-D正确诊断VT并按程控数值发放电能,但仍未能成功终止室速时,有可能是输出能量不足,未能达到除颤目的。此时应检查高压治疗参数并进行除颤阈值的测试,除颤阈值可随时间变化,也和用药、疾病的进展有关。既往10J能量就能成功除颤,但随

189 着患者除颤阈值的升高，上述能量已经不能成功终止心动过速，如果可能，应增加输出能量。如果已经设定为最大值而电击治疗仍无效时，应调整其他参数以增加除颤效果（见第20章）或咨询厂家代表，有时改变除颤脉冲的斜率值可能会有帮助。

结论

排除CRT的故障非常重要，最好采用程序化过程。医生即使对CRT只有一般的

了解，也应知道排除故障的基本技巧。就临床实践来说，常见问题的发生率高，少见问题的发生率相对较低（可向医学杂志和专业论坛提供详细的资料），因此，故障排除应从最常见的原因着手，逐步扩展。

不熟悉CRT的医生应立即寻求有经验医师的指导或联系厂家代表。厂家都有关于如何正确使用其产品的资料，也能提供如何更好地使用其产品的培训机会。许多优秀的CRT专家都是通过同事的合作和厂家提供的训练，才能掌握故障的排除和CRT治疗技术。

本章要点

- 确定问题，明确可能原因，然后进行分类。最可能的原因也最常发生。
- 尽管电极导线问题相对少见，但都是灾难性的，可造成CRT-D其他功能出现许多问题。一个损坏或位置不当的电极导线能引起起搏、感知和治疗等多个环节出现问题。
- 应经胸片进一步证实电极导线问题，并咨询CRT植入专家。一般来说，需要更换新的电极导线。
- 可通过心腔内电图的标注发现感知和起搏问题。回顾存储的心腔内电图和标注可发现CRT"看到"的和"所做"的各种事情。
- 详细询问患者事件发生时的情况，有些故障是电磁干扰（EMI）引起的。如果患者只在特定环境下发生不适当电击治疗，很有可能周围环境存在电磁干扰。电磁干扰普遍存在，有时

超出医生的了解，如商场里的监视器、牙科设备、不断出现的电子设备都可产生电磁干扰。
- 处理电磁干扰最好的办法是尽可能避开磁场。检测某个地方是否存在电磁干扰也是必要的，有时厂家技术人员可以提供这方面的帮助。
- 检查装置的程控参数，有时以往的程控参数就不恰当，却一直被沿用，需要详细检查各项程控参数，确保各个参数适合患者的当前情况。
- AV间期和VV间期需要优化程控，这需要使用超声设备，这是费时、费力的过程，而且费用较高。另一个办法是开启QuickOpt™（间期快速优化）功能，部分CRT具备此项功能。这种功能通过已经设置好的技术算法，自动进行间期的优化。

（王龙 译）

词汇表

AAA 抗心律失常药物

缩写,参见 antiarrhythmic agent。

Ablate and pace 消融加起搏

房室结消融及随后植入永久心脏起搏器的简称。

ACE 血管紧张素转换酶

参见 angiotensin-converting enzyme。

ACE inhibitor 血管紧张素转换酶抑制剂

这类药物通过对血管紧张素转换酶的抑制作用,使血管紧张素Ⅰ(A-Ⅰ)不能转变为血管紧张素Ⅱ(A-Ⅱ)。A-Ⅰ的活性很低,而 A-Ⅱ是作用很强的缩血管剂。A-CEI 可降低心力衰竭患者高水平的 A-Ⅱ,它可明显降低心力衰竭患者的死亡率。这一大类药物都有类似作用。

Active can 活性壳

参见 hot can。

Acute heart failure(AHF) 急性心力衰竭

(1)心力衰竭症状的突然恶化,典型表现为肺循环和(或)外周循环充血的症状。(2)有时也用于心力衰竭的新发病例。

Adrenergic system 肾上腺系统

人体交感神经系统的一部分,调节人体对危险进行"战斗或逃避"反应。可进一步分为 α肾上腺系统及 β肾上腺系统。肾上腺系统的作用包括增加心率和升高血压。

AF 房颤

缩写,参见 atrial fibrillation。

AFL 房扑

缩写,参见 atrial flutter。

Afterload 后负荷

心脏射血时必须克服的阻力。血压及脉管状态均影响后负荷。

AHF 急性心力衰竭

参见 acute heart failure。

Aldosterone 醛固酮

体内的一种化学物质(更确切地说是一种类固醇激素),其作用为调节体内的水钠潴留。

All-cause mortality 全因死亡率

任何原因的死亡,包括被公共汽车撞击所致的死亡。许多针对心力衰竭的大规模随机临床研究常采用全因死亡率作为一个终点。

Alpha-adrenergic system α肾上腺素能系统

人体肾上腺系统(SNS)的一部分,其作用为调节血管收缩、消化以及其他某些功能。参见 beta-adrenergic system。

Amiodarone 胺碘酮

对于心力衰竭患者重要的抗心律失常药物,属于Ⅲ类抗心律失常药物。尽管许多抗心律失常患者受益于胺碘酮,但其在降低死亡率方面的益处尚未得到证实。

Angina pectoris 心绞痛

由冠状动脉病变使心脏的供血受阻

而导致的胸痛。

Angiotensinogen　血管紧张素原

血液中的一种蛋白质,在肾素酶的作用下可被转换为血管紧张素 I,参见 renin-angiotensin-aldosterone system。

Angiotensin　血管紧张素

人体产生的一种化学物质(更确切地说是一种激肽)。有两种类型的血管紧张素:血管紧张素 I(A-I)及血管紧张素 II(A-II)。A-I 大部分是无活性的,它必须在另一种酶(血管紧张素转换酶)的作用下转换为 A-II,后者对人体的作用强大。参见 angiotensin-I 及 angiotensin-II。

Angiotensin-I　血管紧张素 I

当肾素(一种酶)作用于(水解)血液中的血管紧张素原时产生的一种化学物质(激肽)即血管紧张素 I(A-I)。A-I 的活性很低,在另一种酶(血管紧张素转换酶)的作用下转换为 A-II,后者是一种很强的缩血管剂。虽然 A-I 是一种低活性物质,但它是 A-II 的前体。参见 angiotensin-II。

Angiotensin-II　血管紧张素 II

血管紧张素 I(A-I)在血管紧张素转换酶的作用下生成的一种化学物质(激肽)。而血管紧张素 I(A-I)是肾素作用于血管紧张素原(一种血浆蛋白)而产生的一种低活性激肽。血管紧张素 II(A-II)是一种很强的缩血管剂。参见 angiotensin-I。

Angiotensin-converting enzyme　血管紧张素转换酶

体内一种化学物质,能将血管紧张素 I 转化为血管紧张素 II。缩写为 ACE。

Angiotensin-receptor blocker　血管紧张素受体拮抗剂

缩写为 ARB。通过阻滞或与血管紧张素受体细胞结合而抑制血管紧张素 II 发挥作用的一种药物。不像降低血液中血管紧张素 II 水平的 ACE 抑制剂那样,ARB 并不降低血中 A II 的数量,而是使血管紧张素 II 失效。对于那些不能耐受 ACEI 的心力衰竭患者应该给他们使用 ARB 治疗。

Anode　阳极

Antiarrhythmic agent　抗心律失常药物

缩写为 AAA。所有用于控制心律失常的药物总称。许多 AAA 具有致心律失常的不良作用,即它们可使患者出现其他种类的心律失常。因此,除胺碘酮外,绝大多数 AAA 对于心力衰竭患者都禁忌使用。

Antitachycardia pacing　抗心动过速起搏

缩写为 ATP。在 ICD 中,采用低压的程序刺激以终止心动过速的治疗方法。ATP 仅建议用于能够耐受或血流动力学良好的折返性单形性室速患者的治疗。ATP 可用于治疗室速,绝对不能用于治疗室颤。

Aorta　主动脉

身体的主要供血管道。心脏左室将血液泵至主动脉并分布至全身。

Aortic outflow　主动脉血流

超声心动图的一个测量参数,用于 CRT 装置优化,尤其是 AV 及 VV 间期的优化。该参数测量的是左室射血至主动脉(也是射血至全身)的速度快慢。

Aortic stenosis　主动脉瓣狭窄

主动脉瓣的狭窄,与心力衰竭发生相关的一种常见的瓣膜病。由于左室必须把血液泵至全身,因此当主动脉瓣狭窄时,左室泵血的负荷增大。

Aortic valve　主动脉瓣

左室与主动脉之间的瓣膜。

AP-VP　心房起搏—心室起搏

双腔起搏的4种状态中的1种。心房起搏事件之后跟随心室起搏事件。这意味着起搏器起搏心房之后起搏心室。这种起搏状态是CRT治疗中期待看到的。参见pacing state。

AP–VS 心房起搏—心室感知

双腔起搏4种状态的1种。心房起搏事件后跟随心室感知事件。这意味着起搏器起搏心房后经房室结传导至心室,引起心室除极,导致心室感知事件。这种起搏状态应在CRT中最小化。参见pacing state。

Appropriate therapy 恰当治疗

指CRT-D(及ICD)装置对真正的快速性室性心律失常进行的治疗。参见inappropriatetherapy。

ARB 血管紧张素受体拮抗剂

Arrhythmia 心律失常

不正常心律。也称为rhythm disorder或dysrhythmia。

Arrhythmogenesis 致心律失常源

诱发、引起或参与心律失常启动的因素。与心力衰竭患者的致心律失常因素有关的原因包括电解质紊乱、酸碱失衡、循环系统的高儿茶酚胺、陈旧性的心肌损伤以及牵拉心肌的不应期延长等等。

AS–VP 心房感知—心室起搏

双腔起搏4种状态的1种。心房感知事件后跟随心室起搏事件。这意味着窦房结自身发放电脉冲,但该脉冲未能传至心室引起心室除极,结果是起搏器起搏了心室。这种起搏状态是CRT装置中期待看到的。参见pacing state。

AS–VS 心房感知—心室感知

双腔起搏4种状态的1种。心房感知事件后跟随心室感知事件。这意味着起搏器根本就不起搏心脏,起搏器完全被抑制

或处于备用状态。这种起搏状态应该在CRT中最小化。参见pacing state。

AT 房速

缩写,参见atrial tachycardia。

ATP 抗心动过速起搏

缩写,参见antitachycardia pacing。

Artificial left bundle block 类左束支阻滞

由传统的右室起搏形成,由于改变了正常的心脏传导方向,故心电图图形类似于左束支传导阻滞,体表心电图表现为宽QRS波图形。

Atrial contribution to ventricular filling 心房对心室的充盈

心室被动充盈时的心房收缩,能使心房进一步将血液泵入已经充盈的心室。别名为atrial kick。

Atrial diastole 心房舒张

心房复极化和舒张。在体表心电图上,PR段代表心房舒张。

Atrial fibrillation 心房颤动

缩写为AF。一种以快速而无序的心房活动为特征的心脏节律异常,其中有些心房冲动传导至心室从而引起快速心室反应。AF是心力衰竭的并发症之一。

Atrial flutter 心房扑动

缩写为AFL。一种快速而规则的房性心律失常,心电图表现为锯齿波。

Atrial kick 心房驱逐

参见心房对心室的充盈。

Atrial systole 心房收缩

位于心脏靠上部位的心腔(心房)的除极与收缩,在体表心电图上表现为P波。

Atrial tachyarrhythmia 快速性房性心律失常

异常快速心房律的总称。虽然这类心

律失常起源于心房,但常引起快速心室率反应,因而常会引起患者的症状。

Atrial tachycardia　房性心动过速

缩写为 AT。异常快速心房节律的总称,但不包括房颤。

Atrioventricular node　房室结

位于心脏中心的一群特殊细胞,可以减慢电脉冲在心脏的传导。缩写为 AV node。

Atrium　心房

位于心脏靠上部位的两个心腔之一。复数为 atria。

Automaticity　自律性

心肌细胞能自动产生电活动的能力称为自律性。窦房结的自律性最强,但实际上所有心肌细胞都具有一定程度的自律性。

AV block　房室阻滞

也称为心脏阻滞,是缓慢性心律失常的一种机制。按时发放的起源于窦房结的电激动不能以正常的速度经房室结传至心室,在房室传导系统电激动可被延迟(一度房室阻滞)、间歇性阻滞(二度房室阻滞)或完全阻滞(三度房室阻滞)。高度房室阻滞是起搏器植入的适应证。

AV conduction delay　房室传导延迟

一种存在于许多心力衰竭患者中的电传导不同步,即心房到心室的正常电传导发生延迟。

AV delay　AV 间期

CRT 装置中的一个计时参数,是指从发放心房起搏脉冲到发放心室脉冲(右室、左室或双室,具体依赖于是否存在各心室独立的程控数值)的计时间期。对于某个患者,需要进行 AV 间期优化以找到一个理想的值。感知的 AV 间期涉及的时间是从感知的心房事件到心室输出脉冲,而起搏的 AV 间期涉及的是起搏的心房事件到心室输出起搏脉冲的时间间期。

AV node　房室结

参见 atrioventricular node。

AV nodal ablation　房室结消融

利用射频消融导管对房室结内、连接心房与心室的电传导路径进行破坏的经典方法。房室结消融有助于控制慢性房颤。由于中断了心房与心室之间的电传导,所以心房虽然还是房颤,但不会出现快速心室率反应。经房室结消融的患者通常需要植入永久心脏起搏器以起搏心室。这种联合治疗方法有一个俗称:消融加起搏。

Azotemia　氮质血症

血液中氮浓度超过正常范围。氮质血症可由肾功能不全引起。某些心力衰竭患者由于大量利尿剂的使用而发生肾前性氮质血症。

Baroreceptors　压力感受器

人体内对血压进行反应的特殊神经细胞。压力感受器位于大动脉(如颈动脉窦、主动脉弓)壁内并监测血管壁张力。当压力感受器发现血压升高或降低时,会引发身体的代偿机制,例如血管收缩或舒张。

Beta- adrenergic system　β 肾上腺素能系统

体内交感神经系统(SNS)的一部分,SNS 有调节血管舒缩、心率、支气管活动及其他功能。参见 alpha-adrenergic system。

Beta- blocker　β 受体拮抗剂

阻滞 β 肾上腺素能系统(有时也阻滞 α 肾上腺素能系统)的药物总称。这些药物具有负性变时、负性传导、负性肌力作用(即降低心率、减慢电传导、降低心肌收缩力)。这类药物是治疗所有心力衰竭患者

194

(即使尚无症状)的基石。这类药物的结尾都是"洛尔",常用的有:卡维地洛、比索洛尔、美托洛尔。这些 β 受体阻滞剂的效果并非都相似,有些药物已被证实可降低心力衰竭患者的发病率及死亡率。

Biphasic 双相的

有两个时相。现代 ICD(包括 CRT-D)发放的电击是双向的除颤波。双向除颤波为先正后负。许多情况下,第二相波的脉宽会短于第一相波。临床证据提示:除颤波形为双向的电击比同等能量的单向电击更有效。

Bipolar 双极

用于描绘电极导线极性(及脉冲发生器)的一种设置,由电极导线的端电极及环电极形成回路,参见 unipolar。

Biventricular pacing 双室起搏

心脏再同步化治疗的另一个名称。双室或 BV(有时 BiV)起搏是早期用语,目前更多采用的术语是 CRT。

Blood pressure 血压

血液对动脉壁的压力,单位为毫米汞柱(mmHg)。通常血压包括两个值:收缩压(或最大值)及紧随其后的舒张压(或最小值)。血压读数应该写为 120/80mmHg。

Blood count 血液计数

心力衰竭患者的一种常规测试,测量血细胞容积及血浆蛋白等指标,这些数据代表血黏度。

Bradyarrhythmia 缓慢性心律失常

也称作心动过缓。指所有心脏跳动过慢的异常心律的总称。主要包括两大类:窦房结功能不良及房室阻滞。

Bradycardia 心动过缓

参见 bradyarrhythmia。

CAD 冠心病

缩写。参见 coronary artery disease。

Can 壳

俚语,指脉冲发生器。

Cannulation 插管

插管的总称。在植入 CRT 时,插管是指将扩张鞘或电极导管放入冠状窦,以便左室电极导线从右房、经冠状静脉窦再进入位于左室外壁的冠状静脉系统。

Capacitor 电容器

脉冲发生器(除颤器)中的一个电子元件,其可储存电荷直至期望值后立即释放电能。电容器能使低压电池释放高压电能。

Cardiac cycle 心动周期

心功能正常的心脏一次跳动必然包含正常顺序的 4 相。首先以心房收缩期开始,随后为心房舒张(心房舒张期),第 3 相为心室收缩(心室收缩期),最后为心室舒张(心室舒张期)。

Cardiac index 心脏指数

该值等于心输出量除以对应的体表面积。心脏指数将心输出量与个体的体表面积联系起来。例如,同样大小的心输出量对体表面积小的个体很适合,但对体表面积大的个体不适合。

Cardiac output 心输出量

心脏 1 分钟泵至全身的血液总量,单位为毫升 (mL)。心输出量的平均值约为 5000mL/min。缩写为 CO。

Cardiac resynchronization therapy (CRT) 心脏再同步化治疗

一种特殊的治疗装置,通过起搏左、右心室达到改善心脏同步或优化左室收缩顺序的目的。当前对 CRT 的一种普遍误解是它仅可以同步左、右室,但事实上,该装置还同步左室收缩,所以它将心脏作为一个整体而改善收缩。

195

Cardiomyopathy 心肌病

一种心肌疾病。最常见的心肌病是扩张型心肌病和肥厚性梗阻型心肌病。

Cardioversion　心脏复律

在 CRT-D 或 ICD 装置中,电击治疗的能量小于设置的最大能量,例如,20J 的电击治疗。

Cathode　阴极

Charge time　充电时间

CRT-D 装置从诊断到电容器完全充电并发放电击的时间。充电时间可因装置的使用年限、电池和电容器状态不同而不同。

CHF　充血性心力衰竭

缩写,参见 congestive heart failure。

Chronic AF　慢性房颤

缩写, 参见 permanent atrial fibrillation。

Chronic heart failure　慢性心力衰竭

主要用于区别持久性心力衰竭和急性心力衰竭的术语。慢性心力衰竭是指持久性或者长期状态。

Chronotropic incompetence　变时性功能不全

心率不能加快或者减慢,使之符合身体代谢的需要。心力衰竭的患者常发生变时性功能不全,因为这些患者的心率不足以维持许多日常活动(例如上楼等),不过在休息状态下这样的心率已经足够。变时性功能不全通常需要采用频率应答型起搏器治疗。

Class effect　同类效果

所有同一类型药物的效果都相同。如果存在这种情况,那么这类药物就很容易用一种药代替另外一种药。ACEI 具有同类效果,而 β 受体阻滞剂则没有。

CO　心输出量

缩写,参见 cardiac output。

Committed　约定式

CRT-D 装置一旦诊断心律失常就发放治疗的特点,即一旦诊断出心律失常治疗就无法取消。参见 non-committed。

Comorbidity　并发症

与某种疾病看起来不相关的另一种疾病或情况。虽然一种疾病可引起多种并发症,而且并发症之间互不相关,但原发病与并发症之间常形成恶性循环。如心力衰竭与房颤。

Compensatory mechanism　代偿机制

心力衰竭时,心脏为了弥补功能(收缩、泵血)不全或受损引发的变化。例如,由于心肌收缩力下降引起每搏心输出量降低,心脏则通过增加心率弥补每搏量的不足。此时,较快的心率就是一种代偿机制。

Complete heart block　完全心脏阻滞

三度房室阻滞的俗称,是房室阻滞最严重的类型。

Concentric hypertrophy　向心性肥厚

某些心力衰竭患者发生的心室重构,即随着心室壁的增厚, 心脏外形变得更圆。较厚的心室壁限制了心室的收缩功能并使心脏更僵硬。在舒张期,心室丧失了有效的舒张功能,从而导致舒张性功能不全。参见 eccentric hypertrophy。

Congestive heart failure (CHF)　充血性心力衰竭

伴有明显的体液潴留的心力衰竭。体液潴留曾经是诊断心力衰竭的主要方法,因而所有的心力衰竭都被认为是充血性心力衰竭;而现在人们已经意识到,心力衰竭患者可以不存在体液潴留。

Connector　连接器

有两个含义,(1)在脉冲发生器上透

明的环氧化物的头端，能插入一根或更多根电极导线的尾部。这部分也称作接头（header）。(2)对于电极导线，插进连接器的电极导线部分。

Contractility 收缩性

肌肉细胞，尤其是心肌细胞越被用力牵张，回缩力就会越大。注意牵张仅仅作用于一点，过度牵张某个心肌细胞可以使其变形。然而，在合理的限度内，有力牵张导致有力收缩，就像橡皮条拉得越厉害，回缩力也越大。

Conventional pacemaker 常规起搏器

具有一根或两根电极导线(位于右心室或右心房)的起搏器。

Conventional pacing 常规起搏

将电极导线放置在右室心尖部或流出道进行起搏称为常规起搏，其使用越来越广泛。这是目前标准起搏器的主要起搏方式，但越来越多的证据表明这种起搏方式会引起类左束支阻滞，从而使左室功能不全患者的收缩功能进一步恶化。目前尚无证据表明有标准起搏器适应证且心室功能正常的患者采用常规起搏会出现这种不良结果。其通常也被称为"右室起搏"。

Coronary arteries 冠状动脉

给心肌供血的血管网络。由于其外形就像一个"王冠"位于心脏表面而获此名。

Coronary artery disease 冠状动脉粥样硬化性心脏病

缩写为 CAD，由于冠状动脉内壁的脂肪沉积或斑块形成而致部分或完全阻塞的一种疾病。冠状动脉粥样硬化性心脏病是引起心力衰竭的最常见原因之一。

Coronary sinus 冠状静脉窦

缩写为 CS，位于心房与心室之间的一个心内解剖结构，去除氧气的血液经此流入右心房，进入血液循环。冠状静脉窦长约 3~4cm，延续为具有许多小属支、走行于心脏表面的心大静脉。通过这些管道系统，左室电极导线经右心房、冠状窦最终进入位于左室表面的冠状静脉系统。

CRT 心脏再同步化治疗

缩写，参见 cardiac resynchronization therapy。

CRT-D

具有心脏再同步，又具有除颤功能的心脏节律管理装置。

CRT-P

具有心脏再同步治疗但无除颤功能的心脏节律管理装置。

Decay Delay 衰减延迟

心脏除颤器的一项可程控参数。是指动态感知灵敏度的数值固定不变的(可程控的)时间段。参见 Threshold Start。

Decompensated heart failure 失代偿性心力衰竭

心力衰竭已经发生，心脏不能再有效地泵血。失代偿性心力衰竭的患者常需住院治疗。

Decompensation 失代偿

心脏对疾病已不能完全代偿，因而出现泵血困难。在心力衰竭早期，心脏处于代偿状态，能相对有效地泵血。随着心力衰竭的进展，这些代偿机制实际上已经改变了心脏的外形，并带来一些其他问题，因此心脏最终不能有效泵血。

Defibrillation threshold 除颤阈值

缩写为 DFT。能对心脏进行有效除颤所需的最小电能(单位为焦耳或伏特)。

Delivered energy 释放的能量

CRT-D 实际释放能量的大小，该能量低于储存的能量。它比储存的能量对治疗更重要。参见 stored energy。

Delta δ

变化的数值,常用"度"、"百分数"表示,有时也用绝对数值(例如毫秒)。许多 SVT 的鉴别算法需要医生程控一个"δ"值,这有助于评估心律失常发作起始的突发性或发作期间 RR 间期的稳定性。

Depolarization 除极

带电荷的离子经心肌细胞的半透膜流入或流出引起心肌细胞的电位变化。除极发生于细胞水平,可引起心肌细胞收缩,进而导致心脏收缩。

Device configuration 心脏除颤器分区

CRT-D 或 ICD 的诊断分区。最经典的分区是 0 区(窦性心律)、1 区(窦性心律、室颤)、2 区(窦性心律、室速、室颤)、3 区(窦性心律、室速 1、室速 2、室颤)。在 3 区中,室速 1 为"慢"室速,室速 2 为"快"室速。

DFT 除颤阈值

缩写,参见 defibrillation threshold。

DFT management 除颤阈值管理

植入的心脏除颤器(CRT-D 或普通 ICD)应对较高或升高的除颤能量的方法。虽然患者的除颤阈值不能由装置控制,但可通过优化程控应对高除颤阈值。

DFT testing 除颤阈值测试

植入 CRT-D 或 ICD 时,针对患者除颤所需的最小能量进行的测试。有时,并不进行 DFT 测试,只是将除颤能量自动程控为最高输出。

Diastole 舒张期

在心动周期中,心脏腔室血液被动充盈的休息相。

Diastolic blood pressure 舒张压

血液流经动脉对抗血管壁产生的最小压力值。规范的血压读数应先写收缩压,再写舒张压。例如,如果某患者的血压为 160/90mmHg,则 90mmHg 为舒张压数值。参见 systemic blood pressure。

Diastolic heart failure 舒张性心力衰竭

与心室血液充盈有关的心力衰竭。舒张性心力衰竭更常见于女性。

Diastolic mitral regurgitation 舒张期二尖瓣反流

左室舒张时,血液经二尖瓣从左心室回流至左心房。许多心力衰竭患者,尤其当房室传导延长时,可发生舒张期的二尖瓣反流。

Digitoxin 地高辛

加强心肌收缩力并减慢心率的心脏糖苷类药物。虽然许多心力衰竭患者都服用地高辛,但它并不被认为是心力衰竭药物治疗的"一线"药物。

Dilated cardiomyopathy 扩张型心肌病

一种导致心肌变软、变大、无力的疾病。无力的心肌不能有效地泵血。扩张型心肌病患者的心脏外形将会向球形、体积更大的方向进展(重塑)。扩张型心肌病更多见于男性,但原因尚不明确。

Dispersion of refractoriness 不应期的离散

理论上讲,无论何时,只要是跳动的心脏都处于心肌的不应期。这个词更常用于跳动着的心脏中。在一个心动周期中,心肌除极、复极,除极之后的心肌立即进入不应期(心肌对刺激不再反应,即不能除极)。当心脏颤动时,尤其当心房存在许多快速的兴奋灶时,心房不再同时处于不应期或兴奋期,即发生了不应期的离散。这种情况下,无论何时都会存在处于不应期的心肌。目前认为心房起搏可以通过减少不应期的离散而降低房性心律失常的发生。

Diuretic 利尿剂

通过增加尿液的生成及排出过多的体液,减轻充血症状的一种药物。利尿剂的分类包括作用温和的噻嗪类、美托拉宗以及更强力的袢利尿剂。

Discrimination 鉴别

CRT-D 与 ICD 鉴别快速室性心律失常(室速或起源于心室的异常心律)与快速室上性心律失常(室上速或起源于心室以上部位的异常心律)的方法。有时被称为室上速的鉴别(SVT discrimination)。在 CRT-D 与 ICD 装置中,通过一些算法进行鉴别,这些特别的鉴别算法包括:突发性、间期稳定性、频率关系和形态鉴别。不同厂家产品的鉴别方法不同,即使同一厂家生产的不同型号的产品,鉴别诊断的方法也不相同。

Double-counting 双倍计数

植入装置在心率计数时的一种过度计数,即不仅将该计数的事件计数,而且将不该计数的信号也再次计数。当 CRT 装置发生了远场 P 波感知时,不仅计数真正的室波,而且还对被心室通道不恰当感知到的心房事件当成心室事件而计数。发生于 CRT-D 中的双倍计数将导致不恰当的放电治疗。

Dropsy 水肿

心力衰竭的体征之一。

Dyspnea 呼吸困难

呼吸短促,心力衰竭最常出现的症状之一。

Dysrhythmia 心律失常

参见 arrhythmia。

Dyssynchrony 失同步

有些心力衰竭患者出现的心室不同步现象。失同步可发生于心室之间(右室与左室不是同时收缩,而是先于左室收缩)或心室内(左室不是作为一个整体收缩,而是呈节段性收缩)。失同步不仅表现为机械不同步(心室不按顺序收缩),还可表现为电不同步(电传导系统异常)。CRT 装置能够解决的就是心室的失同步。

Eccentric hypertrophy 偏心性肥厚

一些心力衰竭患者发生的一种心室重构,即心室逐渐扩张,以至心肌细胞变大、无力。结果导致心肌收缩力减弱和射血分数降低 (收缩功能不全)。参见 concentric hypertrophy。

ECG 心电图

Electrocardiogram 及 Electrocardiography 的缩写,有时也写为 EKG(为了避免发音相似的 ECG 和 EKG 相混淆)。

EDI 舒张末指数

参见 end diastolic index。

EF 射血分数

参见 ejection fraction。

Ejection fraction 射血分数

一个心动周期中,心室射出(或泵出)血液的相对量 (以总量的百分数表示)称为射血分数。简写为 EF。最常被引用的射血分数是左室射血分数(LVEF),射血分数的正常值下限为 50%左右。

EKG 心电图

参见 ECG。

Electrical dyssynchrony 电不同步

参见 ventricular dyssynchrony。

Electrical remolding 电重构

心力衰竭引起的心脏自身及脉冲发生器传导路径的变化。目前认为电重构发生于细胞水平,并可影响脉冲发生器(窦房结功能不良)、减慢传导、折返机制以及导致心室复极与舒张期的一些变化。

198

Embolism　栓塞

指血栓碎裂并停滞于心脏之外其他部位的血管内。当栓塞位于大脑时可导致中风。

End diastolic index　舒张末指数

舒张末期心室每平方毫米容纳血液量的多少,缩写为 EDI。

End- point　终点

临床研究在某点收集数据,而该点会以一种特别的、客观的事件被定义。PAVE研究以 6 个月的 6 分钟步行试验结果为终点,临床研究常有一级、二级终点。

Far- field　远场

在 CRT 装置中,表示另外通道的词语。例如,如果心房电极感知了心室活动(来自于左室或右室),则被称为"远场 R 波感知"。同样,如果左室电极感知了心房信号则被称为"远场 P 波感知"。当某心腔(心房或心室)的电极导线感知到另一心腔(心房感知心室或心室感知心房)的信号,即发生了远场感知。

Far R　远场 R 波感知

参见 far- field R- wave sensing。

Far- field P- wave sensing　远场 P 波感知

CRT 装置中出现左室电极导线感知心房(起搏输出或自身)信号并且不恰当地计为心室事件的现象。当左室电极导线靠近心房使其能感知到心房信号时,容易出现远场 P 波感知,通常可通过调整左室感知灵敏度获得解决。

Far- field R- wave sensing　远场 R 波感知

CRT 装置中心室输出脉冲不恰当地被心房通道感知并被计数为自身心房事件的现象。这种现象(有时被称为远场 R 波或交叉感知)可引起心房活动错误计数

并导致不恰当的心室起搏。有些程控手段可降低远场 R 波感知的发生风险,包括 PVAB 和 PVARP 设置。

Fluoroscope　荧光透视

实时 X 线影像或形成该影像的设备。该设备常包含了能在不同角度照相的 C 形臂。使用的主要角度有:AP(前后位)、LAO(左前斜位)、RAO(右前斜位)、头位(从头顶向下)、足位(从足底向上)。在 CRT 植入过程中,最常用的 X 线体位是 AP、LAO 30°及 RAO40 或 45°。

Fusion　融合

输出脉冲与自身收缩"碰撞"而产生的起搏节律。结果是心脏收缩不完全由起搏输出引起。融合时的心电图有独特的形态,既不像真正的起搏图形,又不像真正的感知图形。融合证实了夺获,但不是完全的夺获。典型的融合是计时间期的问题(起搏频率与自身频率接近),而偶发的融合则不需太多关注。参见 pseudofusion。

Guidewire　导引钢丝

植入电极导线(心脏左、右侧)过程中使用的一种钢丝,这种钢丝的支撑作用有利于电极导线的送入,但术后并不留在体内。经典的操作先将导引钢丝插入静脉,然后在其导引下,将起搏电极导线送入静脉系统。

Header　接口

俚语,指连接器(脉冲发生器上部头端透明的环氧化物连接器)。

Heart block　心脏阻滞

参见 AV block。

Heart failure　心力衰竭

心脏不能有效地泵血时产生的复杂的综合征,最常见的症状是呼吸困难、疲劳及体液潴留。

Heart rate　心率

心脏跳动的频率,一般用每分钟心脏收缩的次数表示(通常缩写为"次/分")。一个健康的成年人,一天中的不同时段(如活动、紧张及其他情况)的心率不同。

Heart rate variability　心率变异性

心率根据活动、代谢需要及其他因素的变化而变化。例如,对于一个健康的成年人,休息时的心率可能为 60 次/分,睡眠时心率可降到 52 次/分,散步时可能是 80 次/分,上楼时可能是 100 次/分,打网球时可能是 120 次/分。心力衰竭患者的心率变异性明显下降。

Hemoatocrit　红细胞

红色的血细胞。

Hemodynamic monitoring 血流动力学监测

一种有创的或无创的检查方法,可监测血流动力学数据,例如肺毛压。

Hemodynamics　血流动力学

流经身体的血液循环的性质及特点。

Hemostasis valva　止血阀

左室电极导线传送系统中含有的小塑料阀,该阀可防止血液回流。

High-output device　高输出装置

可以发放相当高能量(以焦耳表示)的 CRT-D(及 ICD)。高输出装置可发放高达 36 焦耳的能量。

High-voltage therapy　高电压治疗

CRT-D 或 ICD 可设置的最大能量的除颤治疗,通常为 32~36J。

HOCM　肥厚性梗阻型心肌病

缩写,参见 hypertrophic obstructive cardiomyopathy。

Hot can　热壳

俚语,指一种可程控的除颤极性。当程控为该种除颤极性时,除颤能量将从除颤导线(RV)的线圈至 CRT-D 脉冲发生器

的机壳。有时也称为活性壳(active can)。参见 shocking vector。

Hyperkalemia　高钾血症

体内血钾水平高于正常范围。

Hypernatremia　高钠血症

体内血钠水平高于正常范围。

Hypertension　高血压

Hyperthyroidism　甲状腺功能亢进

甲状腺功能过度活跃引起的一种疾病。

Hypertrophic obstructive cardiomyopathy　肥厚性梗阻型心肌病

缩写为 HOCM。指心脏的室壁(尤其是左室壁)变厚,而且心肌本身变僵硬的一种心肌疾病。当发生肥厚性梗阻型心肌病时,由于心腔容纳的血液减少及射血阻力的增加,心脏的泵血功能明显下降。HOCM 可以遗传。

Hypertrophy　肥大

指身体的一个器官或某部分过度发育(尤其是体积明显增大)。随着疾病的进展,心力衰竭患者的心脏可以肥大,变为一个大心脏。参见 concentric hypertrophy 及 eccentric hypertrophy。

Hypokalemia　低钾血症

体内血钾水平低于正常范围。

Hyponatremia　低钠血症

体内血钠水平低于正常范围。

Hypotension　低血压

Hypothyroidism　甲状腺功能低下

因甲状腺功能降低引起的一种疾病。

Hypovolemic　低血容量

患者体液过少的一种状态。

Hysteresis　滞后

一项传统起搏器的可程控功能,该功能尽量鼓励尽可能多的自主电活动。滞后工作时的频率(滞后频率)稍低于程控的

基础频率。例如,如果将基础起搏频率程控至 70 次/分,滞后频率程控为 60 次/分,当患者自身心率达到或超过 60 次/分时,起搏脉冲将被抑制;当患者自身的心率低于 60 次/分时,起搏器则以 70 次/分的频率起搏。由于 CRT 需要尽可能接近 100% 起搏心室,所以滞后功能在 CRT 中无任何意义。参见 negative AV hysteresis。

Iatrogenic 医源性

由医生或医院引起或诱发的。例如,房室结消融可导致医源性心脏阻滞。

Idiopathic 特发性的

不明原因的疾病或情况。

Inappropriate therapy 不恰当治疗

CRT-D 或 ICD 装置对于非室速,尤指室上速导致的快速心室率反应发放的高压电击治疗。不适当治疗常使患者陷于焦虑中,另外也会使电池耗竭加速。参见 appropriate therapy。

Incidence 发病率

某种疾病的年新增病例数。

Index 指数

将某变量(如心输出量)与患者的体表面积相关联的指标。例如,对体表面积较小的患者适合的心输出量数值对体表面积大的患者就不适合。通过指数这种衡量方式可以不用考虑患者体表面积的大小。

Insufficiency 不足

任何血管或器官的功能不能满足需要的情况。

Interval Stability 间期稳定性

CRT-D(及 ICD)装置的一种鉴别算法。该算法将室速时 Y 个周期中的 X 个的 RR 间期变化,例如 12 个连续 RR 间期中的 8 个,与程控的 δ 值作比较。如果序列中的 RR 间期变化比程控的 δ 值大,则提示间期不稳定;反之,如果序列中的 RR 间期变化比程控的 δ 值小,则说明间期稳定。间期稳定强烈提示室速,而不稳定的间期更可能是房颤导致的快速心室率。

Interventricular 室间的

涉及左室与右室之间。例如某些心力衰竭患者的右室先于左室收缩而不是同时收缩时,即发生了室间失同步。

Interventricular mechanical delay 室间机械延迟

缩写为 IVMD。超声心电图中的一项测量指标。指某侧心室电激动(CRT 装置发放的电脉冲或是自身的心电活动)开始到该侧心室(从左室到主动脉或从右室到肺动脉)射血之间的时间差。通常 IVMD 的值应小于 40ms。

Intraventricular 室内的

仅涉及一个心室。例如某些心力衰竭患者存在室内失同步,这意味着他们的左室并不呈整体性收缩,而呈节段性收缩。

Ischemia 缺血

可引起缺氧并导致身体某些组织损伤的疾病或情况。冠心病发作是一种缺血性疾病,它通过减少组织的供氧而引起心肌损伤。

IVMD 室间机械延迟

参见 interventricular mechanical delay。

J 焦耳

缩写,参见 joule。

Joule 焦耳

缩写为 J。用于描述 CRT-D(及 ICD)装置除颤能量的单位。1 焦耳的能量等于 1 牛顿的力移动 1 米的距离所做的功大小。CRT-D 通常可释放的最大能量为 25~36J。

Lead 电极导线

植入人体的用于永久性 CRT 装置的细绝缘线。电极导线的近端有接口（塞入脉冲发生器的接口），远端植入心脏。脉冲发生器经过电极导线将电脉冲发放至心脏，而来源于心脏的电信号经电极导线传至脉冲发生器。

Lead revision　电极导线修复

指解决电极导线问题的外科措施。包括以下几种方法：拔除原电极导线、并用一根新电极导线替换；将老电极导线从脉冲发生器上拧开，并用帽封住旷置，然后再植入一根新电极导线取而代之；重新放置电极导线或将电极导线与脉冲发生器重新连接使其更牢固。

LBBB　左束支阻滞

缩写，参见 left bundle branch block。

Left bundle branch block　左束支阻滞

缩写为 LBBB。影响心脏左侧束支的电传导异常。LBBB 常常发生于心力衰竭患者（不过无心力衰竭的患者也会发生），并且体表心电图上表现为有特殊切迹的宽大 QRS 波形。

Left heart　左心

左心房与左心室。

Left heart delivery system　左心传送系统

冠状静脉窦插管并植入左室电极导线所用的工具总称。多数 CRT 生产厂家都提供一个或多个这种传送系统，该系统包括可撕开的或不可撕开导管、鞘、导引鞘管、造影球囊、止血阀或其他工具。左室传送系统的主要目的是为提供一个装有植入左室电极导线所需器具的方便包装。

Left-sided heart failure　左心衰

描述左侧心脏明显受损的心力衰竭的术语。左侧心力衰竭由左室功能不全引起，临床表现为肺静脉充血。参见 right-sided heart failure。注意对于一名患者，同时患有左侧心力衰竭与右侧心力衰竭是可能的，它们之间并不相互矛盾。

Left-ventricular ejection fraction　左室射血分数

在心脏一次收缩期间，左室泵出血液量的大小（以总量的百分数表示）。正常参考值的下限约 50%。缩写为 LVEF。

Left-ventricular lead　左室电极导线

缩写为 LV lead。CRT 装置与普通起搏器在电极导线方面的不同之处就是增加了左室电极导线，这种电极导线可以起搏左室游离壁（外侧壁）。虽然它名叫左室电极导线，但实际上并未进入左室，而是先入右房，经冠状静脉窦进入冠状静脉系统并能从心外膜间接起搏左室。左室电极导线通常只有起搏功能，而无感知与除颤功能。不同于右室电极导线，左室电极导线虽然无主动固定机制及被动固定机制，但它可以利用其远端的形态来固定。典型的左室电极导线弯曲、成 S 形或成角度。

Loop diuretic　袢利尿剂

最强力的利尿剂。该药作用于亨氏袢以缓解心力衰竭患者的充血情况。

Loop of Henle　亨氏袢

在肾单元或肾细胞的肾小管内，具有促进机体储钠作用的"钠泵"。袢利尿剂作用于亨氏袢，促进机体排钠、排水。

LV　左室

左室（left-ventricular 或 left ventricular）的缩写。

LV lead　左室电极导线

LVEF　左室射血分数

缩写，参见 left-ventricular ejection fraction。

Macrodislodgement　明显脱位

永久心脏起搏器的电极导线位置发生了明显的变化,包括导线"不再固定于"心肌。多数情况下,电极导线位置的变化很明显以至于可通过 X 线清楚地显示。心电图上也可有明显的变化。这种电极导线明显脱位(有时仅称电极导线脱位)几乎都需要复位。

Maximum sensor rate　最大传感器频率

缩写为 MSR。这是一个可程控参数,其数值代表起搏器根据传感器的输入能起搏的最大频率。

Maximum tracking rate　最大跟踪频率

缩写为 MTR。这是一个可程控参数。指起搏器根据感知的心房活动起搏心室的最大频率。

Mechanical dyssynchrony　机械失同步

参见 ventricular dyssynchrony。

Metolazone　美托拉宗

一种作用温和的利尿剂。

MI　心肌梗死

缩写,参见 myocardial infarction。

Microdislodgement　微脱位

永久性心脏起搏器电极导线的位置发生了轻微的变化,左室电极导线的微脱位虽然在 X 线上很难发现,但可引起心电图的变化。

Mitral inflow Doppler velocity　二尖瓣流速

利用超声心动图优化 CRT,尤其是寻找理想的 AV 间期时所测量的一个参数。该参数测量的是血液经二尖瓣流入左室的速度。

Mitral regurgitation　二尖瓣反流

指血液从左室逆向流入左房,缩写为MR。

Mitral valve　二尖瓣

左房与左室之间的瓣膜。

Mitral valve insufficiency　二尖瓣功能不全

所有使二尖瓣的张开或关闭功能及防止血液反流功能受损的病症总称。

Monophasic　单相的

只有一相。如果除颤波形只有一相(正向)即为单相的除颤波。早期的 ICD 为单相波形,但当今的大多数 ICD 及 CRT-D 都采用双相波形。参见 biphasic。

Morphology　形态

总的来说,指某物的外形。心电图的形态是指某些特定波的形状,如 QRS 波形态。CRT 患者的心电图形态可存在很大的不同;即使是同一患者,心电图的形态也会随着时间的变化而不同。

Morphology Discrimination　形态鉴别

在 CRT-D(及 ICD)中,一种用于鉴别室上性心动过速的算法。该算法是将患者心动过速时的 QRS 波群形态与其自身窦性心律的 QRS 波群形态(模板)进行比较,以一个可程控的百分数作为衡量二者匹配程度的界限值。例如,当匹配程度为60%时,被计为匹配。如果在可程控数目的连续心动周期内有可程控数目的匹配间期时,符合形态鉴别标准,则该段心动过速诊断室上性心动过速;反之,形态鉴别不符合,则该段心动过速诊断为室性心动过速。

MR　二尖瓣反流

缩写,参见 mitral regurgitation。

MSR　最大传感器频率

缩写,参见 maximum sensor rate。

MTR　最大跟踪频率

缩写,参见 maximum tracking rate。

Myocardial infarction　心肌梗死

缩写为 MI。为"心脏病发作(heart attack)"的医学术语,指冠状动脉供给心脏的血流中断,引起由其供血的心肌缺血、缺氧。结果造成该区域的组织坏死(梗死区域)及损伤(瘢痕)形成。根据心肌受损面积的大小,MI 可以是轻度、严重或是致命性的。

Myocardium　心肌

Myocyte　心肌细胞

Negative　负向

分析心电图时,基线以下的波形称为负向波。参见 positive。

Negative AV hysteresis　负向 AV 滞后

为了鼓励最大限度的心室起搏,在 CRT 装置中的一项可程控功能。(与常规最大限度鼓励自身传导的 AV 滞后功能相反)。当发现自身心室事件时,该功能将自动缩短 A-R 或 P-R 间期。起搏器将这种缩短了的 AV 间期维持 32 个周期,如果在这个过程中未发现自身心室事件,则恢复至原来程控的 AV 间期值。

Nephron　肾单元

一个肾细胞。每个人大约有 100 万个肾单元。

Neurohormonal model　神经内分泌模型

交感神经系统在心力衰竭患者的体内过度激活,神经激素经血液运至全身。神经内分泌模型是理解心力衰竭复杂机制及恶化的一种相对新的理论方式。这些神经激素对心脏产生巨大效应,并对心室重构产生长期作用及其他严重后果。心力衰竭的药物疗法是基于神经内分泌模型的新学说。

Neurohormones　神经激素

指神经系统产生的可以传达信息并引起机体特定反应的化学物质。尽管从技术角度来讲,这是由神经系统产生或作用于神经系统的一种激素,但是在讨论心力衰竭时,神经激素这个词有时常常用来描述另外一些类似的、但从技术角度不属于激素的物质(有时这些物质被称作神经调节因子)。去甲肾上腺素就是真正神经激素的一个经典例子。血管紧张素从技术意义上来讲不是神经激素,但在讨论心力衰竭的神经内分泌模型时常常被提到。

Neurotransmitter　神经递质

在神经细胞间传递信息的化学物质。

Non-committed　非约定的

这是 CRT-D 的一个特点,即心律失常诊断成立后,如果在电击发放之前恢复窦性心律,则装置放弃治疗。参见 committed。

Non-responder　无反应者

未能从植入的 CRT 装置中受益的患者。尽管目前尚无官方的有关无反应者的评定方法,但无反应者应至少符合以下三个标准之一:(1) 植入 CRT 后心衰恶化。(2)CRT 植入 6 个月后,心室重构加剧,患者的 NYHA 分级无改善。(3)植入 CRT 初始,患者对 CRT 反应良好,但最近症状恶化。一般认为,大约 1/3 的患者为无反应者。但随着对问题的合理解决,许多患者可由无反应者转变为有反应者。参见 responder。

Normal sinus rhythm　正常窦性心律

缩写为 NSR。(1)由心房驱动心脏跳动、房室传导为 1:1 的健康自身节律。(2)在 CRT-D 装置及 ICD 中,自身心脏活动位于某一特定的频率范围即被认为是窦性心律,无论真实的心律如何。例如,临床医生可以将任何 60~100 次/分的自身心率程

203 控为正常窦性心律。

NSR 正常窦性心律

缩写,参见 normal sinus rhythm。

NYHA 纽约心功能分级

NYHA class Ⅰ NYHA Ⅰ级

纽约心脏学会心功能分级系统中的一种。指在明显劳累后引起心力衰竭的症状(气短及乏力)。这是心衰患者心功能分级中最轻的一级。

NYHA class Ⅱ NYHA Ⅱ级

纽约心脏学会心功能分级系统中的一种。指在从事一般体力活动时即出现心力衰竭的症状(气短及乏力)。

NYHA class Ⅲ NYHA Ⅲ级

纽约心脏学会心功能分级系统中的一种。指在从事轻微活动时即出现心力衰竭的症状(气短及乏力)。

NYHA class Ⅳ NYHA Ⅳ级

纽约心脏学会心功能分级系统中的一种。指在静息时即出现心力衰竭的症状(气短及乏力)。这是心衰患者的心功能分级中最严重的一级。

NYHA Classification System 纽约心脏学会心功能分级系统

基于活动强弱引起心力衰竭症状的最常用的分级方法,共分4级,其中Ⅰ级为最轻的一级,而Ⅳ级为最严重的一级。注意 NYHA 分级不是一成不变的,同一患者应用不同的治疗方法或在疾病的不同阶段可以表现为不同的分级(病情改善或恶化)。

Occlude 闭合

指血流阻断。斑块可阻塞冠状动脉,进而阻断血流。

OPT 优化的药物治疗

缩写,参见 optimal pharmacological therapy。

Optimal pharmacological therapy 优化的药物治疗

缩写为 OPT。对心力衰竭患者进行的理想的药物治疗方案。虽然 OPT 呈高度个体化并随着疾病的不同转归而变化,但一般包括利尿剂、β 受体阻滞剂、ACEI(若不能耐受,可选用血管紧张素受体拮抗剂)以及其他药物,如地高辛、螺内酯或胺碘酮等。大多数针对心力衰竭的随机临床研究都需要所有的患者,即使是那些器械治疗组,在整个研究过程中都在优化的药物治疗基础上进行。优化的药物治疗被认为是所有心衰治疗的基础。

Optimization 优化

为了使患者更大程度地受益于植入的 CRT,应对 CRT 参数进行调整。典型的 CRT 优化涵盖时间间期的调整,例如找出合适的 AV 间期值。

Os 冠状窦口

口的俚语,尤指"冠状窦口"。

Ostium 口

一般指进入大结构的入口。在 CRT 术语中,指冠状窦的入口。也简称为 os。

OTW 导引导丝

参见 over-the-wire。

Output 输出

脉冲发生器发放的刺激,其强度由脉冲的幅度(伏特)及脉宽(毫秒)决定。

Over-the-wire 导引导丝

缩写为 OTW。在心脏中放入电极导线或导管时的一种工具,指先将导丝或钢丝送入,再沿导丝或钢丝送入电极导线,当电极导线到位时,再退出导丝或钢丝。左室普遍使用导引导丝引导电极导线。参见 stylet-driven。

Overdrive pacing 超速起搏

为控制高频率自身心房事件的发生

而有意进行的心房起搏。当存在强制性的心房起搏（即超速起搏时心房起搏频率会比自身心房活动更快）时，很难发生快速房性心律失常。许多起搏器、ICD 及 CRT 装置都具有心房超速起搏功能。

P-wave　P 波

体表心电图上代表自身心房除极的波。

Pacemaker - mediated tachycardia 起搏器介导的心动过速

缩写为 PMT。起搏器参与的快速心室率事件。PMT 不是由起搏器系统引起，而是一旦折返性心动过速开始，起搏器担当着折返路径的角色。有一些有助于管理 PMT 的程控方法，包括程控较长的 PVARP。由于较长的 PVARP 可以抑制一部分心室起搏，所以在 CRT 患者中尤其需要注意。

Pacing state　起搏状态

从抗心动过缓起搏的双腔事件借用来的名词：AS 为心房感知事件，而 AP 为心房起搏事件；VS 为心室感知事件，而 VP 为起搏的心室事件。程控仪的注解可以用 AS–VP、AP–VP 等来描述起搏状态。

Pacing system analyzer　起搏系统分析仪

缩写为 PSA。植入 CRT 或其他心脏节律管理植入装置时，在将电极导线与脉冲发生器连接之前，用于对电极导线进行测试的装置。

Parasympathetic nervous system 副交感神经系统

人体神经系统的组成部分，通常是与交感神经系统（SNS）功能相反的"孪生子"。在健康人中副交感神经系统（PSNS）的主要功能用于平衡交感神经系统。对于心力衰竭患者，PSNS 的作用弱于 SNS。

Paroxysmal AF　阵发性房颤

突然发生并且不需医疗干预即可恢复为窦性心律的房颤，一般持续时间很短甚至可无症状。阵发房颤是早期出现且病情最轻的心律失常阶段。

Passive filling of the ventricles　心室的被动充盈

指心室舒张期血液流入心室的时间段。

PCWP　肺毛细血管楔压

缩写，参见 pulmonary capillary wedge pressure。

Peelable　可撕开的

导引鞘管、鞘管或鞘的一种特性，电极导线到位后，可将鞘撕开以移除鞘管。参见 slittable。

Perfusion　灌注

有两个方面的意义：(1) 通过器官或组织泵入液体；(2)组织获得含氧血液。当心衰患者的血供不正常时，可引起肾灌注不良。

Permanent AF　永久性房颤

不能自行转复且对药物无反应的房颤。这是房颤进展的最终、最严重的阶段。也称为"慢性房颤"。

Persistent AF　持续性房颤

需要药物或电转复以复律的房颤。这是进展性房颤的第二阶段并且常伴有症状。这个阶段的房颤仍可通过药物来控制。

Plaque　斑块

在血液中形成并附于血管壁，由胆固醇、脂肪沉积及其他废物形成的混合物。冠心病患者的冠状动脉内存在斑块，这些斑块可堵塞血管。

PNS　副交感神经系统

缩写，参见 parasympathetic nervous

system。

Polypharmacy 复方用药

指服用多种药物,大多数心力衰竭患者都存在这种情况。

Port 插孔

位于脉冲发生器的环氧化物接口的可被电极导线插入的孔穴。

Positive 正向的

心电图中基线以上的波形为正向。参见 negative。

Post-shock pacing 电击后起搏

缩写为 PSP。CRT-D(或 ICD)发放电击后,立即提供持续时间很短的、特殊参数的起搏。一般来说,PSP 参数包含了较高的输出、较低的基础频率并且无频率适应性。PSP 参数应在电击后几秒发挥作用并仅持续几分钟。PSP 参数值可程控。

Post-ventricular atrial refractory period 心室后心房不应期

缩写为 PVARP。CRT 装置中的一个可程控参数,心室事件(起搏或感知)之后即刻产生的一段可程控的心房通道的不感知期。目的是为预防对 R 波的远场感知(心房通道"看到"心室输出而视其为自身心房事件)。对于 CRT 的患者,PVARP 可程控得短一些(以鼓励心室起搏)。然而,很短的 PVARP 可能增加 PMT 的发生。

PR interval PR 间期

从自身心房事件(心房的自然除极)至随即产生的自身心室事件的时间间期。有些心力衰竭患者的 PR 间期延长。

PR segment PR 段

体表心电图中,从 P 波结束至 QRS 波群起始的部分,典型的 PR 段为一段短的直线,代表心房舒张或复极。

Preload 前负荷

每个心动周期中,流入心脏的血液总量,以舒张末指数定义时,该参数反应的是心肌必须伸展多少以容纳血液。过高或过低的心脏前负荷可影响心脏有效的泵血功能。

Premature ventricular contraction 室性期前收缩 205

缩写为 PVC。有时称为室性期前事件或 PVE。是指无相关心房波的自主心室事件。

Prevalence 流行

某种疾病或综合征在某一特定时间的病例数。

Preventricular atrial blanking period 心室前心房空白期

缩写为 PVAB,有时也称为 pre-VAB。心室脉冲发放之前一段不可程控的、很短的心房空白期,其目的是为减少远场 R 波感知的风险(即心房通道误把心室输出脉冲当成自身的心房事件)。典型的 PVAB 设置很短,大约 16ms。

Primary prevention 一级预防

指对于高危,但并无发病记录的患者进行的医疗干预。对于心源性猝死高危,但并无心律失常的心力衰竭患者进行的预防性 ICD 植入被认为是一级预防。许多近期大型临床研究的结果支持 ICD 对于某些心力衰竭患者进行一级预防(例如 SCD-HeFT)。可参见 secondary prevention。

PSA 起搏系统分析仪

缩写,参见 pacing system analyzer。

Psedofusion 假性融合

指起搏输出恰巧落在自身收缩"顶部"的起搏现象,结果输出脉冲并未发挥作用,心脏的活动全部来源于自主的心电活动。其心电波形看起来就像自身的心电活动,只是其顶部有一起搏器的钉样信号。它既不能证实夺获、也不能证实失夺获。假性融合浪费能量(起搏器的输出脉冲对心脏收缩无任何贡献)。然而,偶发的假性融合无需太在意。假性融合是计时问题,当起搏频率接近自身频率时可以发生。参见 fusion。

PSP　电击后起搏

缩写,参见 post-shock pacing。

Pulmonary capillary wedge pressure　肺毛细血管楔压

为了测量左房的血液压力,使用漂浮球管插入肺动脉进行血流动力学监测时测量的一项指标。缩写为 PCWP。

Pulmonary valve　肺动脉瓣

右心室与肺动脉之间的瓣膜。来源于右心的血液经肺动脉瓣供给肺部。

Pulmonary veins　肺静脉

收集来源于肺部的血液,并将血液输送至左心的血管。

Pulse generator　脉冲发生器

CRT 系统中植入胸部的装置,内含电路及电池并有外壳。俗称 can。

Pulse pressure　脉压

收缩压与舒张压的差值。例如,血压读数为 120/80mmHg 的脉压为 40mmHg(120–80)。脉压有时可提示心衰的严重程度。

PVAB　心室前心房空白期

缩写,参见 preventricular atrial blanking period。

PVARP　心室后心房不应期

缩写,参见 post-ventricular atrial refractory period。

PVC　室性期前收缩

缩写,参见 premature ventricular contraction。

PVE　室性期前事件

缩写,参见 premature ventricular con-traction。

Quality of life　生活质量

缩写为 QOL。在临床研究及其他循证医学领域,这是一个患者如何主观评价他们自身状态(尤其是心理、生理状态和正常生活等方面)的一个量化指标。

Quality of life questionnarie　生活质量调查问卷

根据心理状态、社会状态、生理状态及生活方式来获取患者对他们生活的主观评估的标准问卷。可以利用生活质量调查问卷进行量化分析。

QOL　生活质量

缩写,参见 quality of life。

QRS complex　QRS 波群

体表心电图代表心室收缩(心室的除极与收缩)的波形。因大部分电活动都由心室收缩引起,所以正常心电图中,QRS波群是最大的部分。

QRS duration　QRS 波时限

体表心电图中,代表心室除极及收缩的 QRS 波形的时间长短,常以 ms 表示。对于健康的心脏,QRS 波时限应小于 120ms。许多临床研究将 QRS 波时限>120ms 作为宽 QRS 波的下限数值。QRS 波时限是一项有争议的心衰严重度的指标,代表着心室的失同步及其失同步的程度。

R-wave　R 波

该词既可指 QRS 波群的第一个正向波,又可为整个 QRS 波群的缩写。

RA　右房或右房的

RAA system　肾素–血管紧张素–醛固酮系统

Rate adaptation　频率适应

参见 rate response。

Rate Branch　房室频率关系

在 CRT-D 装置(及双腔 ICD)中的一

种鉴别算法，即通过比较自身房率及自身室率来决定是发放还是抑制治疗。主要的三个分支是：(1)房率>室率时，提示房颤或房扑（室上性心动过速）；(2)当房率=室率时，提示窦速（室上性心动过速）；(3)房率<室率时，提示室性心动过速。仅当心律失常符合第三种房室频率关系时，才进行立即治疗。由于房室频率关系是一种很有用且基础的鉴别算法，所以对于已知存在多种心律失常的患者，常需结合其他鉴别算法，否则容易判断失误。

Rate control　频率控制

房颤的一种治疗方法，旨在控制心室率，而非努力将房颤转复为正常的窦性心律。房颤消融可视为一种控制心室率的方法。参见 rhythm control。

Rate cut-off　频率分界点

用于定义或有助于定义频率范围的心脏每分钟跳动或起搏的次数的值。它可以是最大值、最小值，也可以是临界值。如临床医生将模式转换的频率程控为房率>120 次/分时，那么 120 次/分就可称为频率分界点。

Rate modulation　频率调制

参见 rate response。

Rate response　频率应答

许多现代起搏器及 CRT 装置具有的一种起搏功能，即起搏器可以根据传感器感知的人体需要，尤其根据测得的活动水平的变化而调整起搏频率。大多数频率适应性 ICD 使用体动传感器（典型的像加速度计）基于患者的活动增加基础起搏频率。频率适应性功能在起搏器编码的第四个位置以字母"R"表示（例如，DDDR 就是带有频率适应性功能的 DDD）。也称作频率调节及频率适应。

Rate-responsive PVARP　频率适应性PVARP

这是一项起搏器的参数，当患者自身的房率超过 90 次/分时，PVARP 可以自动减少。该参数能使起搏器的心房不应期随着患者房率的增加而缩短。一种典型的频率适应性 PVARP 的设置可以是"低"，这样当患者自身的房率超过 90 次/分时，每增加 1 次，PVARP 则会自动缩短 1ms。因此，当患者的自身房率是 150 次/分时，频率适应性 PVARP 将会使 PVARP 缩短 60ms（150−90=60）。这个参数中的"频率适应性"与装置的体动传感器无任何关系。

Re-entry　折返

快速性心律失常的一种发生机制，指电脉冲在一个闭合环路中不停地高速传导。折返性心动过速需要折返路径（环的两侧传导速度不同）、触发因素（典型的如期前收缩）及合适的时间。并不是所有的人都具有适合发生持续性折返性心动过速的折返路径（基质）。折返是房性和室性心动过速的最常见机制。

Reforming　重整

通过给电容器完全充电后再无痛缓慢释放，改善电容器功能的过程。重整电容器可改善电容器内部的电解质状态。电容器重整可手动或自动完成。

Remodeling　重构

参见 ventricular remodeling。

Remote patient monitoring　远程患者监护

通过电话或将储存于装置内的信息传输或下载至工作站，而且工作站能对这些信息进行解释。远程患者监护系统仅可下载数据，不能改变参数设置。远程患者监护可使患者在自己家中进行"会诊"。数据可以传输至诊所（医生的办公室或医院等），或传至能接收、转接甚至解释这些数

207

据的特殊机构。

Renin - angiotension - aldosterone 肾素–血管紧张素–醛固酮系统

当患者的肾灌注减少时激活的机体交感神经系统的一部分。其触发了一系列肾素–血管紧张素–醛固酮系统事件,例如产生血管紧张素Ⅱ(一种强力的血管收缩剂)及释放醛固酮(使体内钠水潴留)。

Renin　肾素

机体 RAA 系统(由肾细胞分泌)产生的一种酶,作用于名为血管紧张素原的血浆蛋白生成血管紧张素Ⅰ,而血管紧张素转换酶作用于血管紧张素Ⅰ使其转换为血管紧张素Ⅱ(强力的血管收缩剂)。

Repolarization　复极

心肌细胞除极之后,带电荷的离子经半透膜流入或流出进而引起的原有电荷恢复。细胞水平的复极可引起心肌细胞放松,导致心肌舒张(舒张期)。

Responder　有反应者

明显受益于 CRT 装置的患者。并不是所有具有 CRT 植入适应证的患者都是CRT 的有反应者。

Response　反应

由于植入的 CRT 而获得的症状缓解。不是所有的心力衰竭患者对 CRT 装置都有反应。

Resynchronization　再同步

恢复心脏功能或同步性,尤其是恢复有效统一的心室收缩与舒张。虽然再同步包括再同步右室与左室,但它更常指恢复统一、协调的左室收缩。不同步的心脏常表现为左室呈节段性收缩而不是整体收缩,结果左室的某些部分在收缩时,其他部分却在舒张。这种节段性收缩意味着血液在心腔内流动,而不是将血液泵入动脉系统。多数再同步装置能使左室整体瞬时收缩,以产生更有效的泵血。

Revascularization　再血管化

血管外科中,用以指修复血管损伤的常用词。最著名的再血管化方法为冠状动脉搭桥或称为 CABG 方法。

Reverse remolding　重构逆转

指心室重构的心力衰竭或其他心脏病患者的心脏大小、形态及功能的恢复。越来越多的证据表明,恰当的治疗可逆转心室重构。

Rhythm control　节律控制

房颤的一种治疗方法,该方法试图将房颤转为正常的窦性心律,这有助于减慢快速心室率反应。房颤的药物治疗是控制节律的常用方法。参见 rate control。

Rhythm disorder　心律失常

参见 arrhythmia。

Right-sided heart failure　右心衰

一个不常应用的术语,用来指伴有右侧心脏功能明显受损的心力衰竭。右侧心衰损坏了机体将血液泵至肺部的能力。这与体循环充血有关。真正的单纯右侧心衰病例是很少见的;大多数右侧心衰的患者也同时伴有左心衰。可参见 left - sided heart failure。

RV　右室或右心室的

RV pacing　右室起搏

参见 conventional pacing。

SA node　窦房结

参见 sinoatrial node。

SCA　心脏骤停

缩写,参见 sudden cardiac arrest。

SCD　心源性猝死

缩写,参见 sudden cardiac death。

Secondary prevention　二级预防

对于已明确患病的患者给予的治疗。例如,对于曾经发生潜在致命性室颤的幸存者，可植入 ICD 作为二级预防。最初 ICD 的适应证都是二级预防，而扩展适应证是某些一级预防患者的适应证。参见 primary prevention。

Septal to posterior wall motion delay　间隔至后壁运动延迟

缩写为 SPWMD。超声心动图的一项测量值（单位为 ms）指室间隔（心脏内部左、右室之间的壁）收缩与左室后壁收缩之间的时间差。一般认为，SPWMD<130ms 是对 CRT 反应良好的预测因子。

Sheath　鞘

一种简单的管。有时用于将左室电极通过导管放入冠状静脉窦。

Shocking vector　电击向量

除颤能量经过心脏的路径。对于 CRT-D 患者，电击向量既可以从两个除颤电极（右室及上腔静脉）指向脉冲发生器，也可以从上腔静脉除颤线圈至脉冲发生器（热壳或者活性壳）。

Sick sinus syndrome　病态窦房结综合征

参见 sinus node dysfunction。

Sinoatrial node　窦房结

指位于健康心脏右房较高部位的一组非常特殊的心肌细胞，它们能自动产生电脉冲以引起心脏除极及收缩。窦房结有时也称为心脏的天然起搏点。缩写为 SA node。

Sinus bradycardia　窦性心动过缓

由于窦房结形成电脉冲的速度减慢而引起的一种异常缓慢心率。

Sinus node dysfunction　窦房结功能不全

指由于心脏的天然起搏点——窦房结的功能异常，导致电脉冲形成的速度过慢，从而不能满足代谢需要。窦房结功能不全可引起窦性心动过缓，这是一种源于窦房结的缓慢心率。可参见 sick sinus syndrome。

Sinus tachycardia　窦性心动过速

由快速心房率触发的快速心室率事件，可能是对运动、劳累、应激的反应。体育活动中，1:1 房室传导的窦性心动过速常常是合适的。

Slittable　可切开的

导引鞘、导管、鞘管的一种特性，即电极导线植入后，可以利用一种器械（切刀，像解剖刀或剃刀）将其退出。参见 peelable。

SND　窦房结功能不全

缩写，参见 sinus node dysfunction。

SNS　交感神经系统

缩写，参见 sympathetic nervous system。

Spironolactone　螺内酯

一种醛固酮阻滞剂，也是相对温和的保钾利尿剂。

SPWMD　间隔至后壁的运动延迟

缩写，参见 septal to posterior wall motion delay。

SSS　病态窦房结综合征

病态窦房结综合征的缩写。参见 sinus node dysfunction。

ST segment　ST 段

正常体表心电图中，从 QRS 波群结束之后至 T 波起始之间的平段，一般都很短。代表心室收缩之后至开始舒张之前的时间段。

Steerable　可操纵的

导管的特性，即植入医生可通过操作手柄移动导管远端。可操纵的导管既可以是仅能弯向一个方向（即植入者控制远端的弯曲），也可以是两个方向（植入者既可使头端向左,也可以向右)。

Stenosis　狭窄

血管或瓣膜的病理性增厚,使其不能像预期那样有效地工作。

Step-down test　递减测试

一种测试方法,首先从相对高的数值开始,然后以较小的步幅递减。例如,CRT系统的夺获测试就是典型的递减测试,直至失夺获。

Stored energy　储存的能量

CRT-D 装置的电容器能储存的电能的数量。储存的能量高于发放的能量。参见 delivered energy。

Stratification　分层

一种根据类别对数据,尤其是临床研究数据进行分类的方法。例如,收集 PAVE 数据之后,他们会按照 NYHA 心衰分级来分类。结果发现,与常规药物治疗相比,NYHA 分级越高的患者受益于 CRT 装置的程度越大。

Stroke volume　每搏输出量

一个心动周期心脏可泵出血液的总量。

Stylet　钢丝

一种细的金属线,可以插入起搏电极导线的空腔或中央,以提供足够的硬度使植入医生能操纵电极导线经静脉进入心脏。当电极导线到位后应取出钢丝。

Stylet-driven　钢丝导引

电极导线或导管的一种特性,需经中心插入钢丝并在其导引下进入心脏。参见 over-the-wire。

Substrate　基质

心脏传导系统的一种异常路径,由靠近心肌梗死瘢痕部位的组织组成。基质可以促发折返环路的形成及维持,进而形成某种可能的快速心律失常。

Sudden cardiac arrest　心脏骤停

参见 sudden cardiac death。

Sudden cardiac death　心源性猝死

缩写为 SCD。由心脏事件引起、尤其是室颤(但不排除其他情况),且从症状出现到死亡的时间不超过 1 小时。SCD 是心衰患者死亡的主要原因,而且 SCD 的发生率随着 NYHA 心功能分级的增加而升高。参见 sudden cardiac arrest。

Sudden Onset　突发性

CRT-D 装置(及 ICD)的一种鉴别诊断算法,其鉴别依据是利用程控的 δ 值,与一些心动过速间期比较 (Y 个间期中有 X 个间期,例如,12 个连续的间期中有 8 个间期),判断心动过速是否为突然发生(间期的变化大于 δ 值)或逐渐发生(间期的变化小于 δ 值)。突然发生的心动过速更多是室性心动过速。

Supraventricular tachycardia　室上性心动过速

缩写为 SVT。起源于心室以上部位(典型的如心房或房室结)的心动过速,尽管心律失常常起源于心房,但它常常连带对快房率的快速心室率反应。典型的 SVT 的例子如房颤。

SVT　室上性心动过速

缩写,参见 supraventricular tachycardia。

SVT discrimination　室上速鉴别

参见 discrimination。

SVT Discrimination Timeout　SVT 鉴别诊断超时

在某些 CRT-D(及 ICD)装置中的一项可程控参数,它相当于一个计时器。当装置被程控为 2 个(室速与室颤)或 3 个区(室速 1、室速 2 与室颤),并且 SVT 鉴别算法在 1 个或 2 个区被用于与室速鉴别时，也常被称作 SVT 超时。当装置根据 SVT 的鉴别标准诊断某段心律失常为室速时，即抑制治疗发放，同时启动计时器计时。计时结束时，装置自动发放抗室速或高压电击治疗。这个参数的程控是为使患者免于处于长时间的快室率反应。

Sympathetic nervous system　交感神经系统

人体神经系统的一部分，调节许多人体不能靠意识控制的功能，如呼吸、消化及心率。一个健康的个体，交感神经系统(SNS)控制着人体的"战斗或逃避"反应，通过向全身释放特殊化学物质使机体能够应对高强度的体力活动与应激情况。对于一个心力衰竭的患者，SNS 过度激活甚至占主导地位，使患者长期承受着这类应激激素的损害。参见 parasympathetic nervous system。

Syndrome　综合征

综合征不是某种疾病，而是与某种疾病有关的一组症状。比如心衰不是一种疾病，而是一种综合征。

Systole　收缩期

心脏收缩的时间段。

Systolic blood pressure　收缩压

血流通过血管时对血管壁压力的最大值，通常指血压读数中的第一个数值。例如，如果患者的血压是 140/80mmHg，140mmHg 就是收缩压。参见 diastolic blood pressure。

Systolic heart failure　收缩性心力衰竭

与收缩功能(例如泵血)有关的心力衰竭。左室(LV)功能受损与收缩性心力衰竭有关。

T-Wave　T 波

体表心电图中，代表心室复极与舒张

的波形。

Telemedicine　远程医学

是一种非诊室诊疗患者的技术与方法的总称。远程医学包括远程患者监控(通过电话线与网络核查患者病情)或可以涉及治疗，甚至对患者进行异地外科干预。

210

Thiazide　噻嗪类

一种作用温和的利尿剂。

Threshold Start　阈值起始

CRT-D 装置使用动态、自动的感知灵敏度算法。每个心动周期的感知灵敏度的起始值由前一个感知事件后的，在感知不应期内的(P/R)振幅峰值的百分数(可程控)所决定，这个可程控的百分数就是阈值起始。如果感知不应期内的最大振幅是 6mV、阈值起始程控为 50%，那么下个心动周期的感知灵敏度将从 3mV（6mV 的 50%）开始。

Thrombus　血栓

从血管壁脱落至心腔的血凝块。注意，如果同样的血凝块脱落至身体的其他部位，则称为栓塞。

Tied-output device　捆绑输出装置

一种老的 CRT 装置，左、右室输出相同，即同时发放同样参数的输出脉冲。目前，CRT 装置可提供独立的左、右室输出。

Tilt　斜率

除颤波的能量随着时间而衰减的程度(以百分数表示)。CRT-D 装置中，斜率可以程控，而且也是间接改变除颤波脉宽的一种方法。典型的斜率设置为 50% 或 65%，50% 的斜率对应较长的脉宽。例如，50% 斜率下设置的脉宽意味着初始能量降低 50%。

Tricuspid valve　三尖瓣

心脏内将右心室及右心房分开的瓣膜。植入起搏器时，经静脉植入右室的电极导线需跨过三尖瓣。

Unipolar 单极

一种对电极导线（及脉冲发生器）极性的描述，即电环路由电极导线的远端和脉冲发生器构成。参见 bipolar。

Variability 变异性

参见 heart rate variability。

Vasoconstriction 血管收缩

机体能够使血管直径变窄的能力。当机体感知到血压过低时，有助于升高血压的一种代偿机制。参见 vasodilation。

Vasodilation 血管舒张

机体能够增宽或扩张血管直径的能力。它也是机体的一种代偿机制，当机体感知到血压过高时，通过血管舒张，有助于降低血压。参见 vasoconstriction。

Vector 向量

参见 shocking vector。

Ventricle 心室

心脏下部的两个心腔均为心室。

Ventricular diastole 心室舒张

心室复极及放松。体表心电图的 T 波代表心室复极及舒张。

Ventricular dyssynchrony 心室失同步

也称为机械失同步，是 CRT 装置试图解决的问题。指心室的收缩及舒张不充分且不同步。尽管心室失同步涉及左、右室失同步，实际上它更多用来指左室呈节段性收缩，而不是作为一个整体收缩。体表心电图QRS 波过宽（>120ms）是确认存在心室失同步以及判断失同步严重程度的最常用的指标。

Ventricular fibrillation 心室颤动

缩写为 VF。一种危险的快速性室性心律失常，其心电图特点为频率超过200~300 次/分的极不规则的心室波形。室颤发作时，单个 QRS 波群难以分辨。虽然室率很快，但心室却不能充分收缩及舒张，而处于颤动状态。如得不到及时治疗，室颤会很快致命。目前公认，室颤是引发许多心源性猝死的机制。

Ventricular remodeling 心室重构

由心衰引起的心肌形态及质量的变化。心室重构有两种类型：向心性肥厚（舒张功能不全）及偏心性肥厚（收缩功能不全）。越来越多的证据表明，经恰当治疗后心室重构可逆。参见 reverse remodeling。

Ventricular systole 心室收缩

心脏靠下部位的心腔（心室）的除极及收缩。体表心电图的 QRS 波群代表心室收缩。

Ventricular tachyarrhythmia 快速性室性心律失常

一种起源于心室且频率很快的心律失常。主要包括两种类型：室性心动过速及心室颤动。

Ventricular tachycardia 室性心动过速

缩写为 VT。起源于心室的频率常为100~300 次/分的快速心律失常。室速可以是单形的（起源于心室的同一病灶，具有相同形态的 QRS 波群），也可以是多形的（起源于心室的不止一个病灶，具有多种形态的 QRS 波群）。临床医生发现，有时利用某些频率临界点来鉴别"慢室速"及"快室速"很有用。室速是危险的，而且是潜在的致命性心律失常。

VF 室颤

缩写，参见 ventricular fibrillation。

Viscosity 黏度

液体的黏稠度。对于心衰患者指的是机体血液的黏稠度。

Volume 容量

对于心衰患者,指的是身体血液量的多少。血容量的多少受充盈状态及体液潴留的影响。

VT　室速

缩写,参见 ventricular tachycardia。

VT Therapy Timeout　室速治疗时间超时

某些 CRT-D(与 ICD)装置中的一项可程控的参数。其相当于一个时间计时器,计时结束时,装置会自动发放高压电击治疗。计时器从装置首次给予低于高压电击的抗心动过速治疗开始计时(抗心动过速起搏或心脏复律),当计时结束时,装置自动发放高能量电击。设置该参数(有时被称作 VT 超时) 的目的是为了避免室速患者长时间暴露于无效的治疗中。

VT Timeout　室速时间超时

参见 VT Therapy Timeout。

Warfarin　华法林

永久性房颤患者经常使用的一种抗凝剂。

Wide QRS　宽 QRS 波

在体表心电图中经常使用的一个名词,指 QRS 波时限相当长,并且它还被用来判断心室失同步的严重程度。随机临床研究中,"宽 QRS 波" 常指 QRS 波时限大于120ms 或 150ms。

Zone　区

ICD 根据频率定义的诊断范围。CRT-D 装置的分区包括 NSR(正常窦律)、VT1(慢室速)、VT2(快室速)及 VF(室颤)。程控的分区数目(从 1 到 3)被称为分区配置。

(张楠 译)

索引